滨海湿地生态功能及其微生物机制

胡晓珂　刘　欣　方素云 等　著

科 学 出 版 社

北　京

内 容 简 介

本书全面、系统地介绍了滨海湿地保护、生态功能评价、微生物机制等方面的最新研究成果。书中借助大量宏观和微观“镜头”聚焦我国滨海湿地，从政策、经济、地理、生物、监测、评估等多维度全面诠释了我国滨海湿地的特色及其研究成果。通过模型计算、图像处理、实验分析和案例示范等方法详细勾绘了我国滨海湿地不断被发现和被认知的动态发展史，是一本既可以“读得懂”也可以“照着做”的滨海湿地科研实操“手册”。

本书一方面是展示，将科研方法和步骤展示给有科研兴趣同时致力于湿地保护的学生读者；一方面是分享，将科研进展和结果分享给同行。

审图号：GS 京（2024）0887 号

图书在版编目（CIP）数据

滨海湿地生态功能及其微生物机制 / 胡晓珂等著.—北京：科学出版社，2024.6

ISBN 978-7-03-077355-5

Ⅰ. ①滨… Ⅱ. ①胡… Ⅲ. ①海滨–沼泽化地–生态恢复–中国 Ⅳ. ①P942.078

中国国家版本馆 CIP 数据核字（2023）第 253157 号

责任编辑：朱　瑾　白　雪 / 责任校对：郑金红

责任印制：肖　兴 / 封面设计：无极书装

科学出版社出版

北京东黄城根北街 16 号

邮政编码：100717

http://www.sciencep.com

北京建宏印刷有限公司印刷

科学出版社发行　各地新华书店经销

*

2024 年 6 月第　一　版　开本：787×1092　1/16

2024 年 6 月第一次印刷　印张：12 3/4

字数：302 000

定价：198.00 元

（如有印装质量问题，我社负责调换）

著 者 名 单

主要著者 胡晓珂　中国科学院烟台海岸带研究所

刘　欣　中国科学院烟台海岸带研究所

方素云　中国科学院烟台海岸带研究所

其他著者 孙延瑜　中国科学院烟台海岸带研究所

耿睿颖　中国科学院烟台海岸带研究所

王业保　烟台大学

孙志高　福建师范大学

刘玉虹　河海大学

方秦华　厦门大学

晁　辉　华北理工大学

毛　竹　国家海洋环境监测中心

序

我国 1992 年加入《湿地公约》，至 2023 年湿地总面积达到 764.7 万公顷，约占世界湿地面积的 10%，位居亚洲第一，世界第四。同时，我国也是湿地类型最齐全、数量最丰富的国家之一。

“关关雎鸠，在河之洲。”湿地之美一直被人颂赞！湿地生态系统具有水源涵养、气候调节、控制污染等重要生态系统服务功能，约占全球生态系统服务总价值的三分之一，被誉为“生命的摇篮”、“地球之肾”和“鸟类的乐园”。滨海湿地位于陆地和海洋之间，包括滨海盐沼、红树林、珊瑚礁、海草或海藻床、牡蛎礁、滩涂和砂质海岸等典型生态系统。任是寒梅雪中红，不及滩生蒲草绿。湿地是大自然的翡翠绿洲，展现着无尽的生机与魅力。近年来，我国在湿地保护方面已取得了显著的成效。

该书主要作者之一是我的学生胡晓珂，她一直从事海洋及海岸带微生物研究相关工作，对我国海草床湿地进行了调查研究并着重分析了海草床生态系统功能退化规律及其对人类活动和气候变化等多重胁迫的响应机制，阐明了海草与微生物在滨海湿地生境修复中的互作互惠机制，并揭示了环境因子对海草-微生物互作及功能的影响机理，相关科研成果获得省部级奖励 3 项。她提交的有关海草床修复和保育的建议被山东省政协采用且获得省委领导批示。刘欣研究员与国际同行合作的创新成果“全球滨海湿地台风防护减灾生态功能价值评估”被国内外多家媒体报道。为提升社会公众对湿地的保护意识，他们组织了来自中国科学院、厦门大学、福建师范大学、河海大学、华北理工大学、国家海洋环境监测中心及烟台大学的多位滨海湿地领域资深专家学者撰写了这部书籍。该书的筹备、撰写及出版历时两年有余，终于如期与读者见面。

该书综合了作者多年来对湿地生态系统的研究成果，阐述了这一独特生态系统的功能、评价、管理、保护及恢复的原理和方法。“眼前直下三千字，胸次全无一点尘”，读罢此书深有感触，我愿在付梓之际，为此书作序。学生及其同仁能够在此领域深耕多年并有所建树，我倍感欣慰。我极其关注海洋生态和环境问题，2010 年主持提出“南红北柳”概念，并且向国家建议的实施“南红北柳”湿地修复工程也得到了认可并列入国家“十三五”规划。经过国内同行的多年努力，已实现“滨海湿地游乐园，洲岛连水水连天；残林废堤变故迹，红林柽柳显新颜；海岸芦苇迎风舞，水滩鸥鹭啄鱼欢；蓝天白云落碧水，游人疑是天宫仙”之自然美景。在此，我向各位读者推荐此书，期望你们亦能从中获取更多湿地生态系统相关知识，为我国滨海湿地保护贡献力量。

管华诗

管华诗
中国工程院院士
2024 年 4 月

前　　言

滨海湿地是位于陆地生态系统和海洋生态系统之间的过渡区域，主要包括潮下带、潮间带和潮上带的湿地。它向陆地延伸可达 10km，是一种兼具海、陆特征的生态类型，并具有特殊的水文、植被、土壤特征。近年来，滨海湿地多种生态服务功能如碳存储、维持生物多样性、控制污染等逐渐被人们所熟知，其在维持滨海地区生态安全等方面发挥了重要作用。滨海湿地在我国滨海的 9 个省、2 个直辖市、2 个特别行政区均有分布，是我国海岸线的重要生态屏障，在我国沿海区域生态系统维持和生物多样性保护等方面具有至关重要的生态功能。

微生物作为湿地生态系统中最重要的功能组分之一，也是评价湿地生态系统健康状况的主要指标。湿地微生物具有丰度高、种类多等特点，几乎参与了湿地生境中所有的生化反应过程。近年来，对滨海湿地微生物群落结构和功能的研究越来越受到关注。通过对滨海湿地微生物群落结构和功能的研究，可以揭示湿地生态系统的动态变化、生态过程和生态功能，并为湿地保护和恢复提供科学依据和管理措施。

目前，中国滨海湿地的生物多样性和生态系统服务功能面临着多种挑战，包括人为开垦与改造、污染物排放和水资源不合理利用等。这些问题引起了人们的广泛关注，各种与滨海湿地相关的研究工作相继展开，并取得了突破性进展，为滨海湿地综合管理提供了重要支撑。

本书全面、系统地介绍了滨海湿地生态功能、存在的问题、解决方法及湿地的微生物多样性，分享了对滨海湿地生态系统的深入理解和近期研究成果。通过本书，读者可以了解滨海湿地的重要生态功能和价值，以及当前面临的挑战和问题。此外，还介绍了解决这些问题的方法和策略，并着重探讨了保护滨海湿地微生物多样性的重要性和作用。全书共 11 章，第一章概述了滨海湿地的各项生态服务功能及核算评价方法；第二章基于 1989～2018 年袭击中国沿海地区的台风数据，综合利用环境经济学、统计学、计量经济学、地理学等方法，构建环境经济模型，评估了中国沿海省份每单位面积滨海湿地的台风防护服务价值；第三章介绍了溢油胁迫下渤海滨海湿地脆弱性空间格局分异特征和相关的应对策略；第四章系统梳理了湿地微生物群落结构特征和多样性，阐述了各因素对滨海湿地微生物的影响；第五章详细介绍了海草床湿地微生物并分析和总结了不同环境因素对滨海湿地微生物的影响，为更好地保护和修复滨海湿地生态系统提供了一定的理论参考；第六章梳理了新中国成立至今湿地保护历程，总结了滨海湿地的保护成效，分析了当前滨海湿地保护中面临的问题与挑战，并提出下一步滨海湿地保护的应对策略；第七章和第八章介绍了各类典型干扰因素对滨海湿地结构和功能的影响及自然保护区建设对滨海湿地的保护；第九章以已有滨海湿地研究结果为基础，结合相应社会经济统计数据，探究了全国范围内滨海自然湿地的驱动因素及机制；第十章从滨海湿地遥感分类、遥感影像数据源、遥感影像处理方法和信息提取方法等方面介绍了湿地遥感监测研究现状与进展；第十一章介绍了党的十八大以来滨海湿地管控的基本政策和滨海湿地管理工作的成效及主要问题，并给出了相关管理建议。通过本书，读者可以获得对滨海湿地生态系统的深入了解，包括微生物在其中的作用和影响。本书还提供了一些关于滨海湿地保护和管理的实践经验及指导。总体而言，本书对于科研工作者和决策者来说是一本有价值的参考资料。

本书由多名富有教学和科研经验的滨海湿地领域学者参与撰写，在此衷心感谢所有为本书的出版付出辛勤劳动的同仁。撰写一本全面系统的书籍是一项复杂而艰巨的任务，因此难免会存在一些不足之处，恳请广大读者批评指正以使本书日臻完善。

作　者

2023 年 6 月 1 日于烟台

目　录

第一章　滨海湿地生态服务功能及其经济评价

湿地、森林和海洋是世界公认的三大生态系统。滨海湿地虽然是湿地生态系统中的一个子类型，但其所处的地理环境受到海水周期性淹没影响，使其兼具湿地和海洋的重要生态服务功能。滨海湿地的生态服务功能是指由它的存在直接或间接提供给人类的，满足人类生活需要的物质与服务。无论是供给食物和原材料，还是调节气候、涵养水源、汇碳固碳，滨海湿地都在无声无息地为人类贡献着多种多样的福利。一直以来，由于缺乏买卖交易市场，人们无法为滨海湿地所能为人类提供的诸多福利进行市场定价，更无法正确衡量其价值，从而导致滨海湿地的这些重要生态服务功能在决策中常常被忽视，进一步加速了滨海湿地一定程度的退化（Yang et al.，2017）。本章我们将一一列举滨海湿地的各项生态服务功能并细致介绍各项生态服务功能的核算评价方法。

第一节　滨海湿地生态服务功能

1997 年，生态经济学家 Costanza 在 *Nature* 上撰文总结了地球生态系统所能提供的 18 种服务功能（Costanza et al.，1997），他指出海洋种类中的近岸生态系统提供了 8 种服务功能，而陆地种类中的湿地生态系统提供了 10 种服务功能。值得一提的是，滨海湿地的生态服务功能二者兼而有之。近年来的科学研究还发现了滨海湿地的新的生态服务功能如汇碳固碳。总结一下，到目前为止研究发现滨海湿地的 11 项生态服务功能，其中包括提供食物、提供原材料、汇碳固碳、防风减灾、涵养水源、生物栖息地与生物多样性保护、娱乐、文化、水质净化、土壤保持、气候调节（Farber，1987；Zhang et al.，2017）。

一、提供食物与原材料

众所周知，滨海湿地不仅仅能为人类提供种类繁多且优质的海鲜产品，包括鱼类、贝类、虾蟹类和藻类等，南方的红树林滨海湿地还能提供木材，北方的柽柳柳枝柔韧耐磨还可用于编织箩筐，芦苇更可用于造纸和生产人造纤维，它们都为初级生产默默提供了各种原始材料与素材。参照广东湛江滨海湿地自然保护区内不同年份红树林的生长速率，研究人员通过计算得到 1hm^2 红树林每年木材的平均材积增量为 4.91m^3（高常军等，2017），而盘锦湿地有芦苇面积达到 7 万 hm^2，每年芦苇产量高达 30 万 t（胡逸萍，2015）。

二、汇碳固碳

对比陆地生态系统，滨海湿地无论是土壤、植被还是水中的生物，都能够有效地或从大气中吸收 CO_2 或从海水中吸收碳酸氢根（HCO^{3-}），并将其储存起来，因此具有更强大的汇碳固碳能力。有研究显示，在全球尺度上滨海湿地的碳平均累积速率高达 194g/（m^2/a）（Wang et al.，2021）；而滨海湿地土壤固碳能力从强到弱依次为翅碱蓬群落、光滩、芦苇群落，植被碳库中芦苇碳储量高达 3367.17kg/hm^2，显著高于翅碱蓬（张广帅等，2021）。

三、防风减灾

滨海湿地及其植被是抵御台风袭击的天然屏障，其通过降低台风风速（Hu et al.，2015）、削减台风浪高（Wamsley et al.，2010）、降低台风期间洪水的水位和流速，减少台风造成的灾害，发挥重要的台风防护价值。在滨海湿地及其植被可以降低台风浪高方面，何克军等（2006）通过调查分析 2003 年台风“伊布都”事件证实了滨海湿地植被可以降低台风浪高，生势良好的 300 多公顷红树林使 10km 海堤安然无恙，而没有红树林保护的 5km 海堤被冲毁 9 处，海水浸淹了 10 个村庄。

四、涵养水源

滨海湿地区域内的植被和土壤可以大量持水，并缓慢释放，起到涵养水源的作用。因此滨海湿地可被看作天然的蓄水池，在调蓄洪水、调节径流为农业灌溉、工业和生活用水提供水源及补给地下水以防止地下咸卤水倒灌等方面发挥重要作用（张绪良等，2008）。有模型实验显示，湿地对快径流的影响具有明显的日月和年时间尺度效应，尤其在洪峰期间和汛期对快径流的削减作用最明显，对快径流多年平均的削减作用为 5.89%（吴燕锋等，2020）。

五、生物栖息地与生物多样性保护

滨海湿地不仅是鱼虾蟹的育儿场，同时还是很多珍稀濒危物种的栖息地，因此滨海湿地的存在是对生物多样性的保护。据不完全统计，每年在中国滨海湿地栖息的鸟类种类超过 250 种，约占中国总水鸟种类的 80%，数量高达数百万只，这其中不乏丹顶鹤、黑脸琵鹭和东方白鹳等濒危鸟类（曹玲，2019）。黄河三角洲滨海湿地更是迁徙期水鸟的重要中途停歇地，在东亚—澳大利西亚迁徙路线水鸟保护中具有重要作用（黄子强等，2018）。

六、娱乐与文化

随着经济的发展，滨海湿地为垂钓、户外观赏、拍摄野外动物等生态旅游项目提供了无限可能，而建立在滨海湿地内的科学台站也成为教育科普和科学研究的一个重要手段，为教育科普和科学研究提供了对象、材料和试验基地（陈志鸿和陈鹏，2005）。周晓丽（2009）对鸭绿江口滨海湿地自然保护区的旅游人数进行了调查统计，并发现按照最低量定律，该保护区生态旅游访客人数为 78.3 万人/年。

七、水质净化

滨海湿地内的植物可以有力缓解水流速度，促进沉积物的生成，使得 N、P 等营养物质、有毒有害物质被吸附在沉积物表面，从而通过湿地土壤中或植物根系中的微生物进行降解，最后被吸收，达到污水净化的过滤效果（李楠等，2019）。黄河三角洲芦苇滨海湿地总氮、氨氮、硝态氮、总磷、磷酸盐去除效率分别为 24.495mg/(m^2/d)、13.190mg/(m^2/d)、2.238mg/(m^2/d)、0.824mg/(m^2/d)、0.353mg/(m^2/d)（刘峰，2015）。

八、土壤保持

滨海湿地的植被可以减少降雨对土壤的破坏（Carroll et al.，1997），植物根系还可以改善土壤性状，增强土壤渗透能力，抵抗冲刷和侵蚀，从而达到保持土壤、保留土壤营养成分的功能。例如，柽柳滨海湿地区域内柽柳附近土壤 pH 在 7.5～10.2，由上而下 pH 逐渐增大，柽柳主根附近 pH 较周围低，说明柽柳能够降低土壤 pH，改良碱性土壤（何秀平，2014）。

九、气候调节

滨海湿地和湿地植物含有大量水分，热容量大，可以通过与大气中水分循环来改变局部地区的温度和湿度，对区域内空气有一定的降温增湿作用，从而起到调节区域内气候的作用（阎光宇，2012）。赵欣胜等（2019）研究表明，同一区域内对比建设用地的 28.09℃的气温，芦苇湿地与河流湿地表现出差异明显的低温，分别是 26.50℃和 26.42℃。

第二节　滨海湿地生态服务功能价值评估

滨海湿地生态服务功能评价就是用货币的形式对滨海湿地的各种生态服务进行经济核算。核算的方法需要进一步借助经济手段。针对市场上可以交易买卖的食物和原材料，可以考虑直接市场价格法；对于没有市场买卖的调节功能如洪水调蓄、气候调节等，可以使用替代市场价格法。下面就针对所有第一节列出的 11 种滨海湿地的生态服务功能进行评价并举例说明。

一、食物供给功能评价

滨海湿地所提供的主要食物都可以在市场上买卖，所以可以使用直接市场价格法进行核算。滨海湿地提供的食物总价值 V_{food} 是由各类食物市场价格 P_i 与数量 Q_i 决定的：

$$V_{\text{food}} = \sum Q_i \times P_i$$

假设某地区滨海湿地每年产鱼 4.3t，市场鱼类平均价格是 17.9 元/kg，产虾 2t，虾的平均市场价格为 50 元/kg，则该滨海湿地鱼类供给功能价值约为 17.7×10^4 元/年。

二、原材料供给功能评价

和食物供给功能一致，滨海湿地提供的原材料也是有市场可以买卖交易的，也可以选择直接市场价格法核算。滨海湿地原材料供给功能价值 V_{material} 是由湿地面积 A、单位湿地面积的原材料年度产出量 G_i 和原材料市场价格 P_i 决定的：

$$V_{\text{material}} = \sum A \times G_i \times P_i$$

假设某地区滨海湿地有面积为 197.5km^2 的红树林，红树林木材每年平均积材增量为 4.9m^3/hm^2（高常军等，2017），木材市场参考价格为 997 元/m^3，则该滨海湿地每年木材供给功能价值约为 9648 万元。

三、汇碳固碳功能评价

目前，碳也有了国际交易价格，因此滨海湿地的固碳生态功能也可采用直接市场价格法核算。滨海湿地的固碳功能价值 V_{carbon} 是由湿地面积 A、湿地植被的年碳增量 N、土壤的年碳增量 S 及国际碳税率 C 决定的：

$$V_{\text{carbon}} = (N + S) \times A \times C$$

假设某地区滨海湿地红树林面积为 7km^2，红树林植被的碳增量是 11.35t/(hm^2/a)，红树林土壤的碳增量是 2.8t/(hm^2/a)，国际碳税标准均值为 770 元/t（王凤珍等，2011），则该滨海湿地的每年固碳功能价值估算为 763 万元。

四、防风减灾功能评价

滨海湿地的防台风减灾功能因无法在市场上买卖交易，因此需要考虑使用替代市场价格法进行核算。具体计算是由该地区遭受台风侵袭是概率 $Prob$、滨海湿地面积 A 和单位面积湿地能够减少台风造成的经济损失价值 L 共同决定的：

$$V_{\text{storm}} = Prob \times A \times L$$

假设某地区面积 7km^2 的滨海湿地都在台风登陆之后的最大风半径扫幅内，每年该地区遭受台风侵袭的平均概率是 0.3 次，Costanza 等（2021）估算全球每单位公顷滨海湿地每年能减少台风造成的经济损失是 11 000 美元（约合 69 520 元人民币），因此该滨海湿地每年能提供的台风减灾功能价值为 1460 万元。

五、涵养水源功能评价

滨海湿地的涵养水源功能等同于水库的蓄水功能，可以考虑使用建造水库所需成本这一替代市场价格法来核算。具体计算是由湿地的蓄水量（湿地面积 A×蓄水高度 H）和水库库容的单位造价成本 $Cost$ 决定的：

$$V_{\text{reservoir}} = A \times H \times Cost$$

假设某地区滨海湿地面积 7km^2，最高蓄水水位可达 0.7m，水库库容的单位造价是

6.1 元/m^3（福建省生态环境厅等，2021），因此该滨海湿地的涵养水源功能价值约为 2989 万元。

六、生物栖息地与生物多样性保护功能评价

建议采用成果参照法，该方法隶属替代市场价格法。滨海湿地的生物多样性保护功能价值由湿地的面积 A 和单位面积湿地的生物多样性保护价格 P 决定的：

$$V_{\text{biodiversity}} = A \times P$$

假设某地区滨海湿地面积 7km^2，Costanza 等（1997）统计结果显示全球湿地的生物多样性价格为 169 美元/(hm^2/a)，折合人民币 1065 元/(hm^2/a)，因此该滨海湿地的生物多样性价值保守估算为 74.6 万元。

七、娱乐功能评价

滨海湿地的娱乐价值以旅游产生的直接费用为主，通过年度统计调查，使用替代市场价格法，由该地区年度旅游总收入 GDP_{travel} 与旅游单体数量 N_{travel} 决定（高常军等，2017）：

$$V_{\text{travel}} = GDP_{\text{travel}} / N_{\text{travel}}$$

假设某地区有一个滨海湿地，该地区旅游总收入是 671.7 亿元/年，该地区共有各类旅游单体 13 853 个，因此该滨海湿地的娱乐价值可保守估算为 485 万元/年。

八、文化功能评价

滨海湿地的文化价值可以使用替代市场价格法，以科研论文成果产出来估算，通过统计，由该滨海湿地直接相关的论文数量 N_{paper} 和单篇论文产出成本 P_{paper} 决定：

$$V_{\text{science}} = N_{\text{paper}} \times P_{\text{paper}}$$

假设用“中国知网”搜索中文论文“某某滨海湿地”、用 ScienceDirect 搜索英文论文“XX coastal wetlands”共得到该年度共有相关论文 12 篇，论文产出成本以每篇 11.9 万元计算（庞丙亮等，2014），该滨海湿地的文化价值保守估算为 142.8 万元。

九、水质净化功能评价

在水质净化方面，滨海湿地犹如天然的污水处理工厂。建议使用替代市场价格法，核算滨海湿地的水质净化功能价值，具体计算由湿地面积 A、单位面积湿地处理污水量 T 和污水处理厂净化每吨污水成本费 $Purify$ 决定：

$$V_{\text{purify}} = A \times T \times Purify$$

假设某地区滨海湿地面积 7km^2，滨海湿地中的滩涂污水处理量为 196 133.3t/(hm^2/a)（Shao et al.，2013），污水厂水处理成本是 5.49 元/t（谭雪等，2015），因此该湿地水质净化功能价值可估算为 7.5 亿元/年。

十、土壤保持功能评价

如果滨海湿地没有土壤保持功能就会造成每年大量水土的流失，流失的水土会造成局部淤积，需要清理，故而产生费用。变相来讲，滨海湿地的土壤保持功能可以减少淤积，减少清理费用，建议使用防护支出法来核算，该方法隶属替代市场价格法。具体计算由湿地面积 A、单位面积湿地保持土壤量 Q_{maintain} 和单位水库清淤费用 P_{clear} 决定：

$$V_{\text{soil}} = A \times Q_{\text{maintain}} \times P_{\text{clear}}$$

假设某地区滨海湿地面积 7km^2，有植被覆盖的滨海湿地的土壤保持强度是 200m^3/(hm^2/a)（何冬梅等，2016），单位水库的清淤费用是 30 元/m^3（福建省生态环境厅等，2021）。因此该滨海湿地的土壤保持功能价值保守估算为 420 万元/年。

十一、气候调节功能评价

滨海湿地有局部区域降温的作用，可以通过类比空调降温所需耗费电量来估算，即防护支出法，该方法隶属替代市场价格法。滨海湿地气候调节功能价值可由湿地面积 A（m^2）、湿地年平均蒸发量 E（mm）、单位质量 1kg 的水在标准大气压下气化所需热量（即常数 2260kJ）、空调能效比 R 和电价 $P_{\text{electricity}}$ 决定（福建省生态环境厅等，2021）：

$$V_{\text{climate}} = A \times E \times \frac{2260}{R \times 3600} \times P_{\text{electricity}}$$

假设某地区滨海湿地面积 7km^2（7.0×10^6m^2），该湿地年平均蒸发量 820mm，空调效能比 R=3，而 3600kJ 热量=1kW·h（耗电量），电费计价 0.5 元/(kW·h)（福建省生态环境厅等，2021），因此该滨海湿地的气候调节功能价值保守估算为 6 亿元/年。

参 考 文 献

曹玲. 2019. 珍惜中国滨海湿地, 保护海洋生物多样性. https://www.163.com/dy/article/ESAVB4FI051481I3.html [2019-10-23].

陈志鸿, 陈鹏. 2005. 厦门市滨海湿地生态系统服务功能评述. 厦门科技, 4: 8-11.

福建省生态环境厅, 福建省发展和改革委员会, 福建省自然资源厅. 2021. 福建省生态产品总值核算技术指南. https://sthjt.fujian.gov.cn/zwgk/zfxxgkzl/zfxxgkml/mlstbh/202109/P020210917571834853463.pdf?eqid=a6c95ae4000b4ba600000005646430c4 [2021-9-8].

高常军, 魏龙, 贾朋, 等. 2017. 基于去重复性分析的广东省滨海湿地生态系统服务价值估算. 浙江农林大学学报, 34(1): 152-160.

何冬梅, 王磊, 倪霞, 等. 2016. 江苏盐城沿海滩涂湿地生态系统服务价值评估. 江苏林业科技, 43(6): 29-33.

何克军, 林寿明, 林中大. 2006. 广东红树林资源调查及其分析. 广东林业科技, 22(2): 89-93.

何秀平. 2014. 柽柳对滨海湿地土壤理化性质的影响. 国家海洋局第一海洋研究所硕士学位论文.

胡逸萍. 2015. 盘锦辽河三角洲芦苇发育生长与苇田灌溉模式浅析. 现代农业, 2: 101-102.

黄子强, 关爽, 金麟雨, 等. 2018. 2016 年黄河入海口北侧水鸟群落组成及多样性. 湿地科学, 16(6): 735-741.

李楠, 李龙伟, 张银龙, 等. 2019. 杭州湾滨海湿地生态系统服务价值变化. 浙江农历年大学学报, 36(1): 118-129.

刘峰. 2015. 黄河三角洲湿地水生态系统污染、退化与湿地修复的初步研究. 中国海洋大学博士学位论文.

庞丙亮, 崔丽娟, 马牧源, 等. 2014. 若尔盖高寒湿地生态系统服务价值评价. 湿地科学, 12: 273-278.

谭雪, 石磊, 陈卓琨, 等. 2015. 基于全国 227 个样本的城镇污水处理厂治理全成本分析. 给水排水, 41: 30-40.

王凤珍, 周志翔, 郑忠明. 2011. 城郊过渡带湖泊湿地生态服务功能价值评估: 以武汉市严东湖为例. 生态学报, 31: 1946-1954.

吴燕锋, 章光新, Alain N R. 2020. 流域湿地水文调蓄功能定量评估. 中国科学: 地球科学, 50(2): 281-294.

阎光宇. 2012. 潮汐活动对亚热带地区红树林生态系统水热平衡的影响. 厦门大学博士学位论文.

张广帅, 蔡悦荫, 闫吉顺, 等. 2021. 滨海湿地碳汇潜力研究及碳中和建议: 以辽河口盐沼湿地为例. 环境影响评价, 43(5): 18-22.

张绪良, 叶思源, 印萍, 等. 2008. 莱州湾南岸滨海湿地的生态服务价值及变化. 生态学杂志, 27(12): 2195-2202.

赵欣胜, 崔丽娟, 李伟, 等. 2019. 基于 Landsat 8 TIRS 数据的滨海湿地气温调节功能分析: 以辽宁双台河口湿地为例. 湿地科学与管理, 15(4): 18-23.

周晓丽. 2009. 鸭绿江口滨海湿地自然保护区生态旅游资源评价与环境承载力分析. 西南大学硕士学位论文.

Carroll C, Halpin M, Burger P, et al. 1997. The effect of crop type, crop rotation, and tillage practice on runoff and soil loss on a Vertisol in central Qweenland. Soil Research, 35(4): 925-939.

Costanza R, Anderson S J, Sutton P, et al. 2021. The global value of coastal wetlands for storm protection. Global Environmental Change, 70: 102328.

Costanza R, d'Arge R, de Groot R, et al. 1997. The values of the world's ecosystem services and natural capital. Nature Communications, 387: 253-260.

Farber S. 1987. The value of coastal wetlands for protection of property against hurricane wind damage. Journal of Environmental Economics and Management, 14: 143-151.

Hu K, Chen Q, Wang H. 2015. A numerical study of vegetation impact on reducing storm surge by wetlands in a semi-enclosed estuary. Coastal Engineering, 95: 66-76.

Shao X X, Wu M, Gu B H, et al. 2013. Nutrient retention in plant biomass and sediments from the salt marsh in Hangzhou Bay estuary, China. Environmental Science Pollution Research International, 20: 6382-6391.

Wamsley T V, Cialone M A, Smith J M, et al. 2010. The potential of wetlands in reducing storm surge. Ocean Engineering, 37: 59-68.

Wang F, Sanders C J, SantoS I R, et al. 2021. Global blue carbon accumulation in tidal wetlands increases with climate change. National Science Review, 8(9): 296.

Yang H, Ma M, Thompson J R, et al. 2017. Protected coastal wetlands in China to save endangered migratory birds. Proceedings of the National Academy of Sciences of the United States of America, 114(28): E5491-E5492.

Zhang B, Shi Y, Liu J, et al. 2017. Economic values and dominant providers of key ecosystem services of wetlands in Beijing, China. Ecological Indicators, 77: 48-58.

第二章　中国滨海湿地的台风防护价值评估

海岸带地区是人口和社会经济活动高度集中的地区，同时也是台风灾害活动最为频繁的地区。中国海岸带地区常年遭遇台风袭击，给沿海省份带来巨大的生命和财产损失。滨海湿地及其植被是抵御台风袭击的天然屏障，其可以通过降低台风风速、削减台风浪高、降低台风期间洪水的水位和流速，减少台风造成的人口伤亡和财产损失，从而发挥重要的台风防护服务价值。但是由于对滨海湿地的防台风价值的忽视及随着人类对滨海湿地的过度开发和利用，我国滨海湿地的面积不断减少。本章基于 1989～2018 年袭击中国沿海地区并造成直接经济损失的 138 场台风数据，综合利用环境经济学、统计学、计量经济学、地理学等方法，构建了环境经济模型，评估了中国沿海省份每单位面积滨海湿地的台风防护服务价值。

第一节　滨海湿地的防台风作用机制及评估模型

一、滨海湿地

湿地是水体与陆地之间的自然过渡带，是生物多样性最丰富、生产力最高的生态系统，被誉为“地球之肾”“物种基因库”等，与森林和海洋并称为地球三大生态系统。滨海湿地是指陆地生态系统和海洋生态系统的交错过渡地带，兼具海陆双重特征，具有复杂的生态系统。滨海湿地生态系统和自然界其他生态系统一样，也是一个物质循环和能量流动的转换系统，同时接受海陆各种物质的补给。

滨海湿地已经被证实可以提供多方面的生态系统服务。对我国沿海地区而言，滨海湿地可以提供的一个重要生态服务就是抵御风暴潮等灾害的袭击，滨海湿地中的植物可以在灾害发生时通过消减浪高、降低洪水水位等防止或减轻灾害对海岸带地区的侵蚀，减少灾害造成的经济损失。

二、台风灾害

海岸带地区因其高生物生产力、丰富的资源和便利的交通条件，成为人类活动的中心。中国沿海 13 个省（区、市），以 12.5%的土地容纳了全国 44%的人口和接近 60%的国内生产总值（GDP）（国家统计局，2018；王颖，1996；冯士笮，1982；黄珠美，2017）。海岸带地区是全球人口、经济活动和消费活动高度集中的地区，同时也是台风灾害最为频繁的地区。台风会带来狂风、暴雨及风暴潮，因此会导致人类死亡、经济损失和生态破坏，它是存在于大自然中最强烈的灾害之一，其灾害程度一直以来都是海洋灾害首位（牛海燕等，2011；高建华等，1999；雷小途等，2009）。

台风灾害具有致灾因子多重性的特点：外海为风、浪致灾，近海为风、浪、风暴潮结合致灾，内陆则表现为大风、暴雨及由暴雨引起的洪水。台风引起的灾害主要包括风灾、暴雨灾害及风暴潮灾害。重大的台风灾害中，风暴潮引起的灾害居首位。西北太平洋是全球台风发生数量较高的区域，中国是世界上台风登陆数量最多、受西北太平洋台风影响次数最多的国家之一，南到海南岛北到辽东半岛的广阔沿海地区及除新疆、宁夏、青海、甘肃等少数几个省份外的内陆地区都在台风的影响范围之内。

三、滨海湿地的防台风作用机制

滨海湿地及其植被是抵御台风袭击的天然屏障，其通过降低台风风速、削减台风浪高、降低台风期间洪水的水位和流速，减少台风造成的灾害，发挥重要的台风防护服务价值（Krauss et al.，2009；Gedan et al.，2011；葛芳等，2018；石青，2019）。

目前，国内外有大量关于滨海湿地对台风的防护价值的研究。在滨海湿地及其植被可以降低台风风速方面，Das 等（2009）通过分析 1999 年印度台风事件中没有红树林或红树林较窄的村庄与红树林较宽村庄的死亡人数，证实滨海湿地植被可以减轻台风前进速度。刘浪（2011）通过研究地面植被对台风的影响发现，沿海防护林体系在遭受台风袭击时，能有效降低风速，明显减少防护林带后果树的落果率和断枝率。

在滨海湿地及其植被可以降低台风浪高方面，何克军等（2006）通过调查分析 2003 年台风“伊布都”事件证实了滨海湿地植被可以降低台风浪高，生势良好的 300 多公顷红树林使 10km 海堤安然无恙，而没有红树林保护的 5km 海堤被冲毁 9 处，海水浸淹了 10 个村庄。Hu 等（2015）发现湿地植被可以通过减弱台风造成的强风和海浪来保护沿海地区，减轻台风灾害造成的损失。

在滨海湿地及其植被可以降低台风造成的洪水水位方面，陈云霞等（2006）研究发现滨海湿地对水量具有较好的调节功能，滨海湿地植被起到海绵吸水的作用，可以延缓暴雨后水量增加和地表积水的速度，减缓洪涝，减轻受灾地区的洪水压力。Marsooli 等（2016）通过模拟三维水动力模型，发现滨海湿地及其植被可以对台风的水流速度和水流方向产生影响，降低台风造成的洪水水位。

四、滨海湿地台风防护服务价值评估

Costanza 等（1997）基于数值模型，评估红树林沼泽湿地干扰调节服务（消浪护岸和抵御台风）的价值为每公顷 1839 美元。Badola 和 Hussain（2005）基于经济模型，比较在台风影响下有红树林保护和没有红树林保护的村庄所遭受的经济损失，结果表明没有红树林湿地保护的区域台风损害为每户 44.02 美元，有红树林湿地保护的区域台风损害为每户 33.31 美元。Costanza 等（2008）基于环境经济模型，评估了滨海湿地在减少台风对沿海地区侵害方面的价值，每减少 $1hm^2$ 湿地，台风灾害造成的经济损失就会增加 33 000 美元。Barbier 等（2013）基于期望损害函数模型，估算出红树林提供的海岸带防护的价值是每公顷 8966～10 821 美元。丁冬静等（2015）对海南省 $4736.05hm^2$ 湿地的防风消浪价值进行评估，得出海南省红树林防风消浪总价值为 1 175 287.62 万元。Ouyang 等（2018）基于环境经济模型，得出澳大利亚和中国沿海湿地的经济防护价值分别为 528.8 亿美元和 1986.7 亿美元。Narayan 等（2017）基于灾害损失经济模型，评估了在飓风“桑迪”期间湿地避免了 6.25 亿美元的直接经济损失。Liu 等（2019）基于环境经济模型的研究表明，中国滨海湿地的面积每增加 $1km^2$，台风造成的经济损失平均减少 8390 万元。

第二节　创建滨海湿地评估模型

一、数据准备

（一）直接经济损失数据

中国沿海地区常年遭受台风袭击，从 1989 年开始国家海洋局每年发布《中国海洋灾害公报》，其记录了沿海省份遭受台风袭击所造成的人员伤亡、房屋倒塌、道路坍塌、桥梁损坏及人类生活、农业和海水养殖业等方面的直接经济损失数据，是本研究可获取的最权威和最全面的台风灾害数据。本研究从 1989～2018 年 30 年的《中国海洋灾害公报》中收集了 138 场对中国沿海省份造成直接经济损失的台风数据作为本书的研究数据。即《中国海洋灾害公报》中台风的直接经济损失值是按照当年价值统计的损失值，由于通货膨胀等经济原因，为了使每个年份的直接经济损失数据具有可比性，本书将不同年份台风造成的直接经济损失值按照相应年份国家统计局发布的消费者物价指数转换为 2018 年的直接经济损失值。转换公式为：

$$TD_{i\text{-}2018}=\frac{TD_{i\text{-year}}\times CPI_{2018}}{CPI_{i\text{-year}}} \tag{2-1}$$

式中，$TD_{i\text{-}2018}$ 为台风 i 造成的直接经济损失值转换成 2018 年价格的直接经济损失值；$TD_{i\text{-year}}$ 为台风 i 以当年价计算的直接经济损失值；CPI_{2018} 为以 1989 年为基准年（CPI_{1989}=100）的 2018 年 CPI 指数；$CPI_{i\text{-year}}$ 为以 1989 年为基准年（CPI_{1989}=100）台风 i 当年的 CPI 指数。

（二）台风带获取

138 个登陆中国沿海省份的台风路径数据来自美国 Unisys Weather 和日本气象厅（JMA），其记录了台风登陆的时间、位置、风速和中心压力等，每 6 小时更新一次。台风的最大风速半径（R_i）指的是从台风的中心位置到其最强烈风带之间的距离，它将随着台风的风速和地理位置发生变化，因此台风的影响半径不是恒定不变的（Takagi and Wu，2016），台风在不同中心点的影响半径都是不同的。我们采用 Willoughby 和 Rahn（2004）的方法，根据台风的纬度和风速来计算台风在不同中心点的影响半径[式（2-2）]，计算得出 138 场台风的影响半径最小为 13.94km，最大为 154.57km。由于台风数据每 6 小时更新一次，相对于采用恒定 100km×100km 的台风影响半径，本研究提出了一个更加符合台风现实轨迹的变化台风带——中心线为台风登陆中国沿海地区的轨迹，半径为台风不同中心点的影响范围。借助 ArcGIS 软件的缓冲区工具，在不同的台风中心点根据其影响半径建立缓冲区，并将缓冲区相连，形成台风的影响范围。

$$R_i = 51.6\text{EXP}(-0.0223V_i + 0.0281\varphi_i) \qquad (2\text{-}2)$$

式中，R_i 为台风在 i 中心点的影响半径；V_i 为在 i 中心点的速度；φ_i 为在 i 中心点的纬度位置。

（三）台风带中潜在的 GDP 损失数据

为了增加数据的准确性，每场台风带中潜在的 GDP 损失数据我们采用台风带中受灾害影响的人口数据和相应年份的该省份的人均 GDP 数据的乘积。由美国国家航空航天局社会经济数据和应用中心（SEDAC）及中国科学院资源环境科学与数据中心（RESDC）获取了 1990 年、1995 年、2000 年、2005 年、2010 年和 2015 年的 1km×1km 分辨率的人口格网数据。由国家统计局获取了 1989～2018 年的省级人均 GDP 数据。在 ArcGIS 软件中，利用相交工具，将台风带数据和人口数据叠加，获得受台风影响的人口数据，并与相应年份相应省份的人均 GDP 数据相乘，获取了该台风造成的潜在 GDP 损失值。而不同年份不变价的 GDP 数据由于物价等因素的差异是不可比的，因此利用[式（2-3）]基于消费者物价指数将不同年份的 GDP 损失值转化为 2018 年份的 GDP 损失值。

$$GDP_{i\text{-}2018} = \frac{GDP_{i\text{-year}} \times CPI_{2018}}{CPI_{i\text{-year}}} \qquad (2\text{-}3)$$

式中，$GDP_{i\text{-}2018}$ 为台风 i 造成的 GDP 损失值转换成 2018 年价格的 GDP 损失值；$GDP_{i\text{-year}}$ 为台风 i 以当年价计算的 GDP 损失值；CPI_{2018} 为以 1989 年为基准年（CPI_{1989}=100）的 2018 年 CPI 指数；$CPI_{i\text{-year}}$ 为以 1989 年为基准年（CPI_{1989}=100）台风 i 当年的 CPI 指数。

（四）滨海湿地数据

1989～2018 年滨海湿地数据提取自覆盖中国沿海地区的 Landsat MSS、TM、ETM+ 和 OLI 影像。所有的卫星影像数据均为无云或少云覆盖，能够清晰地人工解译出滨海湿地的范围，下载自美国地质勘探局（USGS）网站和中国的地理空间数据云。经过对 Landsat 影像进行校正后，保证误差在 1 个像素以内，并结合可利用的辅助数据和软件，进行滨海湿地目视解译提取，保证了数据精度。为了获取台风侵袭地区的滨海湿地面积，评估滨海湿地的台风防护价值，本研究在 ArcGIS 中，将滨海湿地数据和台风带叠加，通过相交工具获取沿海省份遭受台风袭击地区的滨海湿地数据。

二、台风造成的经济损失的时空变化

（一）台风造成的经济损失的时间变化

图 2-1 显示了 1989～2018 年台风造成的直接经济损失数据和台风强度随时间的变化，直接经济损失值已经调整到 2018 年价格。使用 Saffir-Simpson Hurricane Wind Scale 对台风进行分类。类别 1：33～42m/s；类别 2：43～49m/s；类别 3：50～58m/s；类别

4：59～70m/s；类别 5：＞70m/s；热带风暴＜33m/s。1989～2018 年 138 场台风造成的直接经济损失金额总和为 3812.09 亿元，年均直接经济损失 127 亿元，平均每场台风造成直接经济损失 27.62 亿元。由图 2-1 可知，台风造成的直接经济损失值与台风的数量和强度呈现高度相关，台风发生的数量越多，强度越大，造成的直接经济损失就越多。台风在 1997 年（372 亿元）和 2005 年（409 亿元）造成了巨大的经济损失，几乎是 30 年期间年均经济损失（127 亿元）的 3 倍，这是由于 1997 年发生了 9711 号 5 级超强台风，2005 年发生的台风数量最多并且也发生了 5 级超强台风。

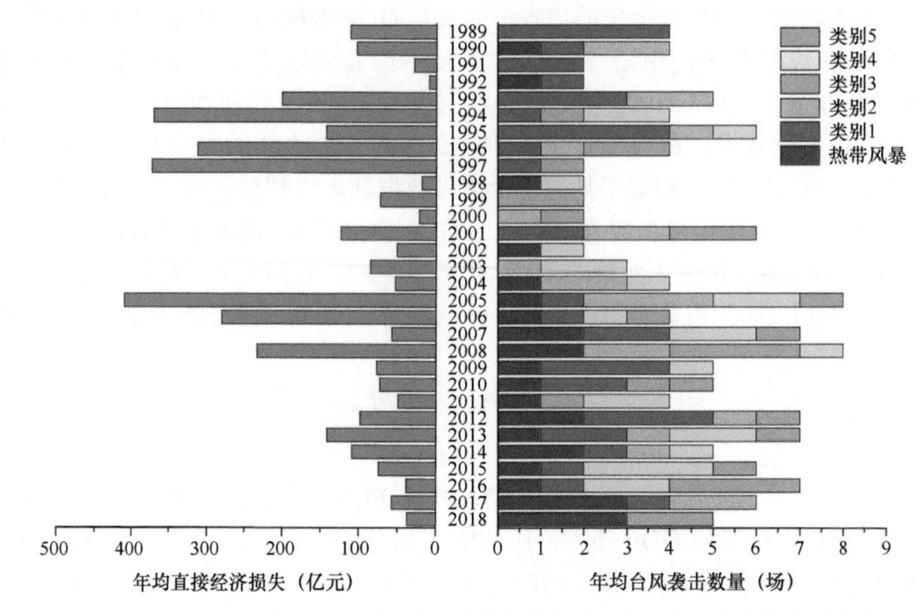

图 2-1　1989～2018 年台风造成的年均直接经济损失及台风在该类别发生的数量

表 2-1 显示了 1989～1998 年、1999～2008 年和 2009～2018 年袭击中国的台风强度和造成的经济损失的变化。前十年的经济损失总额高达人民币 1669 多亿元。第二个十年的经济损失总额超过 1386 亿元，第三个十年的经济损失总额减少至 755 亿元。相比之下，1989～1998 年、1999～2008 年和 2009～2018 年造成经济损失的台风数量从 35 场增加到 57 场，并且 4 级和 5 级强度的台风数量增多。1989～1998 年的经济损失总额是 2009～2018 年的两倍多，但 2009～2018 年的台风数量是 1989～1998 年的近 1.6 倍。由此可见，近年来，造成沿海省份经济损失的台风数量及强度同时增加，但台风造成的直接经济损失逐渐减少。

表 2-1　1989～1998 年、1999～2008 年和 2009～2018 年台风强度及造成的经济损失

年份	直接经济损失（亿元）	台风强度					
		热带风暴	1 级	2 级	3 级	4 级	5 级
1989～1998	1669.57	3	18	6	1	4	3
1999～2008	1386.97	8	6	11	7	10	4
2009～2018	755.55	16	13	3	6	13	6

（二）台风造成的经济损失的空间分布

海南、广东、广西、福建、浙江、江苏、山东和辽宁等沿海省份主要受台风灾害的影响，其中广东和福建两省遭受台风袭击最频繁，分别在1989～2018年受到54场和45场造成直接经济损失的台风袭击。南部沿海省份（广东、广西、浙江、福建、海南、江苏、上海）遭受的台风袭击比北部省份（山东、河北、辽宁）多，近90%的造成直接经济损失的台风在南方登陆。

表2-2为1989～2018年中国沿海省份遭受的直接经济损失的总额，已转换为2018年价格。广东、福建和浙江为30年来台风造成的直接经济损失总额最多的三个省份。广东在所有遭受台风袭击的沿海省份中的损失最严重，30年的直接经济损失总额高达1435.17亿元，年均经济损失为47.84亿元。广东在1993年、1995年、1996年、2006年和2008年的直接经济损失总额均超过了100亿元，其中1993年遭受了最严重的直接经济损失，发生了5起造成直接经济损失超过30亿元的台风灾害。福建1989～2018年直接经济损失总额为1047.35亿元，年均损失为34.91亿元。浙江30年来台风造成的直接经济损失金额为825.06亿元，年均为27.5亿元。广东、福建和浙江三省1989～2018年的直接经济损失总额占据了1989～2018年台风造成的中国各沿海省份直接经济损失总额的86%。南部沿海省份30年共损失3703.55亿元，北部沿海省份共损失108.53亿元，南部沿海省份遭受的直接经济损失是北部沿海省份的34倍。

表2-2　1989～2018年中国沿海省份遭受的直接经济损失总额

省份	1989～2018年直接经济损失总额（亿元）	1989～2018年造成直接经济损失的台风数量
广东省	1435.17	54
福建省	1047.35	45
浙江省	825.06	21
海南省	288.16	20
广西壮族自治区	97.88	11
江苏省	6.97	5
山东省	70.31	4
上海市	2.96	2
河北省	8.84	1
辽宁省	29.38	2

三、创建环境经济模型

构建评估滨海湿地的环境经济模型的首要问题是识别评估模型的因变量和自变量，因变量为台风灾害导致的经济损失，自变量为影响台风灾害造成的损失大小的因素，主要包括台风致灾因子和减灾因子。

台风致灾因子：影响台风灾害大小的因素很多，具有多重性特点，但主要是由台风的风速和台风的持续时间决定的。台风登陆时的速度越快，对登陆地区造成的影响就越大，经济损失越严重，如1996年在广州登陆的15号超强台风，速度达到56m/s，造成了广东和广西两省直接经济损失为235.58亿元。台风的持续时间指的是从台风开始到台风消失的时间，在其他因素不变的情况下，台风的持续时间越长，台风造成的灾害就越大，1997 年的 9711 号台风从开始到消散持续了 432h，造成了山东、浙江、辽宁和河北 4 省份直接经济损失高达 341.8 亿元。

台风减灾因子：诸多研究已经证明，滨海湿地的土壤由于其较强的蓄水能力和透水能力，通过调节径流量来调节洪水水量；滨海湿地的植被是抵御台风灾害的天然屏障，起到生物盾牌的作用。因此，滨海湿地可以通过降低台风的风速、削减浪高、降低台风造成的洪水水位等多个方面来保护沿海地区，减少台风造成的经济损失。

根据以上分析，台风灾害主要受到台风的登陆速度、台风的持续时间和滨海湿地面积的影响。基于此，借助 Costanza 等（1997）的模型，本研究创建了一个评估滨海湿地台风防护价值的环境经济回归模型，该模型的自变量为影响台风灾害导致的损失大小的因素，包括遭受台风灾害地区的滨海湿地面积、台风的登陆速度和台风的持续时间；因变量为台风的相对损害值，即每一场台风造成的直接经济损失（TD）和受台风影响地区的国内生产总值（GDP）比值的自然对数，即 ln（*TD/GDP*）。评估滨海湿地的台风防护价值的环境经济回归模型为：

$$\ln(TD_i / GDP_i) = \alpha + \beta_1 \ln\left(wetland_i\right) + \beta_2 \ln\left(wind_i\right) + \beta_3 \ln\left(duration_i\right) \quad (2\text{-}4)$$

式中，i 是台风的编号；TD_i 是台风 i 造成的直接经济损失值；GDP_i 是受台风 i 影响地区的潜在 GDP 损失值；$wetland_i$ 是台风带 i 中滨海湿地的面积；$wind_i$ 是台风 i 登陆中国沿海地区的速度；$duration_i$ 是台风 i 从开始到结束的持续时间；α 是常数；β_1、β_2 和 β_3 是待估系数。

本研究使用 1989～2018 年的 138 场在中国沿海地区登陆造成直接经济损失的台风数据来研究相对经济损害（*TD/GDP*）与台风带中滨海湿地之间的关系，评估滨海湿地的台风防护服务价值，基于上述分析，我们预判 $\beta_1<0$、$\beta_2>0$、$\beta_3>0$，α 不确定。

第三节　基于环境经济模型评估中国滨海湿地台风防护服务价值

一、模型结果

通过 EViews 10.0 的普通最小二乘法进行回归分析，表 2-3 列出了该模型的最佳拟合系数，即 R^2=0.59，$P<0.01$ 表明该模型显著，并且拟合结果较好，该模型对于台风造成的相对损失灾害的解释程度为 59%，具有较好的解释程度。滨海湿地面积系数为负且显著（β_1=−0.377，$P<0.01$），证明了其在抵御台风灾害方面发挥显著的积极作用，可以减少台风灾害导致的经济损失，保护沿海地区的财产安全。且滨海湿地的面积大小和台风灾害造成的经济损失呈显著负相关，表明随着台风袭击地区的滨海湿地面积的增加，台风造成的相对损害会降低，反之，滨海湿地面积的减少会增加台风带来的损害值。平均而言，每增加或减少一单位面积的滨海湿地，相对经济损失（*TD/GDP*）预计减少或增加 0.377。正如预期的那样，台风登陆速度的系数为正且显著（β_2=3.471，$P<0.01$），

证明了台风的登陆速度和台风灾害造成的损失呈正相关，并且按照幂函数形式变化，相对经济损失会随台风登陆风速的 3.471 次方而变化，随着台风登陆速度的增加，台风造成的相对损害会增加，反之，登陆速度的降低会减少台风带来的损害值。β_3=1.139 且 $P<0.01$，表明台风持续时间和台风造成的相对经济损失之间呈现显著正相关，袭击沿海地区的台风持续时间越长，台风对沿海地区造成的相对经济损失就越大，台风造成的相对损害值随台风持续时间的 1.139 次方增加。

表 2-3　滨海湿地的环境经济模型回归结果

模型和变量	系数估计	R^2
模型：ln（TD/GDP）=$\alpha+\beta_1$ln（$wetland$）$+\beta_2$ln（$wind$）$+\beta_3$ln（$duration$）		0.59
常数	-21.877^*	
台风带中滨海湿地的面积	-0.377^*	
台风登陆速度	3.471^*	
台风持续时间	1.139^*	

*表示显著水平为 99%

二、滨海湿地的台风防护服务边际价值

环境经济模型的结果证实了台风袭击地区滨海湿地的存在可以起到积极的台风防御作用，减少台风灾害造成的经济损失，因此定量评估滨海湿地的台风防护价值十分重要，可以为滨海湿地保护和修复策略的制定提供决策支持。Costanza 等（1997）认为，由于自然生态系统对人类具有巨大的生命支持作用，其总价值难以准确计量，所以评价生态系统状态改变（优化或恶化导致生态服务的增加或减少）所引起的人类收益或成本的变化，即评估生态系统服务的边际价值更具现实意义。因此，评估滨海湿地的台风防护边际价值，即评估增加 1 单位面积的滨海湿地可以带来多少经济价值，减少多少直接经济损失。根据台风相对经济损失与滨海湿地面积、台风登陆速度和台风持续时间的关系模型，可得到单位面积的滨海湿地的台风防护边际价值，公式如下：

$$MV_i = \mathrm{e}^{-21.877} \times d_i^{1.139} \times w_i^{3.471} \times GDP_i \times [wetland_i^{-0.377} - (wetland_i + 1)^{-0.377}] \qquad (2\text{-}5)$$

式中，MV_i 是台风 i 发生时滨海湿地的边际价值；d_i 是台风从开始到结束的持续时间；w_i 是台风 i 登陆中国沿海地区的速度；GDP_i 是受台风 i 影响地区的潜在 GDP 损失值；$wetland_i$ 是台风带 i 中的滨海湿地面积。

根据环境经济学关于边际价值的定义，式（2-5）即滨海湿地台风防护服务的边际价值的计算公式，即在其他条件（台风登陆速度、台风持续时间和 GDP 损失）不变的情况下，每增加 1km^2 滨海湿地面积所减少的台风灾害损失。

三、基于成本效益评估滨海湿地的台风减灾价值

滨海湿地是近海生物的重要栖息繁殖地和鸟类迁徙中转站，是珍贵的湿地资源，具有重要的生态功能，不仅可以提供丰富的资源，如土地资源、盐业资源、生物资源和旅

游资源等，还具有调节气候、调节水文、净化污染物和为生物提供栖息地等多种功能。海堤被认为是最坚固的沿海地区抵御灾害袭击、减少沿海省份的人口和财产损失的硬防御工程，已经被证明对重大风暴事件是有效的（Smallegan et al.，2016；Irish et al.，2013）。但是尽管它们可以保护财产和生命安全，堤坝的建设也被证实会造成生态系统服务的巨大损失，破坏海岸的自然形态和海岸湿地系统，加剧沿海地区的环境污染状况，对海滩产生负面影响，导致海岸带地区环境污染，影响海岸带地区植物和动物的生存环境，打破沿海地区的生态系统平衡（Simon et al.，2008；Lamberti et al.，2005）。此外，海堤的建设和维护费用极高，随着袭击沿海地区台风数量和强度的增加，海堤的高度和宽度也需要增加，这最终也会变得不可持续。

近年来，以生态系统为基础的自然灾害防御已经大规模地付诸实践，都强调软硬工程结合的相互作用。例如，沿海地区可以将滨海湿地的恢复和建设与海堤相结合，以应对台风的袭击（Ma et al.，2014；Gedan et al.，2011）。本研究表明，仅从经济模型的角度来看，滨海湿地、堤坝和水田的存在可以发挥台风防护服务价值，减少台风造成的经济损失。在沿海地区，应该提倡将硬工程防御和软工程防御结合起来，在增强抵御台风袭击能力的同时，对沿海地区生态环境的破坏更小，同时可以最大程度地节约人力和物力，更加生态和经济地保护沿海地区，而不能单纯依靠建设更高、更长和更坚固的堤坝来减轻台风灾害带来的危险，因此本研究从成本效益方面来对滨海湿地的台风防护价值进行评价。

滨海湿地的台风防护价值在两个台风减灾因素中是最高的，是堤坝的 12 倍，并且因为滨海湿地是大自然的馈赠，其只需要进行维护和修缮，费用也是最低的，仅需要 159 万元/km^2。滨海湿地的成本效益比是最高的，达到了 75.8，是堤坝的 39 倍。堤坝在防台风方面的成本效益比值为 1.95，这证实了堤坝的防台风价值，但是堤坝作为全世界各国最主要的台风防御硬工程，建设和维护费用极高，每千米堤坝的建设费用为 500 万元人民币，是维护滨海湿地所需要费用的 3 倍，但其台风防护价值却不足滨海湿地的 1/10，因此单纯地依靠建设堤坝不是一个具有经济和生态效益的防台风手段，将建设和修缮滨海湿地纳入台风防灾措施，与建设堤坝相结合，采用“软工程”和“硬工程”结合的办法来抵御台风灾害，减少台风造成的经济损失是最经济和生态的。

第四节　总结和展望

台风给沿海地区带来了充足的雨水，成为与人类生活和生产系统密切相关的降雨系统。但是，台风作为世界上最严重的自然灾害之一，会引起强风、暴雨和风暴潮，导致潮水漫溢、海堤溃决，冲毁房屋和各类建筑设施，淹没城镇和农田，给沿海地区的农业、渔业、交通、水产养殖等方面带来各种各样的破坏。中国作为遭受台风袭击最频繁的国家之一，从 1989 年海洋灾害公报记载以来，台风灾害每年都会造成沿海省份上亿元的经济损失，严重威胁沿海地区的财产和生命安全。滨海湿地已经被证实可以通过降低风速、削减浪高和降低洪水水位来减少台风造成的经济损失，保护沿海地区的生命财产安全。但近年来由于人类活动，对滨海湿地不正当的开发和利用，导致了我国滨海湿地的面积不断减少，其中的重要原因之一就是没有正确认识滨海湿地带来的生态服务价值和经济效益。堤坝一直是中国沿海地区应对台风袭击的主要硬防御工程，中国的堤坝建设历史悠久，已经有 2500 年的历史，并且中国计划建设更长、更坚固、更现代化的堤坝来提高沿海地区抵御台风袭击的能力。但是堤坝的建设会对沿海地区的生态环境造成破坏，并且堤坝的建设费用极高，且堤坝的使用寿命有限，每场强台风过后堤坝都会遭受损害，需要不断的维护和修缮。本研究基于环境经济模型，利用全中国沿海地区 1989～2018 年 30 年造成经济损失的台风数据，综合利用地理学、环境经济学和统计学的理论，建立了我国沿海地区滨海湿地、台风防护服务价值评估模型，并计算了其台风防护服务边际价值，这有利于为沿海地区的决策者提供科学数据支持，更好地制定具有更好的经济效益和生态效益的台风防护措施。

参考文献

陈云霞, 许有鹏, 李嘉峻. 2006. 城市河流的生态功能与生态化建设途径分析. 科技通报, 22(3): 299-303.

丁冬静, 李玫, 廖宝文, 等. 2015. 海南省滨海自然湿地生态系统服务功能价值评估. 生态环境学报, 24: 1472-1477.

冯士笮. 1982. 台风导论. 北京: 科学出版社.

高建华, 朱晓东, 余有胜, 等. 1999. 我国沿海地区台风灾害影响研究. 灾害学, (2): 74-78.

葛芳, 田波, 周云轩, 等. 2018. 海岸带典型盐沼植被消浪功能观测研究. 长江流域资源与环境, 27: 133-141.

关道明. 2012. 中国滨海湿地. 北京: 海洋出版社.

国家统计局. 2018. 2018 中国统计年鉴. 北京: 中国统计出版社.

韩飞. 2017. 台风过程中风浪、风暴潮及漫滩数值模拟研究. 天津大学硕士学位论文.

何克军, 林寿明, 林中大. 2006. 广东红树林资源调查及其分析. 广东林业科技, 22(2): 89-93.

黄本胜, 赖冠文, 程禹平. 1995. 海堤外滩地种树效果及对行洪影响. 人民珠江, 88: 38-42.

黄珠美. 2017. 中国海岸带湿地台风防护服务价值评估. 厦门大学硕士学位论文.

雷小途, 陈佩燕, 杨玉华, 等. 2009. 中国台风灾情特征及其灾害客观评估方法闭. 气象学报, (5): 875-883.

刘浪. 2011. 地面植被以及地形对台风发生发展的影响. 北京农业, 36: 141-142.

牛海燕, 刘敏, 陆敏, 等. 2011. 中国沿海地区近 20 年台风灾害风险评价. 地理科学, 31: 764-768.

石青. 2019. 近岸台风浪及植被水流环境中的风浪数值模拟研究. 大连理工大学硕士学位论文.

王颖. 1996. 中国海洋地理. 北京: 科学出版社.

Badola R, Hussain S A. 2005. Valuing ecosystem functions: an empirical study on the storm protection function of Bhitarkanika mangrove ecosystem, India. Environmental Conservation, 32: 85-92.

Barbier E B, Georgiou I Y, Enchelmeyer B, et al. 2013. The value of wetlands in protecting southeast Louisiana from hurricane storm surges. PLoS One, 8: e58715.

Costanza R, d'Arge R, de Groot R, et al. 1997. The values of the world's ecosystem services and natural capital. Nature, 387: 253-260.

Costanza R, Perez-Maqueo O, Martinez M L, et al. 2008. The value of coastal wetlands for hurricane protection. Ambio: a Journal of the Human. Environment, 37: 241-248.

Das S, Vincent J, Daily G. 2009. Mangroves protected villages and reduced death toll during indian super cyclone. PNAS, 106: 7357-7360.

Gedan K B, Kirwan M L, Wolanski E, et al. 2011. The present and future role of coastal wetland vegetation in protecting shorelines: answering recent challenges to the paradigm. Climatic Change, 106: 7-29.

Hu K, Qin C, Wang H. 2015. A numerical study of vegetation impact on reducing storm surge by wetlands in a semi-enclosed estuary. Coastal Engineering, 95: 66-76.

Irish J L, Lynett P J, Weiss R, et al. 2013. Buried relic seawall mitigates Hurricane Sandy's impacts. Coastal Engineering, 80: 79-82.

Krauss K W, Doyle T W, Doyle T J, et al. 2009. Water level observations in mangrove swamps during two hurricanes in Florida. Wetlands, 29: 142-149.

Lamberti A, Archetti R, Kramer M, et al. 2005. European experience of low crested structures for coastal management. Coastal Engineering, 52: 841-866.

Li C W, Yan K. 2007. Numerical investigation of wave-current-vegetation interaction. Journal of Hydraulic Engineering, 133: 794-803.

Liu X, Wang Y B, Costanza R, et al. 2019. The value of China's coastal wetlands and seawalls for storm protection. Ecosystem Services, 36: 100905.

Lovelace J K, McPherson B F. 1998. Effects of Hurricane Andrew (1992) on wetlands in southern Florida and Louisiana. National Water Summary on Wetland Resources, United States: Geological Survey Water Supply Paper.

Ma Z, Melville D S, Liu J, et al. 2014. Rethinking China's new great wall. Science, 346: 912-914.

Marsooli, R, Orton P M, Georgas N, et al. 2016. Three-dimensional hydrodynamic modelling of coastal flood mitigation by wetlands. Coastal Engineering, 111: 83-94.

Moeller I, French T. 1996. Wind wave attenuation over saltmarsh surfaces: preliminary results from Norfolk, England. Journal of Coastal Research, 12: 1009-1016.

Narayan S, Beck M W, Wilson P, et al. 2017. The value of coastal wetlands for flood damage reduction in the northeastern USA. Scientific Reports, 7: 9463.

Ouyang X, Lee S Y, Connolly R M, et al. 2018. Spatially-explicit valuation of coastal wetlands for cyclone mitigation in Australia and China. Scientific Reports, 8: 3035.

Paul M, Bouma T J, Amos C L. 2012. Wave attenuation by submerged vegetation: combining the effect of organism traits and tidal current. Marine Ecology Progress Series, 444: 31-41.

Quartel S, Kroon A, Augustinus P G E F, et al. 2007. Wave attenuation in coastal mangroves in the Red River Delta, Vietnam. Journal of Asian Earth Sciences, 29: 576-584.

Simon J W, Thomas AS, Luke M C. 2008. Habitat modification in a dynamic environment: the influence of a small artificial groyne on macro faunal assemblages of a sandy beach. Estuarine, Coastal and Shelf Science, 79: 24-34.

Smallegan S M, Irish J L, Van Donergen A, et al. 2016. Morphological response of a barrier island with a buried seawall during Hurricane Sandy. Coastal Engineering, 110: 102-110.

Takagi H, Wu W. 2016. Maximum wind radius estimated by the 50 kt radius: improvement of storm surge forecasting over the western North Pacific. Natural Hazards and Earth System Sciences, 16: 705-717.

Thampanya U, Vermaat J E, Sinsakul S, et al. 2006. Coastal erosion and mangrove progradation of Southern Thailand. Estuarine Coastal and Shelf Science, 68: 75-85.

Willoughby H E, Rahn M E. 2004. Parametric representation of the primary hurricane vortex. Part I: observations and evaluation of the Holland (1980) model. Monthly Weather Review, 132: 3033-3048.

第三章　溢油胁迫下渤海滨海湿地脆弱性空间格局分异特征

第一节　前　　言

滨海湿地是陆地生态系统和海洋生态系统的交错过渡地带，具有巨大的生态服务价值功能（Barbier，2019），在净化污染、调节气候、降解污染、促淤造陆及防止海岸侵蚀等方面表现出不可替代的作用。然而，由于显著的海陆交互作用，滨海湿地生态环境正在遭受前所未有的扰动，已经呈现出生产力下降、生物多样性减少及水质恶化等一系列问题。尤为值得注意的是，频繁发生的海洋溢油对滨海湿地造成了巨大的生态压力，导致滨海湿地生物多样性减少和生境退化，并导致了长期的毒害效应，对湿地生态系统构成了严重威胁（李沅蔚，2019）。

脆弱性（vulnerability）的概念广泛存在于不同学科中，在社会、心理、气候变化及军事等领域均存在对脆弱性的不同表述，但其概念至今尚缺乏准确统一的学术界定。即便在灾害研究领域，脆弱性的内涵仍在不断演进与发展。

具体到环境脆弱性研究，学者相继提出了多种脆弱性评估框架，如基于“暴露性-敏感性-适应性”的脆弱性域图（vulnerability scoping diagram，VSD）评估框架、“压力-状态-响应”（pressure-state-response，PSR）评估框架、“驱动力-压力-状态-影响-响应-管理”（driving force-pressure-state-impact-response-management，DPSIRM）评估框架及主体的差异脆弱性（agents' differential vulnerability，ADV）评估框架。其中，VSD 评估框架是目前最为通用的脆弱性评估框架，该框架认为脆弱性由暴露性（exposure）、敏感性（sensitivity）和适应性（adaptive capability）三个要素构成，表现为系统暴露状况、敏感性和适应能力等各组成部分在不同空间尺度下相互作用的复杂关系（Smit and Wandel，2006；Polsky et al.，2007），其中任何一个或一组要素发生变化都将引起系统要素相互作用的变化及其他要素乃至整个系统状态的变化，具有系统构成多样性、内部嵌套过程的复杂性和高度的时空尺度依赖性，其优点在于能够有效确保对脆弱性进行元分析。VSD 评估框架适用于滨海湿地脆弱性研究。

事实上，针对滨海湿地脆弱性评价的研究广泛存在（Bhowmik，2020），但大部分研究聚焦于当前的热点研究领域，如全球变暖背景下湿地的脆弱性研究（Kåresdotter et al.，2021）和海平面上升对滨海湿地的影响（Thorne et al.，2018）等。相比之下，溢油胁迫下滨海湿地的脆弱性研究较为小众，但同样需要重点关注，原因有以下几点（Nelson and Grubesic，2018）：①近海石油开发与运输活动日益频繁，其产量与运输量在全球油气产量中的占比升高；②油气作业是高风险行业，而海洋环境的不确定性会大大增加此类风险；③海洋溢油一旦发生便难以控制，加剧邻近湿地系统的生态压力；④溢油灾害在全球各地频繁发生，其破坏性难以预测，需要评估其对滨海湿地造成的潜在风险，并提前制定合理的应急策略。

在以渤海海域为代表的溢油高风险区域（王业保，2018），滨海湿地生态环境在溢油灾害胁迫下暴露出巨大风险，其脆弱性尤为值得关注。渤海由辽东湾、渤海湾、莱州湾及渤海中部区域构成（图 3-1A），沿岸区域分布有多处连片滨海湿地（Mao et al.，2020），主要包括辽东湾北部辽河口及附近区域、渤海湾北部区域、渤海湾南部地区、莱州湾西部区域、莱州湾南部地区及黄河三角洲区域（图 3-1B）。渤海海域内分布有多个采油区块，密布港口、航道和输油管线多类溢油风险源。因此，从空间格局分异角度，针对不同湿地片区，研究溢油胁迫下滨海湿地脆弱性的空间特征，实现滨海湿地脆弱性的空间评价，并提出切实有效的应对措施，有助于为保障滨海湿地生态系统安全提供科学依据，服务国家建设海洋生态文明的重要战略需求。

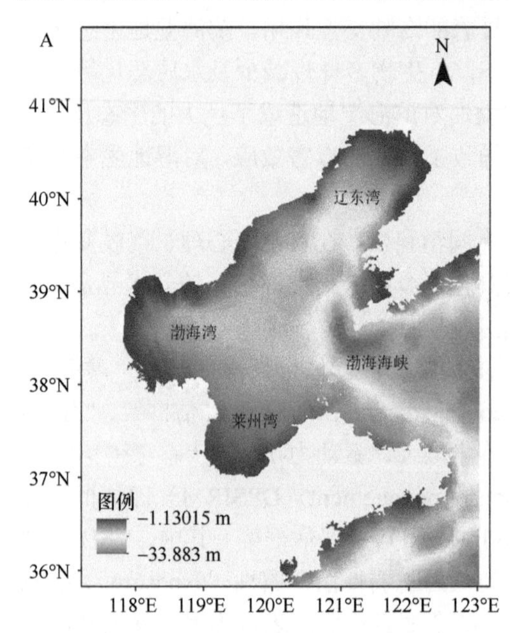

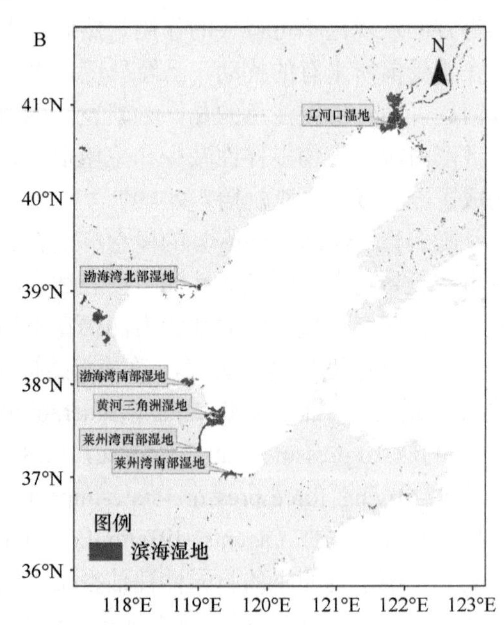

图 3-1　渤海位置图（A）、渤海滨海湿地空间分布（B）

第二节　数据和方法

一、脆弱性评价指标体系

脆弱性系统构成的多样性特征，要求必须全面分析其系统组成要素及各要素之间的相互依存关系，构建结构清晰、层次分明的指标体系和评价系统。根据溢油胁迫下滨海湿地脆弱性系统要素的结构特征，基于 VSD 评估框架，可将系统脆弱性评价指标系统分解为敏感性要素、暴露性要素和适应性要素。

溢油胁迫下滨海湿地的暴露性通过各类溢油风险源的空间特征体现。各类风险源在渤海海域密集分布，大大增加了滨海湿地暴露于溢油的风险。任何一类风险源发生溢油，都会对滨海湿地构成严重威胁。在渤海海域，溢油风险源主要包括沿海港口内建设的储油罐、海上输油管线、海上采油平台、船舶和航道 5 个指标。

溢油胁迫下滨海湿地的敏感性通过政策干预能力和环境自净能力两方面体现。政策干预能力是指人为划定的海洋功能区（如自然保护区、旅游休闲区和农渔业区）对滨海湿地敏感性的影响，滨海湿地距这几类功能区的距离远近可间接反映其敏感性。环境自净能力主要由湿地所处的自然环境体现，包括底质、坡度和岸线弯曲度等。以这几个指标为例具体说明：①美国国家海洋和大气管理局（NOAA）曾发布针对海岸线溢油敏感性的分类分级标准（Petersen et al.，2002），该标准将海岸的物质组成粒径视为海岸敏感性的组成部分，粒径越大，溢油越容易渗入，导致不容易清除，相反，石油不容易渗入粒径小的物质，有利于表层自然风化和人工清理。因此，将黏土、淤泥、细砂、粗砂、砾砂按照粒径依次排序，认为粒径较小的黏土底质其海域敏感性低，而粒径较大的砾砂底质其海域敏感性高。②岸线弯曲度是评价区域内岸线总长度与两端点之间直线距离之比。岸线弯曲度通过影响波浪和潮流对滨海湿地的作用进而影响系统的自净能力，弯曲度越大，滨海湿地自净能力越小，溢油的残留时间越长，敏感性越高；反之敏感性低（Castanedo et al.，2009）。③海岸坡度由滨海湿地高潮和低潮之间的陡峭程度表示，是影响溢油在滨海湿地存留时间的重要因素。平坦的环境不利于湿地表面残油的冲刷，导致溢油存留时间更久；反之，陡峭的环境更易遭受水流冲刷，黏附在湿地表面的残油容易被波浪卷走，减少溢油的残留时间，自净能力强；因此，海岸坡度越小，敏感性也就越高（Castanedo et al.，2009）。

溢油胁迫下滨海湿地适应性通过溢油应急设备的数量体现，包括救助能力、拖带能力、消防能力、防护能力、围控能力、转运能力、清污能力 7 个指标。每项指标所代表的溢油应急能力均使用其对应的溢油应急装备的数量表示，其中，围控能力和清污能力的数据来自问卷调查（Wang et al.，2018），之后又根据海事部门提供的信息对其进行调整和更新。其余如救助能力、拖带能力等数据通过海事部门获得。

二、数据网格化表达与标准化处理

不同指标之间的量纲不同。首先运用地理信息系统（GIS）将数据网格化以统一各指标之间的量纲；通过 ArcGIS 建立每个指标对应的覆盖整个渤海海域的网格，网格中每个栅格的大小为 1000m×1000m。以该网格为基础，进一步对每个指标进行标准化处理。所谓标准化处理，就是基于已经建立的各个指标的网格，根据网格中每个格子的真实值，计算其对应的 0～100 的分数值。目的是使每个指标的分数介于 0～100，由此建立分数系统。对于每个指标而言，其网格内每个栅格的分数根据下面的标准化公式确定：

$$K_j = 100 \times (x_j - Min) / (Max - Min) \tag{3-1}$$

式中，K_j 表示在栅格网中第 j 个格子的介于 0～100 的分数，j 表示栅格网中的网格号；Min 表示指标中的最小值；Max 表示指标中的最大值；x_j 表示第 j 个格子位置对应的真实值。

三、层次分析法（AHP）

由于每个指标对溢油胁迫下滨海湿地脆弱性的贡献和作用不同，因此需要确定各个指标的权重，从而体现每个指标对脆弱性的重要性和影响程度。目前在多目标综合评价中，权重赋值方法有专家打分法、主成分分析法、熵权法及层次分析法等。专家打分法操作简单，但受主观因素影响较大，准确性较低；主成分分析法可以避免主观随意性，但计算过程复杂，对数据要求较高；熵权法是一种客观赋权方法，专家经验知识不能体现，难以表征指标的相对重要性，有时得到的权重与实际重要程度完全不符（宋德彬等，2017）。

层次分析法（AHP）是一种多目标、多准则、多方案的决策方法，能够将定性问题定量化，具有系统、简洁、灵活的优点，因此可采用层次分析法确定各指标的权重。其基本原理是：基于所研究问题的实际情况，针对所研究问题选择一个系统的角度出发，找出系统各要素之间的相互关系，将各种要素组织划分为有序的递阶层次结构，并根据同一层次的各要素与上一层次的隶属关系来构造判断矩阵，进行两两要素之间的重要性判别，从而计算出各要素相对上一层次要素的权重大小；同时还必须对判断矩阵进行检验，只有当一致性比率小于 0.1 时，判断矩阵才具有满意的一致性；否则就需要对判断矩阵做出调整，然后再比较两要素间的重要程度，直到一致性比率小于 0.1 为止。

四、评价方法

通过对评价指标的网格化和标准化，确定不同类型或数值的评价指标的标准值，并与评价因子权重相乘，将整个研究区域空间内的各评价指标叠加，确定湿地的暴露性、敏感性与适应性值[式（3-2）]，最终确定每个评价单元的脆弱性值大小。其数值越大，则评价单元的溢油胁迫的脆弱性等级越高，反之，脆弱性值越小，溢油胁迫下滨海湿地脆弱性等级越低。

$$ESA = \sum_{i=1}^{n} P_i \times W_i \tag{3-2}$$

式中，ESA 为暴露性、敏感性或适应性值；n 为指标数量；P_i 为第 i 个指标的标准化数值；W_i 为第 i 个指标的权重。

$$V = E + S + (1 - A) \tag{3-3}$$

式中，V 为脆弱性；E 为暴露性；S 为敏感性；A 为适应性。

第三节　脆弱性空间格局

一、AHP 权重

本次共邀请了 12 位专家通过层次分析法确定各指标权重，各指标权重计算结果如表 3-1 所示。

表 3-1　溢油胁迫下滨海湿地脆弱性评价指标权重分配

目标层	要素层	相对权重	序号	相对权重	指标层	综合权重
脆弱性	暴露性	0.33	E_1	0.2074	储油罐	0.0684
			E_2	0.0832	输油管线	0.0275
			E_3	0.2583	采油平台	0.0852

续表

目标层	要素层	相对权重	序号	相对权重	指标层	综合权重
脆弱性	暴露性	0.33	E_4	0.3143	船舶	0.1037
			E_5	0.1368	航道	0.0452
	敏感性	0.53	S_1	0.1522	自然保护区	0.0807
			S_2	0.0332	旅游休闲区	0.0176
			S_3	0.0145	农渔业区	0.0077
			S_4	0.0493	离岸距离	0.0261
			S_5	0.1426	风速	0.0756
			S_6	0.1599	浪高	0.0847
			S_7	0.2536	流场	0.1344
			S_8	0.0437	海岸坡度	0.0232
			S_9	0.0482	水深	0.0255
			S_{10}	0.0534	海底底质	0.0283
			S_{11}	0.0494	岸线弯曲度	0.0262
	适应性	0.14	A_1	0.087	救助能力	0.0122
			A_2	0.1191	拖带能力	0.0167
			A_3	0.0337	消防能力	0.0047
			A_4	0.0621	防护能力	0.0087
			A_5	0.3456	围控能力	0.0484
			A_6	0.085	转运能力	0.0119
			A_7	0.2675	清污能力	0.0374

二、滨海湿地暴露性

基于缓冲区分区和反距离权重（IDW）的 GIS 空间分析方法，将空间离散的风险源数据转换为空间连续数据，以便分析其空间格局。通过 AHP 确定各指标权重；通过基于 GIS 栅格的加权计算，获得各指标综合作用下的暴露性结果，得到滨海湿地在溢油胁迫下的综合暴露性空间分布格局（图 3-2）。从综合暴露性空间分布格局可以看出，辽河口湿地由于远离大型港口、油井及密集航线，其暴露性相对较低，其周边海域远离高暴露性区域；渤海湾北部湿地周边区域同样位于低暴露性区域，但渤海湾南部湿地暴露性较高；黄河三角洲湿地面临的暴露性主要来自区域北部；整个莱州湾区域的暴露性都比较低：①对于储油罐造成的潜在暴露性，其暴露风险主要源自滨海湿地的邻近港口。②在输油管线造成的滨海湿地暴露性方面，辽东湾两侧具有较高的暴露性，但对辽河口湿地的影响较小；渤海湾北部湿地、渤海湾南部湿地与莱州湾南部湿地均受到不同程度的影响；黄河三角洲湿地受到的影响相对较小。③在采油平台造成的滨海湿地暴露性方面，渤海湾北部、渤海湾南部和黄河三角洲湿地周边油田密集，暴露性大；莱州湾周边没有油田分布，湿地暴露性小。④对于船舶造成的滨海湿地暴露性，辽河口湿地受到的影响较小；而渤海湾和莱州湾滨海湿地周边船舶较为密集，暴露性高。⑤航道造成的滨海湿地暴露性与船舶影响类似。

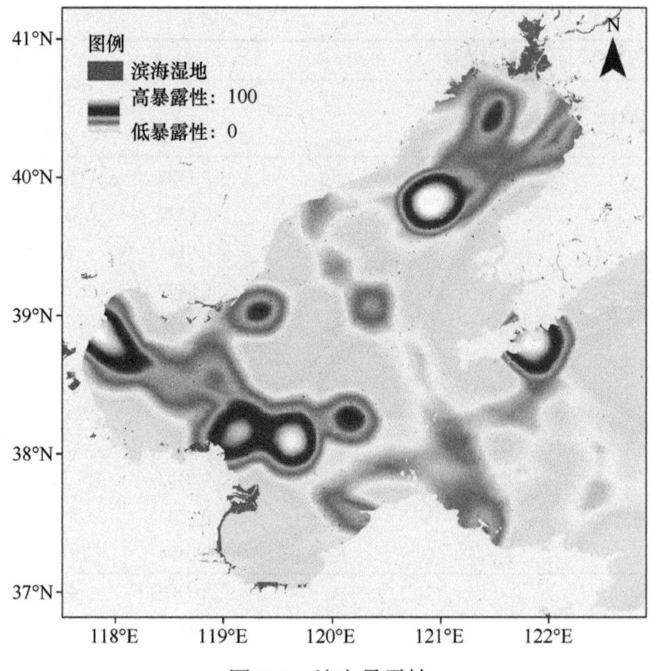

图 3-2　综合暴露性

三、滨海湿地敏感性

各湿地周边均分布有大小不一的自然保护区，因而在保护区政策影响下湿地暴露性均较高；对于旅游休闲区影响下的湿地敏感性而言，辽河口、渤海湾北部和莱州湾南部湿地敏感性高，其他地区敏感性低；黄河三角洲湿地周边农渔业区较少，因而敏感性相对其他区域低；从深入海洋的距离看，对于大片面积的滨海湿地，越靠近海洋的部分，越容易接触溢油，受溢油影响的可能性越大，因而越敏感，反之越不敏感；渤海湾南北两侧湿地均处于平均风速较大的区域，溢油发生后易于快速冲散，因而敏感性低，其他低风速区的湿地敏感性偏高；莱州湾西侧和南侧湿地、黄河三角洲湿地及渤海湾南侧湿地，平均浪高低，对溢油敏感性低，而渤海湾北侧及辽河口区域平均浪高小，敏感性高；相比其他区域，辽河口附近流场的平均流速小，发生溢油后，不利于溢油的快速自净，因而敏感性高，其他区域附近流场的流速相对较高，因而敏感性低；渤海湾北部湿地位于坡度较小的区域，敏感性高，其他区域位于坡度大的海域附近，敏感性低；水深越浅，溢油在滨海湿地越容易积累，敏感性越高，相反敏感性越低；所有湿地均位于粒径较小的黏土底质的海域附近，因而在底质影响下敏感性都不高；岸线弯曲度越大，自净能力越差，溢油不易扩散，敏感性越高，相反敏感性越低。

利用 AHP 对各指标赋权；通过基于 GIS 栅格的加权计算，获得多指标综合作用下的敏感性结果，得到滨海湿地在溢油胁迫下的综合敏感性空间分布格局（图 3-3）。主要通过滨海湿地附近海域的色调，分析溢油胁迫下滨海湿地的敏感性。从综合敏感性空间分布格局可以看出，辽河口湿地和渤海湾北部湿地敏感性较低，黄河三角洲湿地、渤海湾南部湿地、莱州湾周边湿地的敏感性相对较高。

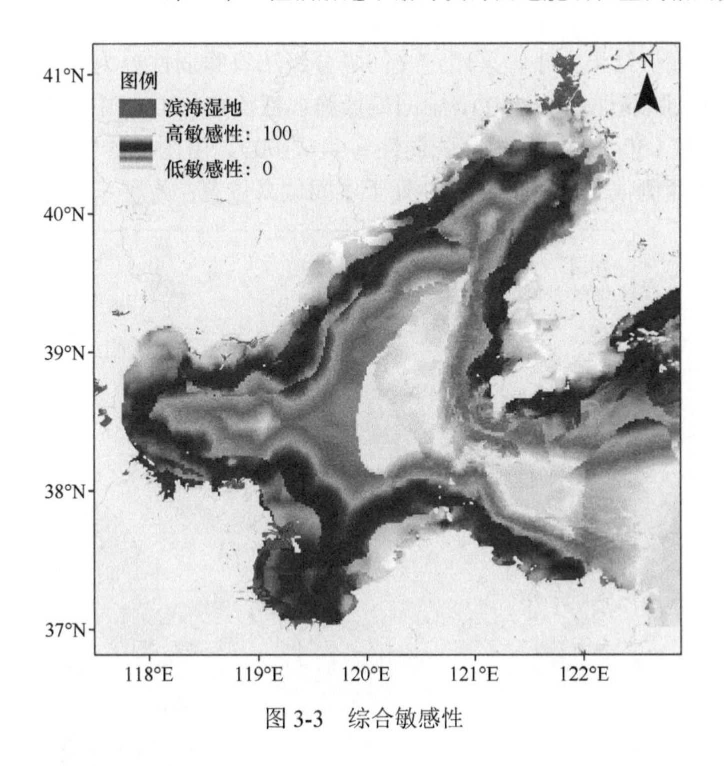

图 3-3　综合敏感性

四、滨海湿地适应性

适应性较高的区域皆位于应急设备的储存地附近。各湿地或多或少都受到周边港口应急能力的辐射，普遍具有一定的适应性。但由于港口选址未在生态价值高的滨海湿地附近，因此相应的溢油应急装备储存地点与湿地有一定距离，导致各个湿地对溢油胁迫的适应性都不是很高。

从影响滨海湿地适应性的 7 个指标的空间格局分析，除救助能力之外，其余 6 种能力在渤海湾均能够覆盖较大范围，因而渤海湾南北两侧的湿地面对溢油胁迫具有很强的适应性；相比之下，由于辽河口湿地附近缺乏大型储备应急装备的地点，因而辽河口湿地的适应性较差。

基于 AHP 获得滨海湿地适应性 7 个指标的权重；通过网格化和标准化之后的 GIS 栅格进行加权计算，获得综合适应性评价结果，并将滨海湿地在溢油胁迫下的综合适应性空间分布格局可视化。从综合适应性空间分布格局可以看出（图 3-4），辽河口湿地、渤海湾南部湿地、莱州湾西部和南部湿地都处于低适应性海域附近，这几处湿地附近溢油应急装备的储备处于不足状态；黄河三角洲湿地的适应性略高；适应性最高的是渤海湾北部湿地，由于地处天津港和唐山港之间，两大港口存储的应急装备能够确保周边海域遭受溢油污染时具有充足的应急力量。

五、滨海湿地脆弱性

溢油胁迫下滨海湿地脆弱性是一个相对概念，用于说明评价系统内部的区域差异状况。依据脆弱性评价结果大小，采用定义间隔分级法将脆弱性分为 6 个等级：极低脆弱性（0～20）、较低脆弱性（20～30）、中间偏低脆弱性（30～40）、中间偏高脆弱性（40～50）、较高脆弱性（50～60）和极高脆弱性（60～100）。由图 3-5 可以看出，渤海湾北部湿地和莱州湾西侧偏北湿地的脆弱性处于中间偏高位置；黄河三角洲湿地南侧与莱州

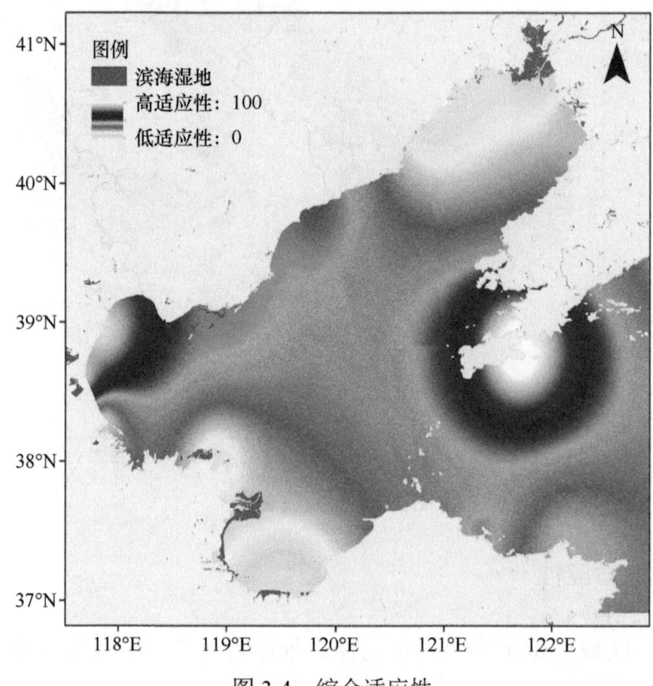

图 3-4　综合适应性

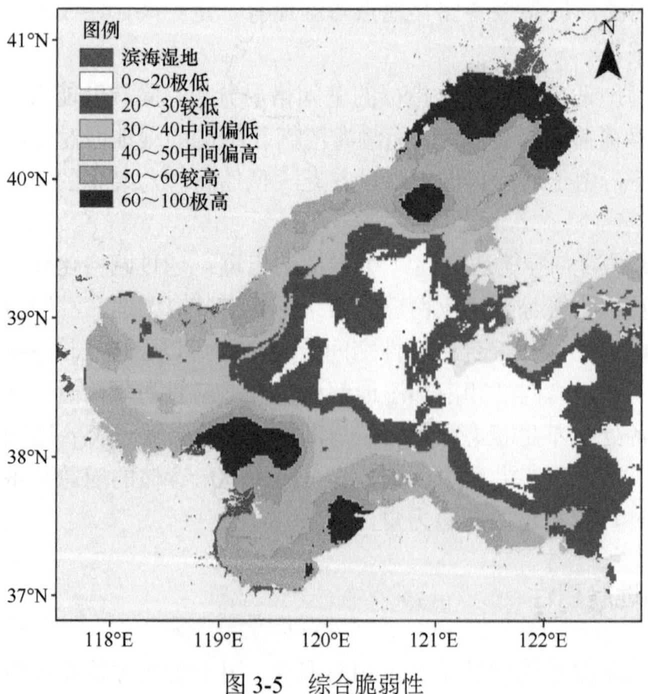

图 3-5　综合脆弱性

湾湿地西侧偏北位置毗邻，也处于脆弱性中间偏高位置；莱州湾南侧湿地脆弱性较高；相比之下，辽河口湿地脆弱性极高，是整个渤海区域脆弱性最高的湿地。整体来看，不同区域的滨海湿地在溢油胁迫下处于完全不同的脆弱性区域。

第四节　讨论和结论

一、溢油胁迫下渤海滨海湿地脆弱性空间格局

根据VSD评估框架，脆弱性是暴露性、敏感性和适应性的函数。通过AHP获得的权重结果来看，业内专家普遍认为在溢油胁迫下，敏感性对滨海湿地的脆弱性影响最大，暴露性次之，适应性对脆弱性的影响最小。

暴露性反映的是系统遭遇灾害或危险的程度，决定了系统在灾害事件影响下潜在损失的大小，滨海湿地受溢油影响程度越大，则暴露性越大，主要取决于滨海湿地遭受溢油危害的强度、频率、持续时间，以及与发生溢油泄漏点的邻近性。但溢油事故具有极大的不确定性，且未来灾情与历史情况并无太大关联，事故发生频率、强度和持续时间虽然可以通过历史统计数据计算，但难以反映滨海湿地面临的真实暴露性。因此通过分析可能发生溢油的地点，模拟溢油扩散的典型案例，确定溢油事故发生后一定时间段内的扩散路径及浓度分布，可以确定评价目标的溢油暴露性分布状况（Romero et al.，2013；倪甲林，2014）。然而，模拟状况与真实状况毕竟存在差异。因此，通过分析溢油泄漏点的空间格局进而确定滨海湿地的暴露性是最为有效的途径。船舶一直被认为是海洋溢油的重要来源，也是学者研究溢油风险的重点（Xiong et al.，2015），因此船舶因素在决定滨海湿地暴露性方面所占的比重最大；其次是采油平台，虽然事故发生概率较船舶溢油低，但平台一旦泄漏，造成的危害甚为巨大（Yu et al.，2018），其作用权重仅次于船舶；储油罐溢油一般发生在陆地，但沿海油罐溢油后，溢油会顺海流扩散从而对湿地构成威胁，2010年“7·16”大连新港溢油便是最佳例证；由于渤海海域海底输油管线密度较小，因此被认为对滨海湿地造成的暴露性最低。从综合暴露性结果来看，各片滨海湿地大致远离海洋的核心暴露区，但毫无疑问皆暴露于各类风险源影响之下。

敏感性与系统被破坏的临界条件有关（刘小茜等，2009），其反映的是系统对外部干扰易于感受的性质，主要取决于系统结构的稳定性。敏感性评估对于发展综合海岸管理框架至关重要（de Andrade et al.，2010）。环境敏感性指数（ESI）地图一直是溢油应急计划和响应的必要组成部分，已被广泛用于评估溢油对环境的不利影响（Gil-Agudelo et al.，2019；Abou Samra et al.，2020），其可视化功能为敏感性评估提供了便利条件。环境资源的敏感性通常受生物、物理和社会经济因素的影响（Li and Johnson，2019），但生物因素和物理因素显然是影响环境敏感性的关键所在（Rustemovich and Alexeevich，2017；Mamede et al.，2018），对滨海湿地而言亦是如此。决定溢油胁迫下滨海湿地敏感性的二级指标可被分为政策干预能力和环境自净能力两大类。政策干预能力在敏感性中占20%的比重，环境自净能力占80%的比重。其中，流场在所有指标中比重最大。由此可见，在溢油胁迫下，以海流为代表的环境自净能力对于降低溢油敏感性具有重要作用。

在政策干预能力和环境自净能力的共同作用下，整个海岸线附近都处于较为敏感的区域，所有滨海湿地皆处于敏感地带。

适应性指的是系统对灾害事件的响应与应对能力，以及从灾害损失中的恢复能力，反映了系统可避免损害的程度，决定了系统在灾害事件影响下的实际损失大小，主要取决于社会财富、技术、教育、信息、技能、基础设施、稳定能力和管理能力等（Eakin and Luers，2006）。适应性概念最早出现在社会生态系统和自然资源管理的交叉领域，由Holling于1978年在《适应性环境评估与管理》（*Adaptive Environmental Assessment and Management*）中提出（Holling，1978）。在灾害学研究领域，有学者认为适应是不同尺度系统中的一个过程、一种行动或结果，当面对气候变化、压力、灾害及风险或机遇时，作为一个系统能更好地应对、管理或调整（Smit and Wandel，2006）。就滨海湿地而言，其对溢油的适应性主要由周边防灾减灾能力决定（Wang et al.，2018），主要表现为溢油发生后的应急能力水平。增强防灾减灾能力，能够显著增强溢油灾害适应性。通过AHP权重分析，在所有应急能力中，围控能力被认为是最有效的能够增强滨海湿地适应性的能力，而消防能力对增强滨海湿地适应性作用最小；若溢油发生后对滨海湿地构成影响，及时有效地清污能够有效降低溢油对湿地的损害，因而清污能力对提高适应性也有很重要的作用。总体而言，除清污能力与围控能力外，其他能力作用差别不大。

由脆弱性分析结果可知，尽管不同区域的滨海湿地在溢油胁迫下处于不同的脆弱性区域，但所有湿地均可归入中间偏高及以上脆弱性区域。各湿地隶属不同的行政区划，辽河口湿地位于辽宁省，渤海湾北侧湿地位于河北省，渤海湾南侧湿地、黄河三角洲湿地及莱州湾西侧与南侧湿地属于山东省，不同省级部门甚至地级部门需要协调一致，建立有效的脆弱性应对机制。

二、应对策略

通常，暴露性和敏感性的增加会增大系统的脆弱性，适应能力的增加则会降低系统的脆弱性。具体到溢油胁迫下的滨海湿地脆弱性分析时，滨海湿地敏感性是由湿地自身和周围自然环境的固有属性决定的，难以进行人为干预；而暴露性取决于滨海湿地周围的港口储油罐、输油管线、采油平台、船舶和航道的空间分布格局，这些影响因素亦难以改变。因此，若要降低脆弱性，短期内可以见效的方式是提高滨海湿地适应性，即加强溢油防灾减灾能力。主要措施包括以下几个方面。

（一）完善环境法律政策体系，实现湿地保护有法可依

从20世纪50年代开始，溢油问题的跨国性和多发性问题大量浮现，相关国际组织出台了一系列具有全球约束力的国际公约，包括《国际防止海上油污公约》（1954年）、《国际干预公海油污事故公约》（1969年）、《国际油污损害民事责任公约》（1969年）、《国际油污损害赔偿基金公约》（1971年）、《国际防止船舶造成污染公约》（1973年）、《联合国海洋法公约》（1982年）等。这些公约的出台，为促进国际社会合作以应对海上溢油污染提供了重要的制度保障，也为我国海上溢油污染防治体系建设提供了良好的借

鉴。我国高度重视水域安全与污染防范，先后出台或签订了一系列与水域保护相关的法律法规，包括《中华人民共和国对外国籍船舶管理规则》（1979 年）、《中华人民共和国海上交通安全法》（1983 年）、《1989 年国际救助公约》（1994 年加入）、《中华人民共和国海洋环境保护法》（1982 年公布，1999 年和 2017 年先后修订）、《中华人民共和国水污染防治法实施细则》（2000 年）。尤其值得一提的是，2021 年 12 月 24 日，第十三届全国人民代表大会常务委员会第三十二次会议通过《中华人民共和国湿地保护法》，自 2022 年 6 月 1 日起施行。该法律为滨海湿地保护提供了重要依据，是我国湿地保护的重要里程碑。遗憾的是，其未明确界定溢油污染下的湿地保护问题。总体上，我国在溢油相关的法律法规建设方面仍存在一些不足，如溢油污染防治法规适用性较低，相关规定与经济社会发展脱节，与国际公约接轨不充分，溢油污染损害赔偿机制不完备（倪国江等，2015）。针对以上问题，需要加大参与国际公约的力度，建立完备的油污损害赔偿机制，开展专门针对溢油污染防治的法规的研究和制定。通过不断完善环境法律政策体系，在政策层面不断提高滨海湿地应对溢油灾害的适应性。

（二）优化溢油污染管理体系，提升综合组织协调能力

政府是治理海洋溢油污染的责任主体，应正确认识当前海洋环境中溢油污染对滨海湿地造成的危害，进而采取有针对性的治理措施。滨海湿地包含多种自然资源的生态系统，对其管理涉及海洋、渔业、环境保护和海事交通等多个职能部门，因此其管理应当是综合管理，而非各部门职能管理的松散联合。2016 年，我国第一个集中央与地方、政府与企业、多部门力量于一体的溢油应急能力专项规划《国家重大海上溢油应急能力建设规划（2015—2020 年）》获国务院批复，标志着我国溢油应急能力建设从单一部门建设转变为多部门统筹协调和开放共享，从单一装备设施建设转变为装备设施和人力资源共同发展。2021 年通过的《中华人民共和国湿地保护法》规定：“国务院林业草原主管部门会同国务院自然资源、水行政、住房城乡建设、生态环境、农业农村等主管部门建立湿地保护协作和信息通报机制。”因此，尽管不同部门对溢油胁迫下滨海湿地生态保护的看法取决于其自身经济、文化和社会的需要，但在滨海湿地保护问题上，政府应当考虑系统管理的方案，各部门应明确协调中心，联合制定相应的应急计划，从而建立起一个高效、科学的管理体制，这不失为一种有效的、应对滨海湿地保护的系统管理机构（倪国江等，2015）。政府要以效率为本，增强溢油污染管理架构的应急反应能力；强化素质建设，提高应急队伍整体实力；培育社会参与主体，发动更大力量应对溢油污染威胁；参与国际协作行动，加强学习交流和经验积累。

（三）建立溢油防控技术体系，强化溢油防治技术保障

1. 创新溢油监测技术

近年来，研究人员发展了各种水面溢油监测方法，目前常用的有：可见光探测法、红外照相法、紫外照相法、被动微波探测法、雷达探测法及荧光探测法等（Fingas and Brown，2014）。接下来，应加快发展由“深海机器人监测系统”“海面浮标监测系统”“海上移动式监测系统”“陆上岸基自动化海洋观测站”“空中卫星遥感监测”共同构成

的海陆空立体监测网络，进一步加强高性能深海监测机器人和海底油气管道泄漏检测技术的研发，增加监测装备的数量，提升装备性能，实现对海洋溢油事故的全天候、全方位监测，为海洋溢油处置决策提供快速可靠的科学依据。

2. 建立溢油预警决策支持系统

目前国际上常见的溢油预测预警系统有GNOME（美国）、COZOIL（美国）、OILMAP（美国）、ADIOS（美国）、SINTEF OSCAR（挪威）、MOTHY（法国）、MOHID（葡萄牙）和POSEIDON OSM（希腊）等。以上溢油预测预警系统的总体架构大同小异，区别则主要表现在适用海域和附加功能上。对于商业系统OILMAP和开源系统GNOME，在提供相应基础地理信息的条件下，理论上可用于任何海域。但对于其他非商业和非开源的系统，一般只适用于研发系统时所针对的目标海域。因此，接下来应进一步开展渤海海洋环境本底数据调研，精准掌握区域海面风场、海洋流场和波浪场等海洋环境要素状况，为准确预测溢油行为归宿提供准确的海洋环境基础资料；进一步完善适用于渤海的水面溢油轨迹预测模型，同时开发水下溢油动态变化模型，关注用于沉潜油模拟的仿真模型，实现对溢油事故的全方位动态变化预测；进一步开发出适用于渤海海域的溢油应急反应决策支持系统，实现信息处理、信息传输、信息查询、溢油动态预测及决策支持等功能的高效融合。

3. 完善溢油应急手段

溢油应急方法主要包括：现场燃烧方法、生物降解方法、化学清理方法和机械清理方法。由于燃烧法具有严格的使用门槛，且渤海海域生态面临较大压力，属于环境敏感的浅水海域，周边人口密集，应尽量避免在此区域使用现场燃烧方法。化学清理方法采用化学处理改变溢油在海水中的存在形式，加速其降解速度或便于打捞，主要包括消油剂、凝油剂和集油剂。但化学制品特别是消油剂本身对海洋生物具有毒性作用，会引起严重的二次污染，造成比石油污染本身更大的危害，因此要进一步加强环保型消油剂、凝油剂和集油剂的研制。生物降解方法一般从长期受溢油污染的地区筛选菌株，将筛选出的高效石油烃降解菌投放到污染海域进行修复（外源微生物法），或向污染区域投放营养盐，使土著微生物大量繁殖进而修复溢油（土著微生物法），但其效率受外部环境因素（如温度）影响明显。因此，要进一步加强自然条件下微生物溢油修复相关研究，提高修复效率。机械清理方法是指通过围油栏、收油机等机械设备对溢油做出快速反应，当渤海海域的船舶发生溢油事故时，最恰当、最有效的方法为机械清理方法。因此，需要加速研发具备节约、快速、轻便、易操作等特点的新型环保围油栏和收油机等机械回收设备；加强专用溢油处理船舶建设，建设一批适用于不同海域、不同溢油状况及不同装备的溢油污染处理船舶，在沿海形成大、中、小合理配置的溢油处理船应急力量。

4. 强化溢油应急设备库建设

我国的溢油应急设备库是由国家投资建设的大型溢油应急设备管控中心，主要用于处理水上重大及特别重大级别的溢油事故。2016年，交通运输部海事局印发《关于加强国家船舶溢油应急设备库运行管理的指导意见》，提出要加强国家船舶溢油应急设备库的运行管理，优化应急物资配置，确保在关键时刻发挥国家力量作用。但由于溢油应急设备库在我国处于发展阶段，目前仍然存在一些问题，包括选址布局不均衡、严重依赖政府财政投入、机动灵活有待提高及合作共享机制不畅通等。面对以上问题，需要有针对性地采取措施。例如，针对滨海湿地溢油风险暴露性高的区域，对已建成的设备库在原有规模的基础上进行适度改扩建，并着手新建用于保护滨海湿地的应急设备基地；通过行政手段和经济手段相结合，鼓励以政府购买服务的方式吸引社会应急力量参与国家库的维护保养和设备使用，推动溢油应急服务向专业化、市场化和规模化发展；建立溢油应急设备库区域合作机制，达到高效、合理、科学的应急设备库的管理，促进资源共享，提升协同应对溢油污染的能力。

参考文献

李沅蔚. 2019. 黄河三角洲石油烃污染背景下重金属的迁移富集规律研究. 中国科学院大学硕士学位论文.

刘小茜, 工仰麟, 彭建. 2009. 人地耦合系统脆弱性研究进展. 地球科学进展, 24(8): 917-927

倪国江, 孙明亮, 文艳. 2015. 我国海上溢油污染防治体系建设对策. 海洋开发与管理, 32(12): 74-79.

倪甲林. 2014. 溢油胁迫下的海岸带生态脆弱性评价研究: 以东山湾为例. 国家海洋局第三海洋研究所硕士学位论文.

宋德彬, 高志强, 徐福祥, 等. 2017. 渤海生态系统健康评价及对策研究. 海洋科学, 41(5): 17-26.

王业保. 2018. 渤海海域船舶溢油风险及船舶避难地选取策略研究. 中国科学院大学博士学位论文.

Abou Samra R M, Eissa R, El-Gammal M. 2020. Applying the environmental sensitivity index for the assessment of the prospective oil spills along the Nile Delta Coast, Egypt. Geocarto International, 35(6): 589-601.

Adger W N. 2006. Vulnerability. Global Environmental Change, 16(3): 268-281.

Alexander D E. 2000. Confronting catastrophe: new perspectives on natural disasters. New York: Terra.

Barbier E B. 2019. The value of coastal wetland ecosystem services//Perillo G, Wolanski E, Cahoon D R, et al. Coastal Wetlands. 2nd Edition. Elsevier: 947-964.

Bhowmik S. 2020. Ecological and economic importance of wetlands and their vulnerability: a review// Rathoure A K, Chauhan P B. Current State and Future Impacts of Climate Change on Biodiversity. Hershey: Engineering Science Reference: 95-112.

Castanedo S, Juanes J A, Medina R, et al. 2009. Oil spill vulnerability assessment integrating physical, biological and socio-economical aspects: Application to the Cantabrian coast(Bay of Biscay, Spain). Journal of environmental management, 91(1): 149-159.

de Andrade M M N, Szlafsztein C F, Souza-Filho P W M, et al. 2010. A socioeconomic and natural vulnerability index for oil spills in an Amazonian harbor: a case study using GIS and remote sensing. Journal of environmental management, 91(10): 1972-1980.

Eakin H, Luers A L. 2006. Assessing the vulnerability of social-environmental systems. Annual Review of Environment and Resources, 31: 365-394.

Fingas M, Brown C. 2014. Review of oil spill remote sensing. Marine Pollution Bulletin, 83(1): 9-23.

Gil-Agudelo D L, Ibarra-Mojica D M, Guevara-Vargas A M, et al. 2019. Environmental sensitivity index for oil spills in Colombian rivers (ESI-R): Application for the Magdalena river. CT&F-Ciencia, Tecnología y Futuro, 9(1): 83-91.

Holling C S. 1978. Adaptive Environmental Assessment and Management. Chichester: John Wiley & Sons, 9-35.

Kåresdotter E, Destouni G, Ghajarnia N, et al. 2021. Mapping the vulnerability of Arctic wetlands to global warming. Earth's Future, 9(5): e2020EF001858.

Li Z, Johnson W. 2019. An improved method to estimate the probability of oil spill contact to environmental resources in the Gulf of Mexico. Journal of Marine Science and Engineering, 7(2): 41.

Mamede da Silva P, de Miranda F P, Landau L. 2018. Mapping the Brazilian Amazon fluvial sensitivity index to oil spills with Shuttle Radar Topography Mission (SRTM) data. Geocarto International, 33(6): 555-572.

Mao D, Wang Z, Du B, et al. 2020. National wetland mapping in China: a new product resulting from object-based and hierarchical classification of Landsat 8 OLI images. ISPRS Journal of Photogrammetry and Remote Sensing, 164: 11-25.

Nelson J R, Grubesic T H. 2018. Oil spill modeling: risk, spatial vulnerability, and impact assessment. Progress in Physical Geography: Earth and Environment, 42(1): 112-127.

Petersen J, Michel J, Zengel S. 2002. Environmental sensitivity index guidelines. version 3.0. NOAA Technical Memorandum NOS OR&R, 11: 192.

Polsky C, Neff R, Yarnal B. 2007. Building comparable global change vulnerability assessments: the vulnerability scoping diagram. Global Environmental Change, 17(3-4): 472-485.

Romero A F, Abessa D M S, Fontes R F C, et al. 2013. Integrated assessment for establishing an oil environmental vulnerability map: case study for the Santos Basin region, Brazil. Marine Pollution Bulletin, 74(1): 156-164.

Rustemovich A R, Alexeevich K S. 2017. Oil spills from offshore drilling and development: causes and effects on plants and animals. European Science, 8(30): 16-21.

Smit B J, Wandel. 2006. Adaptation, adaptive capacity and vulnerability. Global Environmental Change, 16: 282-292.

Thorne K, MacDonald G, Guntenspergen G, et al. 2018. U. S. Pacific coastal wetland resilience and vulnerability to sea-level rise. Science Advances, 4(2): eaao3270.

Wang Y, Liu X, Yu X, et al. 2018. Assessing response capabilities for responding to ship-related oil spills in the Chinese Bohai Sea. International Journal of Disaster Risk Reduction, 28: 251-257.

Xiong S, Long H, Tang G, et al. 2015. The management in response to marine oil spill from ships in China: a systematic review. Marine Pollution Bulletin, 96(1-2): 7-17.

Yu F, Xue S, Zhao Y, et al. 2018. Risk assessment of oil spills in the Chinese Bohai Sea for prevention and readiness. Marine Pollution Bulletin, 135: 915-922.

第四章　滨海湿地生态系统中微生物多样性研究

地球上有三大生态系统，即森林、海洋、湿地。森林，被称为“地球之肺”；海洋被称为“地球之心”；湿地，被称为“地球之肾”。湿地是地球上具有多种独特功能的生态系统，它不仅为人类提供大量食物、原料和水资源，而且在维持生态平衡、保持生物多样性和珍稀物种资源及涵养水源、蓄洪防旱、降解污染、调节气候、补充地下水、控制土壤侵蚀等方面均起到重要作用。

滨海湿地是介于陆地生态系统和海洋生态系统之间的过渡区域，主要包括潮下带、潮间带和潮上带的湿地，向陆地延伸可达10km，是我国海岸线的重要生态屏障，在我国沿海区域生态系统维持和生物多样性保护等方面起着至关重要的作用。微生物是湿地环境和有机物分解的重要组成部分，它可以改变湿地土壤的理化特性，在土壤有机质动态、能量传递和元素生化循环等方面起着重要作用。同时，湿地微生物多样性高对于土壤生态系统的稳定和服务功能的提高具有不容忽视的作用，将有助于提高微生物种群的遗传多样性，并对提高物质的营养循环和重要生态系统的效率有积极的影响。近年来，滨海湿地土壤微生物群落结构和功能的重要性越来越受到关注。本章梳理了目前对滨海湿地土壤微生物及其影响因素等的相关研究，分析和总结了不同环境因素对滨海湿地土壤微生物的影响，为更好地保护和修复滨海湿地生态系统提供了一定的理论参考。

第一节　黄河三角洲滨海湿地微生物多样性分析

黄河三角洲滨海湿地不仅是我国暖温带地区最完整、面积最大的湿地之一（Qin et al.，2010），也是世界上陆地-海洋相互作用最活跃的区域之一，在湿地生物多样性保护和水质净化中发挥着重要作用（Xu et al.，2004）。由于围垦、海岸侵蚀和石油污染等人为干扰，滨海湿地正经历着持续而严重的退化，面积不断减小（Wang et al.，2010）。微生物对环境变化非常敏感，这些破坏效应会影响湿地土壤微生物的群落组成。反过来，微生物的变化又会导致湿地生态系统的整体结构和功能发生变化（Webster et al.，2015）。微生物在气候变化过程中发挥生物学核心作用，气候变化的影响很大程度上取决于微生物的反应，了解微生物对实现生态环境可持续发展十分重要。研究滨海湿地土壤微生物群落及其与环境因子的关系，有助于了解该地区土壤微生物多样性，为探究湿地微生物与生态系统功能之间的影响机制提供一个生态学视角，并有助于深入了解微生物不同功能之间存在的内在联系，维护三角洲湿地生态系统稳定性、生物多样性和遗传多样性。

一、黄河三角洲湿地土壤微生物研究概况

黄河三角洲是中国北方最大的新生湿地，在整个黄河三角洲湿地的区域中，目前有关土壤中微生物的研究主要集中在植物生长与微生物群落组成之间的相互作用、细菌的作用活性受土壤理化指标的影响、微生物作用对环境变化的响应等。土壤微生物作为湿地生态系统中最重要的功能组分，是评价湿地生态系统健康状况的主要指标之一，它们对生活环境的变化表现得十分敏感，能够迅速对环境的变化做出相应的反应（孙彩丽，2017）。土壤微生物具有丰度高、种类多的特点（Borneman et al.，1996），几乎参与了土壤中所有的生化反应过程。有关土壤微生物的研究一直是土壤学和生态学的重点，其中对湿地土壤微生物的研究更是热门方向（李金业，2021）。

通过对森林、草原和湿地生态系统中土壤微生物的研究发现，土壤中 N、P 等营养元素的浓度会对微生物群落结构产生影响，这是因为不同微生物对生境的变化会产生不同响应，而且这些元素又能通过影响植物的生长表现而改变微生物群落的结构和丰度（杨树仁，2020）。王震宇等（2009）、刘芳等（2007）和 Douterelo 等（2010）学者通过对黄河三角洲湿地土壤微生物的研究发现，该区土壤微生物群落的多样性（如活性、丰度和结构）与土壤深度呈负相关；陈为峰和史衍玺（2010）对该区新生湿地研究发现不同季节不同植被下土壤微生物的组成和数量有明显差异，这与 Zhao 等（2010）的研究结果一致；植物可以通过输入枯枝落叶等改造土壤环境影响微生物，土壤根际细菌可分泌大量的活性代谢物（如生长激素、抗生素、生物碱和水解酶），促进湿地植被的生长（Su et al.，2016）。Yu 等（2012）发现该区土壤微生物的分解能力与植被丰度呈正比，裸地中微生物的生物量和活性虽然受到了抑制，但是微生物群落的多样性并没有降低；赵娇等（2020）揭示了黄河三角洲盐地碱蓬根系微生物与理化性质的关系。

二、黄河三角洲滨海湿地土壤微生物和植物根际微生物分析

黄河三角洲区域内主要为盐渍型土壤，受潮汐海水入侵影响，土壤盐渍化严重，主要湿地植物为芦苇、碱蓬和柽柳。有研究人员以黄河三角洲滨海湿地表层土壤和植物根际为研究对象，采集了区域内代表性翅碱蓬群落、芦苇和柽柳灌木混合植被群落、滩涂裸地、油田等地点样品。通过高通量测序技术对土壤和植物根际中的微生物进行了初步研究，旨在揭示植被根际微生物与土壤微生物的结构和丰度特征，分析微生物群落与土壤环境因子之间的内在关系。研究发现，湿地土壤和植物根际中优势菌群结构存在差异。土壤细菌分布以厚壁菌门、变形菌门、拟杆菌门和放线菌门为主，在各样本中合计占比高于 90%；根际细菌丰度较高的为蓝藻门、变形菌门、放线菌门和厚壁菌门，土壤微生物的丰度和多样性显著大于根际细菌，在属水平上土壤和植物菌群结构的差异更明显。裸地、芦苇、柽柳和碱蓬等不同生境类型条件下细菌的物种组成存在差异。微生物丰度指数表明芦苇柽柳生长区的微生物丰度高于滩涂裸地、碱蓬区和棉田区，海漫滩中微生物丰度明显高于河漫滩和泥滩。土壤环境因子含量与生境类型有关，植被覆盖区 Mn^{4+}

和 Fe^{3+}的含量低于滩涂裸地，芦苇区水解氮含量普遍较高，油田附近地区 SO_4^{2-}和 NO_2^-含量较低。冗余分析（RDA）分析表明，土壤 pH 对细菌群落影响低于其他环境因素，营养盐 K、Na 和 N（NO_2^--N、水解氮）及金属离子 Mn^{4+}和 Fe^{3+}与细菌群落的相关性较高，在门水平上，营养盐 K、Na 和 N（NO_2^--N、水解氮）是影响微生物群落的主要因子（李金业等，2021）。

盐地碱蓬、芦苇、柽柳群落的根际土壤粒径和其他理化性质差异显著，其中柽柳群落根际土壤的质地最细，肥力最高，微生物数量最多，多样性也最高。三种盐生植物群落根际土壤的主要功能群均以与 C、N 代谢和能量代谢相关的糖类、氨基酸和能量功能群为主，且均含有较高丰度的外源污染物降解类功能群。三种盐生植物群落土壤微生物多样性分别与土壤粒径组成、湿度、pH、有机质、总碳、有效钾和 NH_4^+-N 呈显著正相关，而其与有效磷呈显著负相关；在研究涉及的 12 个土壤理化性质中，pH、有机质、湿度、总碳和有效钾显著影响了主要土壤微生物群落的整体分布特征，也是不同植物群落土壤微生物丰度、多样性和结构变化的主要驱动因子（莫雪，2020）。

曹富倩（2020）在黄河三角洲滨海湿地选取 4 种典型的湿地植被样地（滩涂裸地、翅碱蓬群落、芦苇与翅碱蓬混生群落及芦苇与柽柳混生群落），分别在一年四季进行了样品采集。对黄河三角洲湿地中四种典型的样地四季土壤中微生物群落的组成和变化进行 16S rRNA 高通量测序。主要分析植被根系土壤中微生物群落不同季节的结构组成、多样性及功能微生物的时空差异，探讨了植被差异对微生物群落及碳氮循环的时空动态变化的影响。

四种群落样地土壤理化性质在春季起始值有较大的差异。芦苇和柽柳混生群落样地中土壤的氮磷比值最高，翅碱蓬群落样地最低。这主要是由芦苇、柽柳样地植物凋落物较多，根系土壤沉积层厚，微生物发挥的强烈分解作用等原因所致，使得该样地根系层土壤肥力较高。菌落丰度的变化可直接由 Chao1 指数和 ACE 指数的变化来体现，通常指数越高，菌落丰度越高。Chao1 和 ACE 丰度指数的时空变化趋势相同，无显著性差异。芦苇与翅碱蓬混生群落样地土壤菌落组成的丰度在春冬两个季节较高，夏季在芦苇与柽柳混生群落样地中菌群的丰度较高，秋季在翅碱蓬群落样地土壤中菌群组成的丰度较高。Shannon 指数和 Simpson 指数综合计算了群落的丰富度和群落的均匀度两方面，指数越大则菌落的多样性越大。Shannon 指数和 Simpson 指数变化存在显著的时空差异，这两个指数在芦苇与柽柳混生群落样地四季都较高，芦苇与翅碱蓬混生群落样地土壤微生物多样性在夏季和冬季最高。综合样地菌落的四种多样性指数，芦苇与翅碱蓬混生群落样地微生物群落丰度和多样性在春季最高，芦苇与柽柳混生群落样地在夏季最高。

不同植被群落样地土壤理化性质在时间和空间上的变化导致土壤中微环境的变化，因此可以出现大量不同的微生物物种分别生存在 4 种不同的样地中现象。植被和微生物之间关系亲密，它们的功能互补，在生存过程中相互依赖。植被是黄河三角洲地区重要的生产者，而它在生长过程中新陈代谢的产物和在土壤中的分泌物为根际微生物提供生活必需的养分，细菌能够降解土地中的多聚物和有机质，被分解的养分在土壤中被植物吸收又促进了植物的成长。由于植被对于其根系菌落在土壤中具有选择性，因此各个植物根系菌落多样性的变化不一致。高盐的土壤中微生物的丰度也会减少，只有可以顺应盐分胁迫的菌落可以继续生存，说明微生物对生存环境的变动有一定的响应机制，菌落的多样性和吸收营养的形式会产生一定的适应性变动，因此四种样地土壤中菌落的丰度和均匀度在四个季节产生显著的时空差别（曹富倩，2020）。

三、黄河三角洲滨海湿地生态修复区春季土壤古菌和细菌群落结构探究

盐地碱蓬定植是黄河三角洲滨海湿地生态修复的主要方式，有研究者在环渤海湿地研究中已经发现，盐地碱蓬可以显著提高土壤微生物多样性，在持续的脱盐和元素积累过程中，改善群落生境，提高代谢功能，耐盐性较低的微生物会逐渐成为优势菌群（孙建平等，2020）。林学政等（2006）发现盐地碱蓬定植后，黄河三角洲滨海湿地中枯草芽孢杆菌（*Bacillus subtilis*）成为优势菌。Cong 等（2014）发现在植被定植的不同阶段，土壤总磷脂、脂肪酸含量均有所增加，影响了微生物的总量和组成。其中，植被死亡促进了土壤中有机物分解者的增加，丰富了土壤中的营养物质、细菌和古菌群落，增加的菌群又促进了盐地碱蓬定植扩散，从而形成了正向循环改善滨海湿地生态功能（Ma et al.，2017）。

研究人员对春季盐地碱蓬修复土壤的细菌和古菌的群落结构进行了分析。结果发现，滨海湿地土壤均呈碱性（pH 为 7.92～8.45），盐度较高（＞30.98‰），且非植被区土壤有明显的结晶盐（＞45.26‰）。细菌方面，岸边碱蓬以 *Muribaculaceae*（14.81%）和 *Helicobacter*（8.00%）为主，盐地碱蓬以 *Marinobacter*（20.19%）和 *Halomonas*（7.15%）为主，核心修复土壤以 *Muribaculaceae*（9.37%）、*Inhella*（8.61%）和 *Halanaerobium*（8.25%）为主；非植被覆盖的高盐土、近岸河边与河边过渡区以 *Marinobacter*（5.75%～17.91%）、*Halomonas*（9.01%～10.92%）和 *Muribaculaceae*（5.91%～10.26%）为主；植被覆盖导致细菌 Shannon 指数差异显著。古菌方面，植被区以 *Salinigranum*（10.00%～34.17%）、*Halorubrum*（12.1%～29.33%）和 *Halogranum*（1.42%～7.70%）为主；非植被区以 *Halolamina*（6.97%～20.25%）、*Halogranum*（2.06%～26.86%）和 *Halorubrum*（12.54%～21.54%）为主。借助典范对应分析（CCA）、主坐标分析（PCoA）、Venn 图和功能预测发现，盐地碱蓬定植导致细菌（22.6%）、古菌（29.5%）组成存在差异，盐分是导致差异的重要原因之一。植被定植后菌群更加多样且元素循环出现，非植被区中微生物组成相近但存在潜在竞争。所以，植被修复能有效实现土壤生态功能恢复，而修复前的土壤中微生物却为污染物降解和抗生素开发提供了种质资源（王炳臣等，2022）。

第二节　江苏滨海湿地微生物多样性分析

江苏地处我国东部沿海，位于长江、淮河两大流域下游，境内河渠纵横，湖泊众多，沿海滩涂辽阔，湿地资源极为丰富。全省有湿地 5 类 16 型共 282.2 万 hm^2，其中自然湿地 4 类 12 型共 194.6 万 hm^2，占湿地总面积 69.0%，包括近海与海岸湿地 99.2 万 hm^2、河流湿地 38.9 万 hm^2、湖泊湿地 53.7 万 hm^2、沼泽湿地 2.8 万 hm^2。随着滩涂逐渐淤积抬升，水分和含盐量逐渐降低，江苏滨海湿地的环境条件呈现出有序变化，植被呈明显

的条带分布。植被分布由海向陆分别为光滩、大米草（*Spartina anglica*）群落、碱蓬（*Suaeda glauca*）群落、芦苇（*Phragmites australis*）群落和刺槐（*Robinia pseudoacacia*）群落。

一、江苏滨海湿地不同演替阶段土壤微生物生物量碳质量分数特征

何冬梅等（2020）选择江苏滨海湿地典型演替序列的不同阶段，即光滩、大米草群落、碱蓬群落、芦苇群落和刺槐群落为研究对象，分析了植被演替、土层和季节因素对土壤微生物生物量碳质量分数的影响，以及土壤微生物生物量碳质量分数与土壤理化性质的关系，探讨了影响滨海湿地土壤微生物生物量碳质量分数的关键因素。

（一）不同演替阶段土壤微生物生物量碳质量分数

江苏滨海湿地不同演替阶段土壤微生物生物量碳（MBC）在 0～40cm 土层的质量分数分别为：刺槐群落 116.91～254.61mg/kg、碱蓬群落 168.12～276.19mg/kg、芦苇群落 219.45～290.76mg/kg、大米草群落 211.37～380.14mg/kg、光滩 117.00～326.18mg/kg。平均质量分数从大到小依次为大米草群落、芦苇群落、光滩、碱蓬群落、刺槐群落，未表现出沿演替方向的变化趋势，其中碱蓬群落和刺槐群落显著低于其他 3 个演替阶段。0～10cm 土层，各演替阶段土壤 MBC 质量分数范围为 157.66～380.14mg/kg，在夏季和秋季从大到小均为大米草群落、光滩、芦苇群落、碱蓬群落、刺槐群落，在冬季从大到小则为大米草群落、芦苇群落、光滩、碱蓬群落、刺槐群落。其中，夏季，大米草群落土壤 MBC 质量分数显著高于芦苇群落、碱蓬群落和刺槐群落；秋季，刺槐群落和碱蓬群落土壤 MBC 质量分数显著低于大米草群落和光滩；冬季，大米草群落和芦苇群落土壤 MBC 质量分数显著高于刺槐和碱蓬群落。10～25cm 土层，各演替阶段土壤 MBC 质量分数范围为 140.73～357.12mg/kg，土壤 MBC 质量分数在秋季高于其他季节，从大到小依次为大米草群落、光滩、芦苇群落、碱蓬群落、刺槐群落，而春季刺槐群落和碱蓬群落土壤 MBC 质量分数均显著低于其他 3 个演替阶段。25～40cm 土层，各演替阶段土壤 MBC 质量分数范围为 116.91～350.48mg/kg，其中春季刺槐林土壤 MBC 质量分数显著低于芦苇群落和大米草群落，秋季刺槐群落显著低于其他演替阶段，冬季刺槐群落和碱蓬群落土壤 MBC 质量分数显著低于大米草群落和光滩。

不同演替阶段由于植物群落不同，地表凋落物、地下根系分泌物及土壤微生物种类也存在差异，从而影响土壤 MBC 的质量分数。研究发现，该地区不同演替阶段土壤 MBC 质量分数在不同土层从高到低均依次为大米草群落、光滩或芦苇群落、碱蓬群落、刺槐群落。此结果与研究人员之前调查的杭州湾滩涂湿地和胶州湾滨海湿地的不同群落土壤微生物生物量碳变化不一致，表明在不同的区域环境下，由于土壤因子、气候因子及凋落物等共同影响，土壤微生物有其独特的分布规律。

（二）不同演替阶段土壤微生物生物量碳季节动态

不同演替阶段的土壤 MBC 质量分数在 3 个土层的季节变化趋势一致，均随季节先增加再下降，在秋季达到峰值；除芦苇群落外，各演替阶段土壤 MBC 质量分数均呈现出明显的季节变化规律。0～10cm 土层，刺槐群落土壤 MBC 质量分数从大到小依次为

秋季、夏季、春季、冬季；碱蓬群落土壤 MBC 质量分数在冬季显著低于夏季、秋季；大米草群落土壤 MBC 质量分数的季节变化表现为秋季最高，春季最低；光滩土壤 MBC 质量分数在春季、冬季显著低于夏季、秋季。10～25cm 土层，各演替阶段土壤 MBC 质量分数随季节的变化趋势与 0～10cm 土层一致，但是变化幅度不同：刺槐群落和碱蓬群落土壤 MBC 质量分数秋季较高，春季显著较低；大米草群落呈现出明显的季节差异性，从高到低依次为秋季、冬季、夏季、春季；光滩土壤 MBC 质量分数差异性表现为秋季和冬季显著高于春季和夏季。25～40cm 土层，各演替阶段土壤 MBC 质量分数的季节变化趋势与其他土层基本一致：刺槐群落不同季节土壤 MBC 质量分数从高到低依次为秋季、冬季、夏季、春季；碱蓬群落土壤 MBC 质量分数在秋季最高，其他季节变化不明显；大米草群落和光滩土壤 MBC 质量分数在秋季和冬季显著高于春季和夏季。不同演替阶段的土壤 MBC 质量分数在 3 个土层均在秋季和冬季达到显著性差异。结果表明土壤 MBC 的动态变化是一个复杂过程，即使气候条件相同，不同植被下土壤 MBC 的季节变化也有差异（何冬梅等，2020）。

二、江苏盐城原生滨海湿地土壤中的微生物群落

盐城湿地辽阔，其市域东部拥有太平洋西海岸、亚洲大陆边缘最大的海岸型湿地，面积 45 万 hm^2，占江苏省滩涂总面积的 7/10，全国的 1/7，2019 年被授予世界自然遗产，被誉为“东方湿地之都”，是我国最为重要的海岸带湿地之一。作为我国最大的连续潮间带湿地生态系统（蒋炳兴，1991），盐城滨海滩涂湿地对于区域生物多样性保护和生态功能维持具有极为重要的意义（王加连和刘忠权，2005）。我国东部沿海人多地少，滩涂围垦一直是获得补充耕地的重要方法。盐城滩涂围垦发展滩涂养殖和种植业已有百余年的历史，随着江苏沿海开发上升为国家战略，在未来的一段时间内还将有 270hm^2 滩涂要进行围垦与开发，这导致人为干扰加剧，湿地生态系统可能会遭到破坏（张晓祥等，2013；刘青松等，2003；Ke et al.，2011）。因此，亟待开展滩涂湿地的开发和保护研究。

江苏盐城滩涂湿地主要有芦苇（*Phragmites australis*）湿地、盐地碱蓬（*Suaeda salsa*）湿地及碱蓬（*Suaeda glauca*）湿地等类型，分别位于潮上带和大潮高潮位以上的潮间带（张忍顺等，2005）。占据了潮间带上部高潮位附近大部分面积的互花米草（*Spartina alterniflora*）湿地属于外来物种互花米草引种后形成的人工湿地。互花米草是北美地区海岸盐沼湿地的重要物种，于 1979 年引入我国。互花米草的引种改变了原生湿地生物多样性，引起了广泛争议。土壤微生物在滨海湿地生态系统的形成、演化、稳定等过程及生态功能中发挥着重要作用，与滩涂湿地环境之间的关系十分密切，两者相互影响、相互制约（Boyle et al.，2008）。一方面，滩涂植物生长所产生的根系分泌物和凋落物可以供给土壤微生物生命活动所需的营养物质；另一方面，微生物又是有机质代谢和植物养分转化的驱动力，参与所有土壤生化过程，包括有机质分解、腐殖质形成及营养盐的转化和循环等，其生命过程能够改变土壤微环境和植物群落的演替方向，进而影响整个生态系统（王淼等，2014；Smith and Paul，2017）。土壤微生物的生长和活动又受控于

土壤环境因子，如盐分、pH、土壤形态、土壤温度和含水量等，因此微生物对土壤环境的变化极为敏感。

左平等（2014）分别在春夏秋冬 4 个季节采集江苏盐城原生滨海湿地的典型滩面芦苇滩（LW）、芦苇和碱蓬过渡滩（以下称芦苇碱蓬滩，LWJP）、碱蓬滩（JP）、碱蓬和互花米草过渡滩（以下称碱蓬米草滩，JPMC）、互花米草滩（MC）、泥螺滩（NL）和青蛤滩（QG）的土壤样品，并对土壤微生物进行了微生物群落生理功能多样性分析。从微生物整体代谢活性来看，在 0～20cm 的表层土壤中，芦苇滩、泥螺滩和米草滩的微生物活性大致相当，总体来说，所测滩面的表层土壤中，其微生物活性以 NL＝MC＝LW＞QG＞JPMC＞JP＞LWJP。即与盐地碱蓬相关的土壤中微生物活性较低，尤以芦苇碱蓬滩的微生物活性最低。在 20～40cm 的土层中，其总体微生物活性大致为 MC＞NL＞LW＞LWJP＞QG＞JPMC＞JP。在 0～20cm 与 20～40cm 的土层中，20～40cm 土层中的微生物活性略高于表层土壤。这与土壤层中的含水量密切相关，主要是表层土壤在落潮后受到曝晒，导致土壤中的微生物活性降低。在各个滩面的表层土壤中，尤以碱蓬滩及与之相关的滩面微生物活性最低，这也体现了含水量与微生物活性之间的相关关系。碱蓬滩因生物量低，植株稀疏，受到曝晒的影响更为明显，因而微生物活性明显下降。米草滩及与米草滩相邻的泥螺滩的微生物活性最高。表 4-1 为将各个滩面不同季节、不同深度的土样的多样性指数及单孔平均颜色变化率（AWCD）作算术平均后得到的数值，表征土壤微生物生理功能多样性及活性自陆向海的变化情况。总体而言，在该断面上微生物的多样性和活性有极其明显的正相关关系。芦苇滩和互花米草滩微生物的活性和多样性最高，而碱蓬滩和碱蓬米草滩最低，芦苇碱蓬滩和泥螺滩的数值居中，青蛤滩的值略低于泥螺滩。芦苇滩和互花米草滩在 7 月、1 月及 4 月的微生物多样性较高，10 月最低；碱蓬滩在 7 月、10 月及 4 月微生物多样性较高，1 月最低；光滩在 7 月、10 月、4 月较高，1 月最低，且变化幅度比有植被覆盖的滩面大（左平等，2014）。

表 4-1 自陆向海不同滩面的多样性指数及 72h 的 AWCD 值

	芦苇滩	芦苇碱蓬滩	碱蓬滩	碱蓬米草滩	互花米草滩	泥螺滩	青蛤滩
Shannon 指数	3.01	2.80	2.40	2.39	3.04	2.64	2.49
Simpson 指数	0.94	0.91	0.89	0.89	0.95	0.91	0.89
Pielou 均匀度指数	0.92	0.86	0.79	0.80	0.93	0.82	0.80
Margalef 指数	9.37	10.90	10.77	14.99	8.85	9.72	9.41
AWCD 值	0.53	0.45	0.29	0.30	0.62	0.46	0.40

第三节 东北典型滨海湿地微生物多样性分析

东北地区为中国湿地资源最为丰富的地区之一，湿地面积占全国湿地总面积的 15.2%，是东北山地、松嫩平原和三江平原的重要组成部分。东北典型湿地具有多种类型，包括中国湿地的滨海、江河、湖泊、沼泽、人工湿地五大类，具有藓类沼泽、草本沼泽、灌丛沼泽、森林沼泽、内陆盐沼、水库等 14 种湿地类型，尤以沼泽湿地最为复杂，类型最为丰富，是全国沼泽类型最复杂的区域之一。东北地区湿地遍及松嫩平原、三江平原、大小兴安岭、长白山地等地。大小兴安岭、长白山地为中国山地沼泽、森林沼泽的主要分布区，松嫩平原和三江平原湖泡星罗棋布，是东北地区乃至中国的湖泊、草本沼泽、内陆盐沼的主要分布区。东北地区平原河流多，平原中心地区沼泽湿地多，西部干旱区湿地少，山区多木本沼泽，平原为草本沼泽，海滨、湖滨、河流沿岸主要为芦苇沼泽分布区，松嫩平原湿地的分布在东部高平原相对稀疏，而在西部低平原相对密集。

一、东北典型滨海湿地细菌群落及水体病毒多样性

孙岩（2020）选取滨海湿地（辽河口和鸭绿江口）、沼泽湿地（南瓮河、洪河和扎龙）和湖泊湿地（兴凯湖）为研究对象，采集不同类型湿地的沉积物（表面底泥）和水体样品，解析了湿地中沉积物及水体细菌群落组成及结构、湿地水体病毒群落组成及病毒宏基因组，揭示了湿地细菌及病毒群落多样性与分布规律。

孙岩（2020）采用高通量测序技术对我国东北典型湿地沉积物及水体细菌群落多样性进行研究，发现两个滨海湿地中细菌群落结构组成较相似，与其他 4 个淡水湿地细菌群落组成差异明显。沉积物中优势细菌门为变形菌门（Proteobacteria）和绿弯菌门（Chloroflexi），水体中优势细菌门为变形菌门（Proteobacteria）、放线菌门（Actinobacteria）和拟杆菌门（Bacteroidetes）。不同类型湿地沉积物及水体中指示物种存在较大差异，且与湿地类型密切相关。淡水湿地群落 α 多样性高于滨海湿地。沉积物及水体细菌群落结构主要由不同的环境因子所驱动，其中沉积物细菌群落结构主要受速效钾含量影响，水体细菌群落结构主要受全磷和全钾含量影响。采用随机扩增多态性 DNA（RAPD）-PCR 对我国东北典型湿地水体病毒群落多样性进行研究，发现两个滨海湿地中病毒群落结构组成较相似，与其他 4 个淡水湿地病毒群落组成差异明显。铵态氮含量是影响水体病毒群落结构的主要因素。微小病毒科（Microviridae）是东北典型湿地水体中的优势病毒科。采用宏基因组学方法对我国东北典型湿地病毒宏基因组结构及功能进行研究，发现不同类型湿地水体中病毒宏基因组组成存在差异，病毒序列在不同类型湿地中所占比例差别较大。不同类型湿地水体病毒宏基因组 α 多样性不同，其中辽河口湿地 α 多样性最高。湿地水体病毒以单链 DNA（ssDNA）病毒为主，且微小病毒科是湿地水体中的优势病毒科。

二、辽河三角洲滨海湿地微生物群落组成

辽河三角洲滨海湿地地处辽河平原南部辽河与大辽河的交汇处，滨邻渤海，形成于 7000 多年前的海侵时期，是由多条河流组成的复合三角洲。辽河三角洲滨海湿地是我国湿地的重要组成部分，具有调节气候、净化水质、防止海水入渗等多种重要功能，其地表植被种类繁多，覆盖广泛，拥有全亚洲最大的芦苇区，是重要的自然资源。对其不同植被垂向上的微生物群落组成的研究，有助于综合评估湿地土壤的状况及土壤性质的变化过程。

鲁青原（2016）分别在辽河口滨海湿地中内陆湿地芦苇区域、潮间带芦苇区域、潮

滩的翅碱蓬区域采集了柱状样品，而后研究了不同位点及不同深度之间环境物化参数和微生物群落的变化规律，以及造成这种现象的原因。

鲁青原（2016）将上述样品进行检测分析后发现所有样品的 pH 在 7.0～8.2，处于中性至弱碱性的环境。样品的含水率随深度的变化逐渐降低，而原位密度则逐渐增加。样品表层的总碳和总氮要显著高于深层的样品。样品中的阴阳离子含量总体上也呈自上而下逐渐降低的规律，并且样品距离海岸的距离越远，其盐度也越低。从总体物化参数的聚类来看，相同点位不同深度的样品较为类似，而内陆芦苇区域的 0～10cm 土层样品比较特殊，其含水率、总有机碳、硫酸根离子要远远高于其他样品。其中表层样品的生物多样性明显偏高，特别是内陆芦苇区域的表层样品中，生物多样性极为丰富，在地下 20cm 和 30cm 深处的微生物多样性则要低很多。滨海湿地样品中含有大量的硫酸盐还原菌，约占总体群落比例的 15%，并且在垂向上分布较为均衡，代表性菌属为脱硫叶菌属（*Desulfobulbus*）、脱硫杆菌属（*Desulfobacterium*），海水会为这些微生物源源不断地提供硫酸盐。同时，样品中也含有很多硫氧化菌，不同点位样品的优势菌属也完全不同：*Sulfuricurvum*（内陆芦苇样品）、*Sulfurovum*（翅碱蓬样品）、硫杆菌属（*Thiobacillus*）（潮间带芦苇样品）。产甲烷菌在不同植被土壤中的种类和分布不同：翅碱蓬样品中没有检测到产甲烷菌；内陆芦苇样品中产甲烷菌仅存在于地表下 10cm 深处，优势属为产甲烷杆菌属（*Methanobacterium*）；潮间带芦苇样品中产甲烷菌主要存在于地表下 30cm 深处，优势属为甲烷八叠球菌属（*Methanosarcina*）。甲烷氧化菌在垂向上的分布与产甲烷菌相互对应：翅碱蓬样品中没有检测出甲烷氧化菌；在内陆芦苇及水稻田样品的地表下 30cm 深处、潮间带芦苇样品的地表下 10cm 深处甲烷氧化菌丰度达到最高。相比于产甲烷菌，甲烷氧化菌在垂向上的分布区域较为广泛。主要的甲烷氧化菌属为甲基单胞菌属（*Methylomonas*）、甲级杆菌属（*Methylobacter*）、甲基微菌属（*Methylomicrobium*）和甲基八叠球菌属（*Methylosarcina*）。

第四节　珠江三角洲滨海湿地微生物多样性分析

对于珠江三角洲湿地而言，其形成主要受制于珠江和海洋的交互效应，是入海口地带的产物，由于其河口地质构造突出，受制于河口地带水动力作用等，形成了突出的河口三角洲地带，呈现出明显的湿地生态环境（唐偲頔等，2017；樊俊等，2019），这也是当地较为独特的地貌之一。随着海平面的不断上升，大量泥沙沉积于河口区域，从而不仅形成了滨海湿地，同时出现了大量的浅滩和颗粒沉积物，对于珠江三角洲生态产生了重要变化和影响，甚至出现了水下三角洲的独特生态，其泥质沉积体现象较为突出（栗丽等，2016；符鲜等，2017）。

张爱娣等（2020）对珠江三角洲地区的芦苇湿地、红树林湿地、互花米草湿地和碱蓬湿地的土壤微生物多样性进行了研究。结果表明湿地不同植物群落土壤微生物群落功能多样性指数存在一定的差异，土壤微生物物种丰度基本表现为互花米草湿地＜碱蓬湿地＜芦苇湿地＜红树林湿地，其中不同湿地差异均显著（$P<0.05$）；土壤微生物均匀度基本表现为互花米草湿地＜碱蓬湿地＜芦苇湿地＜红树林湿地，其中互花米草湿地和碱

蓬湿地差异均不显著（$P>0.05$）；优势度基本表现为互花米草湿地＜碱蓬湿地＜芦苇湿地＜红树林湿地，其中不同湿地差异均不显著（$P>0.05$）；碳源利用丰度基本表现为互花米草湿地＜碱蓬湿地＜芦苇湿地＜红树林湿地，其中不同湿地差异均显著（$P<0.05$）（张爱娣等，2020）。

红树林湿地和芦苇湿地中存在数量巨大的根系分泌物或植物残体，提高了土壤中的有机质含量，能够给予微生物更多的养分，促进微生物的生长发育与滋生，增加了新陈代谢的效率。而在碱蓬湿地和互花米草湿地中，土壤中的含水量较低，养分不多，仅能满足植物生长所需，对于微生物获取养分造成了一定的阻碍，从而使微生物减少了参与有机质分解活动，缺乏代谢活性，影响其生长发育及繁殖；红树林湿地和芦苇湿地具有天然优良的自然环境，能够提供充沛的养分，不仅能使植物旺盛生长，也能给微生物创造良好的生长环境，从而使得湿地中微生物的活性较为显著。研究人员还发现，微生物对不同碳源的利用也存在一些差异，对碳源利用水平最低的微生物位于湖滨高滩地，而对碳源利用水平最高的微生物位于沉水区，总体而言，微生物利用效果较好的碳源为羧酸类、碳水化合物碳源，而利用效果较差的为胺类碳源。

第五节　人类活动对滨海湿地土壤微生物的影响

随着中国经济发展迅速，沿海地区受改革开放等政策的影响对中国经济发展的带动作用较强，但经济快速发展多是以逐年强烈的人类活动为代价，引发了滨海地区过度围垦及陆源污染等人地关系不协调的问题。据调查，湿地总面积和自然湿地面积均有显著下降。

一、湿地开垦

人类活动对湿地演变产生影响的方式较多。首先，最为频繁的是将自然湿地改造为能够创造经济效益的人工湿地，此类行为对自然环境的干扰相对较小。其次，是将湿地规划建设为工农业用地，包括围海造陆、围海造田和将湿地推平重建等，此类现象对自然环境造成的破坏较大，且往往是不可逆的。最后，人类活动对湿地的影响还表现在对湿地的保护修复上，如规划建立湿地公园或自然保护区等大规模有益于自然环境的行为，湿地资源自身的价值和人类所采取的许多保护措施，体现出湿地资源存在的重要性和保证存量的紧迫性。

高强度的滩涂围垦活动必然引起滨海湿地生态系统的结构与功能发生重大变化，甚至是发生剧烈逆转，极大地改变滨海湿地土壤微生物的群落结构及功能多样性。由于围垦后的滨海湿地不再遭受潮汐作用的干扰，湿地厌氧环境相对减弱，土壤微生物群落结构及其代谢活性也会随之变化；围垦后湿地的水盐运移情况也会有所不同，从而间接扰动滨海湿地土壤微生物。此外，湿地围垦过程中堤坝的兴建也会阻碍滨海湿地与海洋之间的物质传输和能量流动，严重影响了滨海湿地原本的横向物质通量。土壤微生物对动植物的生长发育有重要影响，同时也参与几乎所有的土壤过程。已有研究表明，上海崇明岛土壤微生物含量在围垦后 16 年内下降，随后逐步上升，且不同围垦年限土壤微生物含量与土壤总氮、黏土含量呈显著正相关（林黎等，2014）；Cui 等（2016）对中国东部沿海地区的研究显示了土壤丛枝菌根的群落组成和多样性（Shannon 指数、物种丰度和优势度）随着围垦年限和植被演替变化。随着植被演替，无梗囊孢菌科和巨孢囊孢菌科的含量呈下降趋势，球囊霉科的含量呈上升趋势，土壤电导率（EC）呈下降趋势，土壤 NO_3^--N 含量呈上升趋势。丛枝菌根的 Shannon 指数、丰度指数和优势度指数均随土壤 EC 的降低而降低，随土壤 NO_3^--N 含量的增加而降低。有研究揭示土地利用方式及围垦时间是土壤细菌、真菌群落结构及多样性变化的主要影响因子，且真菌对围垦时间和土地利用方式的响应更为敏感（陶金，2012）。目前，有关沿海滩涂围垦活动对土壤微生物群落及物种多样性的研究较少，这是今后值得深入探讨的研究领域之一，也将为深刻理解人类围垦活动下沿海滩涂湿地生态系统演变机制提供重要支持。

滨海湿地围垦过程中，由于耕作方式和化肥农药的施用，滨海湿地土壤微生物的群落结构、多样性及活性都会受到影响。长期的耕作会改变土壤中矿物质、有机质等多种组分的含量和分布，改善土壤结构，有利于土壤微生物多样性的增加，间接影响了微生物的代谢活性及群落组成。滩涂湿地围垦后，施用化肥或有机肥均可以迅速使土壤基底营养状况发生改变，继而改变土壤细菌和真菌群落结构，表现为细菌群落中放线菌门相对丰度的下降和酸杆菌门相对丰度的上升，以及真菌群落中子囊菌门相对丰度的下降和担子菌门相对丰度的上升（Liu et al.，2019）。研究发现，适量施肥能起到促进微生物繁殖的作用，但过度施肥反而会造成养分过量输入，抑制微生物的生长（Liu et al.，2019）。此外，有机肥与化肥混合使用的效果要比单独使用一种肥料的效果更为明显，且中高量的有机肥可以显著提高微生物群落的功能多样性（Islam et al.，2011）。农药的种类和施用剂量对土壤微生物活性、群落结构及丰度的影响具有明显差异（Pose-Juan et al.，2017）。以除草剂为例，除草剂对微生物群落的影响主要取决于除草剂浓度和土壤类型。需要注意的是，农药的作用效果随着微生物的代谢活动会逐渐减弱甚至消失，因此在常规剂量下长期使用农药不会对土壤微生物造成太大影响，由此认为农药的合理使用对土壤微生物群落的影响是较小且较短暂的（杨永华等，2000；Storck et al.，2018）。

二、石油污染

滨海湿地石油开采过程中产生的石油污染会对植物、土壤动物和微生物产生毒害作用，进而引起土壤微生物群落结构和多样性发生变化（Sheng et al.，2016）。研究表明，受污染滨海湿地生态系统中石油组分的浓度对微生物多样性、丰度和群落结构有较大的影响，随着石油污染物浓度的上升，土壤微生物群落的均匀度、多样性和丰度均逐渐下降，出现了 *Gulosibacter*、盐单胞菌属（*Halomonas*）、*Petrobacter*、*Methylocystis*、*Pseudoalteromonas* 等变形菌纲的优势菌群（Liang et al.，2011）。也有研究表明，石油污染会使红树林湿地细菌群落的丰度和多样性显著下降，但对古菌群落的影响并不明显（Wang et al.，2016）。由于石油污染滨海湿地土壤后，具有降解功能的微生物类群逐渐富集，功能微生物（如石油降解菌群）所占的比例升高，土壤微生物活性反而有所增加，但随着土壤中污染物逐渐被分解，该类微生物的数量也下降（杨萌青等，2013）。此外，石油污染物会使滨海湿地土壤自身理化性质产生变化，从而间接对微生物活性及其群落结构产生影响（Sheng et al.，2016）。石油由于其密度小、黏着力较强，易破坏土壤结构，造成土壤孔隙堵塞，使土壤透水性降低，从而影响土壤的通透性；同时，石油污染物会引起土壤电导率和总有机碳升高，导致土壤含水量、总氮和总磷下降，改变土壤结构和有机质组成和结构，从而改变微生物生境（She et al.，2013）。

第六节 总结和展望

滨海湿地是物质转化与能量流动最活跃的区域，也是微生物与矿物质交互作用形式最为多样的区域，具有高度的环境异质性和微生物群落多样性，是碳氮转化的主要场所。与其他生态系统微生物领域的研究相比较，滨海湿地生态系统土壤微生物的研究起步相对较晚；此外，由于滨海湿地地理位置的独特性，其土壤微生物受到的作用更为复杂，表现出更多的变异性。因此，在滨海湿地生态系统土壤微生物领域还需进一步探索：一是加强全球变化多因子交互作用下滨海湿地土壤微生物的响应机制研究；二是强化滨海湿地土壤微生物与环境因子的互作机理研究；三是深化滨海湿地水动力条件对土壤微生物的影响机制研究；四是开展土壤微生物与滨海湿地生态系统物质循环综合研究（解雪峰等，2021）。

参考文献

曹富倩. 2020. 黄河三角洲土壤微生物驱动的碳氮时空变化研究. 山东师范大学硕士学位论文.

陈为峰, 史衍玺. 2010. 黄河三角洲新生湿地不同植被类型土壤的微生物分布特征. 草地学报, 6: 859-864.

樊俊, 谭军, 王瑞, 等. 2019. 秸秆还田和腐熟有机肥对植烟土壤养分、酶活性及微生物多样性的影响. 烟草科技, 52(2): 12-18.

符鲜, 杨树青, 刘德平, 等. 2017. 套作小麦/玉米不同施氮水平对土壤养分与微生物数量的影响. 干旱区研究, 3(1): 43-50.

何冬梅, 江浩, 祝亚云, 等. 2020. 江苏滨海湿地不同演替阶段土壤微生物生物量碳质量分数特征及影响因素. 浙江农林大学学报, 37(4): 623-630.

蒋炳兴. 1991. 江苏省盐城市的海涂资源及其开发利用. 自然资源学报, 6(3): 244-252.

李金业. 2021. 黄河三角洲滨海湿地土壤微生物多样性及反硝化型甲烷厌氧氧化过程研究. 齐鲁工业大学硕士学位论文.

李金业, 陈庆锋, 李青, 等. 2021. 黄河三角洲滨海湿地微生物多样性及其驱动因子. 生态学报, 41(15): 6103-6114.

栗丽, 李廷亮, 孟会生, 等. 2016. 菌剂与肥料配施对矿区复垦土壤养分及微生物学特性的影响. 应用与环境生物学报, 22(6): 1156-1160.

林黎, 崔军, 陈学萍, 等. 2014. 滩涂围垦和土地利用对土壤微生物群落的影响. 生态学报, 34(4): 899-906.

林学政, 陈靠山, 何培青, 等. 2006. 种植盐地碱蓬改良滨海盐渍土对土壤微生物区系的影响. 生态学报, 3: 801-807.

刘芳, 叶思源, 汤岳琴, 等. 2007. 黄河三角洲湿地土壤微生物群落结构分析. 应用与环境生物学报, 5:

691-696.
刘青松, 李杨帆, 朱晓东. 2003. 江苏盐城自然保护区滨海湿地生态系统的特征与健康设计. 海洋学报, 25(3): 143-148.
鲁青原. 2016. 辽河三角洲滨海湿地微生物群落组成及其环境意义. 中国地质大学(北京)硕士学位论文.
莫雪. 2020. 黄河三角洲滨海湿地土壤微生物区系变化及驱动因子分析. 天津理工大学硕士学位论文.
孙彩丽. 2017. 根际微生物对植物竞争和水分胁迫的响应机制. 西北农林科技大学博士学位论文.
孙建平, 刘雅辉, 左永梅, 等. 2020. 盐地碱蓬根际土壤细菌群落结构及其功能. 中国生态农业学报, 10: 1618-1629.
孙岩. 2020. 中国东北典型湿地细菌群落及水体病毒多样性研究. 中国科学院大学博士学位论文.
唐偲頔, 郭剑芬, 张政, 等. 2017. 增温和隔离降雨对杉木幼林土壤养分和微生物生物量的影响. 亚热带资源与环境学报, 12(1): 40-45.
陶金. 2012. 鄱阳湖湿地围垦后土壤团聚体结构、有机碳及微生物多样性变化的研究. 南昌大学硕士学位论文.
王炳臣, 匡少平, 郑阳, 等. 2022. 黄河三角洲滨海湿地生态修复区春季土壤古菌和细菌群落结构探究. 中国渔业质量与标准, 12(1): 1-11.
王加连, 刘忠权. 2005. 盐城滩涂生物多样性保护及其可持续利用. 生态学杂志, 24(9): 1090-1094.
王淼, 曲来叶, 马克明, 等. 2014. 罕山土壤微生物群落组成对植被类型的响应. 生态学报, 34(22): 6640-6654.
王震宇, 辛远征, 李锋民, 等. 2009. 黄河三角洲退化湿地微生物特性的研究. 中国海洋大学学报(自然科学版), 5: 1005-1012.
解雪峰, 项琦, 吴涛, 等. 2021. 滨海湿地生态系统土壤微生物及其影响因素研究综述. 生态学报, 41(1): 1-12.
杨萌青, 李立明, 李川, 等. 2013. 石油污染土壤微生物群落结构与分布特性研究. 环境科学, 34(2): 789-794.
杨树仁. 2020. 黄河三角洲滨海湿地异质性生境芦苇根际微生物群落特征研究. 山东大学硕士学位论文.
杨永华, 姚健, 华晓梅. 2000. 农药污染对土壤微生物群落功能多样性的影响. 微生物学杂志, 20(2): 23-25.
张爱娣, 郑仰雄, 吴碧珊, 等. 2020. 滨海湿地土壤微生物群落多样性及其影响因素. 水土保持研究, 27(3): 8-22.
张忍顺, 沈永明, 陆丽云, 等. 2005. 江苏沿海互花米草(*Spartina alterniflora*)盐沼的形成过程. 海洋与湖沼, 36(4): 358-366.
张晓祥, 严长清, 徐盼, 等. 2013. 近代以来江苏沿海滩涂围垦历史演变研究. 地理学报, 68(11): 1549-1558.
赵娇, 谢慧君, 张建. 2020. 黄河三角洲盐碱土根际微环境的微生物多样性及理化性质分析. 环境科学, 41(03): 1449-1455.
左平, 欧志吉, 姜启吴, 等. 2014. 江苏盐城原生滨海湿地土壤中的微生物群落功能多样性分析. 南京大学学报(自然科学), 50(5): 715-722.
Borneman J, O'sullivan K M, Palus J A. 1996. Molecular microbial diversity of an agricultural soil in Wisconsin. Applied and Environmental Microbiology, 62(6): 1935-1943.
Boyle S A, Yarwood R R, Bottomley P J, et al. 2008. Bacterial and fungal contributions to soil nitrogen cycling under Douglas fir and red alder at two sites in Oregon. Soil Biology and Biochemistry, 40(2): 443-451.
Cong M Y, Cao D, Sun J K, et al. 2014. Soil microbial community structure evolution along halophyte succession in Bohai Bay wetland. Journal of Chemistry, 2014: 1-8.
Cui X C, Hu J L, Wang J H, et al. 2016. Reclamation negatively influences arbuscular mycorrhizal fungal community structure and diversity in coastal saline-alkaline land in Eastern China as revealed by

Illumina sequencing. Applied Soil Ecology, 98: 140-149.

Douterelo I, Goulder R, Lillie M. 2010. Soil microbial community response to land-management and depth, related to the degradation of organic matter in english wetlands: implications for the in situ preservation of archaeological remains. Applied Soil Ecology, 44(3): 219-227.

Islam M R, Chauhan P S, Kim Y, et al. 2011. Community level functional diversity and enzyme activities in paddy soils under different long term fertilizer management practices. Biology and Fertility of Soils, 47(5): 599-604.

Ke C Q, Zhang D, Wang F Q, et al. 2011. Analyzing coastal wetland change in the Yancheng National Nature Reserve, China. Regional Environmental Change, 11(1): 161-173.

Liang Y T, Van Nostrand J D, Deng Y, et al. 2011. Functional gene diversity of soil microbial communities from five oil-contaminated fields in China. The ISME Journal, 5(3): 403-413.

Liu M L, Wang C, Wang F Y, et al. 2019. Maize (*Zea mays*) growth and nutrient uptake following integrated improvement of vermicompost and humic acid fertilizer on coastal saline soil. Applied Soil Ecology, 142: 147-154.

Ma Z, Zhang M, Xiao R, et al. 2017. Changes in soil microbial biomass and community composition in coastal wetlands affected by restoration projects in a Chinese delta. Geoderma, 289: 124-134.

Pose-Juan E, Igual J M, Sánchez-Martín M J, et al. 2017. Influence of herbicide triasulfuron on soil microbial community in an unamended soil and a soil amended with organic residues. Frontiers in Microbiology, 8: 378.

Qin Y, Yang Z F, Yang W. 2010. A novel index system for assessing ecological risk under water stress in the Yellow River delta wetland. Procedia Environmental Sciences, 2: 535-541.

She W W, Yao J, Wang F, et al. 2013. A combination method to study the effects of petroleum on soil microbial activity. Bulletin of Environmental Contamination and Toxicology, 90(1): 34-38.

Sheng Y Z, Wang G C, Hao C B, et al. 2016. Microbial community structures in petroleum contaminated soils at an oil field, Hebei, China. CLEAN-Soil Air Water, 44(7): 829-839.

Smith J L, Paul E A. 2017. The Significance of Soil Microbial Biomass Estimations: Soil Biochemistry. New York: Routledge, 357-398.

Storck V, Nikolaki S, Perruchon C, et al. 2018. Lab to field assessment of the ecotoxicological impact of chlorpyrifos, isoproturon, or tebuconazole on the diversity and composition of the soil bacterial community. Frontiers in Microbiology, 9: 1412.

Su J Q, Ouyang W Y, Hong Y W, et al. 2016. Responses of endophytic and rhizospheric bacterial communities of salt marsh plant (*Spartina alterniflora*) to polycyclic aromatic hydrocarbons contamination. Journal of Soils and Sediments: Protection, Risk Assessment, & Remediation, 16(2): 707-715.

Ullah S, Ai C, Ding W C, et al. 2019. The response of soil fungal diversity and community composition to long-term fertilization. Applied Soil Ecology, 140: 35-41.

Wang L, Huang X, Zheng T L. 2016. Responses of bacterial and archaeal communities to nitrate stimulation after oil pollution in mangrove sediment revealed by Illumina sequencing. Marine Pollution Bulletin, 109(1): 281-289.

Wang Z Y, Xin Y Z, Gao D M, et al. 2010. Microbial community characteristics in a degraded wetland of the Yellow River delta. Pedosphere, 20(4): 466-478.

Webster G, O'sullivan L A, Meng Y, et al. 2015. Archaeal community diversity and abundance changes along a natural salinity gradient in estuarine sediments. FEMS Microbiology Ecology, 91(2): 1-18.

Xu X, Lin H, Fu Z. 2004. Probe into the method of regional ecological risk assessment-a case study of wetland in the Yellow River delta in China. Journal of Environmental Management, 70(3): 253-262.

Yu Y, Wang H, Liu J. 2012. Shifts in microbial community function and structure along the successional gradient of coastal wetlands in Yellow River estuary. European journal of soil biology, 49: 12-21.

Zhao Y J, Liu B, Zhang W G, et al. 2010. Effects of plant and influent C: N: P ratio on microbial diversity in pilot-scale constructed wetlands. Ecological Engineering, 36(4): 441-449.

第五章　海草床湿地微生物多样性

中国滨海湿地可分为盐沼湿地、潮间砂石海滩、潮间带有林湿地、基岩质海岸湿地、珊瑚礁、海草床、人工湿地、海岛。其中海草床是指海草沿着除南极洲以外的每一个大陆的海岸线形成区域，海草广泛分布于全球温带和热带海岸地区，能够覆盖几千千米长的海岸线。

郑凤英等 2013 年对我国海草种类、面积及退化情况进行了汇总分析，结果表明分布于我国的海草共有 22 种，隶属 4 科 10 属。其中，鳗草属（*Zostera*）种类最多，喜盐草属（*Halophila*）次之。在山东近岸海域，鳗草属的鳗草（*Zostera marina*）、丛生鳗草（*Zostera caespitosa*）及虾形草属（*Phyllospadix*）的红纤维虾形草（*Phyllospadix iwatensis*）、黑纤维虾形草（*Phyllospadix japonicus*）均有分布，其中鳗草分布最广。中国现有海草床的总面积约为 8765.1hm^2，其中海南、广东和广西分别占 64%、11%和 10%，南海区海草床在数量和面积上明显大于黄渤海区。南海区海草床主要分布于海南东部、广东湛江市和东沙岛、广西北海市沿海；黄渤海区海草床主要分布于山东荣成市和辽宁长海县沿海。广东和广西两地的海草床主要以喜盐草为优势种，海南多以泰来藻（*Thalassia hemprichii*）为优势种，山东和辽宁多以鳗草为优势种。此外周毅等（2016）在黄河河口区新发现了较大面积（大于 50hm^2）的连续分布的日本鳗草（*Zostera japonica*）海草床，这一发现丰富了我国海草数据库，并为深入研究及保护日本鳗草提供了优良场所。

第一节　微生物对海草床的生态重要性及其研究进展

与陆生植物一样，海草也拥有丰富多样的微生物群落，包括细菌、真菌、微藻、古菌和病毒。海草和微生物间的交互作用跨越了互惠共生到致病寄生，有益类群和病原菌之间的微妙平衡无疑影响着海草的生理和健康，同时也调控着整个海草床的生物地球化学循环。因而，海草与其微生物间的互作关系对海草床生态服务的提供具有潜在价值。

一、微生物在海草组织部位上的分布特征及其影响因素

海草叶面和根部可以释放有机物，为微生物供给丰富的营养物质，促进微生物繁殖。微生物均匀地分布在海草叶片、根、根茎及沉积物中，其中叶面每平方厘米具有 10^6 个微生物（Kirchman et al.，1984），而根和根茎上每平方厘米有 10^5～10^6 个。研究人员将从鳗草上分离出来的 2 种附生菌和 3 种自由生活的细菌一同接种到鳗草本身及 2 种非生物（玻璃和金属）表面。结果发现，这 2 种附生菌只能附着在鳗草组织上保持活性，而自由生活的细菌对生物（海草）或非生物（玻璃或金属）表面没有选择性黏附，该研究为附生细菌与海草共生关系的存在提供了间接支持。

海草根龄（García et al.，2013）和叶龄（Supaphon et al.，2014）是影响海草表面微生物生物量和定植速率的重要因素。随着根龄和叶龄的增加，附生微生物丰度和生物量呈上升趋势（Supaphon et al.，2014）。海草的生理状态（健康与衰老）也极大地影响着微生物定植率。健康根系具有更高的微生物丰度，这是因为发达根系释放出的分泌物更容易被微生物利用（García-Martínez et al.，2005）。因此，微生物在海草表面的定植特征能侧面反映海草生理代谢活动及健康状况。

海草不同微生态位（叶、根、沉积物和海水）间的细菌生物量和群落组成具有明显差异（Bengtsson et al.，2017；Crump et al.，2018；Cúcio et al.，2016；Fahimipour et al.，2017；Ugarelli et al.，2019）。Orth 等（2006）发现海草叶片上的细菌组成与周围的海水群落相似，推测海草叶片会从水体中补充微生物。Fahimipour 等（2017）发现，鳗草根部与沉积物中的细菌群落存在较大差异，根表面富集了更多硫氧化细菌（硫单胞菌属 *Sulfurimonas*），相似的结果在其他海草种类中也有报道（Martin et al.，2019）。固氮菌和硫酸盐还原菌（sulfate-reducing bacteria，SRB）似乎是海草根际关键类群（Fahimipour et al.，2017；Nielsen et al.，2001）。Nielsen 等（2001）发现 *Zostera noltii* 和 *Spartina maritima* 两种海草根部具有较高的硫酸盐和乙炔还原率，这显示根部周围的微环境对 SRB 和固氮菌的重要性。实际上，不同海草根或根茎区的固氮速率和硫酸盐还原速率均明显高于周围沉积物，固氮速率甚至是裸露区沉积物的 40 倍（Hansen et al.，2000；Nielsen et al.，2001）。海草不同组织部位细菌组成及活性差异可能与每种微环境所提供的有机化合物氧化条件不同有关。海草地上部位微生物通常暴露在高氧的空气或水体中，而根际微生物多样性受到根泌氧和沉积物缺氧条件的双重影响，因而海草根部细菌主要聚集分布在径向氧损失或营养释放区域附近（Nielsen et al.，2001）。海草组织间微生物组成差异导致了不同微生物在特定部位行使不同的生态学功能（Ugarelli et al.，2019）。Ugarelli 等（2019）对海草不同组织部位细菌基因组进行了功能预测，发现叶片中胸苷酸合成酶基因含量较高，根际土壤中含有更多的醇脱氢酶基因和醛氧化还原酶基因，而沉积物微生物群落具有更多的 NAD 依赖性醛脱氢酶基因。

出乎意料的是，不同海草种类似乎具有相似的细菌群落结构，如鳗草和日本鳗草之间（Crump et al.，2018），鳗草、*Zostera noltii* 和 *Cymodocea nodosa* 之间（Cúcio et al.，2016），以及 *Thalassia testudinum* 和 *Syringodium filliforme* 之间（Ugarelli et al.，2019），并且它们均拥有一组不同于周围环境的核心细菌类群。海草叶际核心细菌成员可能包括红杆菌科（Rhodobacteraceae）、嗜甲基菌科（Methylophilaceae）（Bengtsson et al.，2017），而海草根际中 α-变形菌纲（Alphaproteobacteria）、γ-变形菌纲（Gammaproteobacteria）、酸微菌纲（Acidimicrobiia）、梭菌纲（Clostridia）、δ-变形菌纲（Deltaproteobacteria）、β-变形菌（Betaproteobacteria）可能是核心类群的重要组成（Crump et al.，2018；Cúcio et al.，2016；Ettinger et al.，2017；Fahimipour et al.，2017；Mejia et al.，2016）。Crump 和 Koch（2008）发现美国切萨皮克湾（Chesapeake Bay）的鳗草根面、叶面细菌类群与丹麦的鳗草根部的细菌类群有较近的亲缘关系，表明鳗草具有核心微生物群落并且广泛分布。Cúcio 等（2016）认为核心微生物群落应该存在于所有海草物种中，但环境条件能明显影响这些微生物的丰度，因此海草核心微生物类群也可能并不完全相同（Mejia et al.，2016）。

尽管不同种类海草细菌群落非常相似，但每种海草仍然含有特有细菌类群。海草 *T. testudinum* 和 *S. filliforme* 叶际微生物组成较为相似，但脱硫杆菌科（Desulfobacteraceae）和硫发菌科（Thiotrichaceae）在海草 *S. filliforme* 叶面较为普遍，而 δ-变形菌和弧菌（*Vibrio*）在海草 *T. testudinum* 表面更丰富（Ugarelli et al.，2019）。这可能是由海草的不同系统发育地位、形态（如叶面大小及形状）和生理上（如初级生产力及叶绿素 a 含量）的差异所造成（Bengtsson et al.，2017；Ugarelli et al.，2019）。从现有研究来看，还不清楚海草附生微生物群落差异是与海草种类有关，还是受海草表面特定的理化条件影响更大。例如，不同地点的海草齿叶丝粉藻（*Cymodocea serrulata*）附生蓝藻具有相似性，但却与来自同一地点的另一海草种类泰来藻（*Thalassia hemprichii*）附生蓝藻显著不同（Uku et al.，2007）。

此外，Fahimipour 等（2017）、Bengtsson 等（2017）和 Cúcio 等（2016）均发现，不同采样地点之间的海草细菌群落也具有显著差异，因此采样点的地理距离可能直接影响海草细菌类群的进化距离。然而，Ugarelli 等（2019）在比较 3 个小尺度采样位点时观察到，很少有微生物类群是位点特异性的，大多数类群在所有样品中共有。

二、海草与有益微生物间的互利共生关系

海草从根部吸收的营养物质向上运输到叶片能为附生微生物提供食物来源（Tarquinio et al.，2019）。同样，海草的根和根茎也会分泌光合作用生产的 2%～11%有机碳供细菌利用，以满足其碳需求（Holmer et al.，2001；Tarquinio et al.，2019）。研究表明，从根中分离出的细菌对海草根部释放的氨基酸具有趋化性（Tarquinio et al.，2019）。微生物可以利用海草分泌的二甲基巯基丙酸（dimethylsulfoniopropionate，DMSP）作为硫源（Borges and Champenois，2015），用于细菌蛋白质合成（Kiene et al.，2000）。此外，海草也是微生物维生素和铁的重要来源（Brodersen et al.，2017）。铁是一些细菌生物膜中用于细胞通信的关键信号分子，如枯草芽孢杆菌（Vlamakis et al.，2013）。枯草芽孢杆菌是海草和陆生植物生物膜的共同成员（Chen et al.，2012；Nugraheni et al.，2010），帮助陆生植物抑制病原体生长（Bais et al.，2004）。总而言之，海草通过分泌微量元素及溶解性有机质可从环境中选择性地富集有益菌群在其表面上定植（Vlamakis et al.，2013）。

海草通过叶片和根际渗出营养物质支持微生物生长繁殖的同时，也能从微生物群落中获取一些“好处”（Duarte et al.，2005；Ugarelli et al.，2017）。微生物对海草生长的促进作用体现在三个方面：①解除营养限制，提供植物生长所需的营养物质；②分泌起植物激素作用的化合物；③保护海草免受有毒化合物及病原体侵害。

研究证明，海洋植物可能依赖其周围的细菌来提高养分利用率（Fourqurean et al.，1992）。氮和磷是限制海草生长和初级生产的两种必要养分（Touchette and Burkholder，2000）。Nielsen 等（2001）发现海草根际的 SRB 不仅为微生物群落提供氮源，还能满足海草对氮的需求。通过厌氧固氮对海草生产力的定量分析表明，SRB 可以为热带和亚热带地区的海草提供高达 65%的氮需求（Hansen et al.，2000）。Tarquinio 等（2019）

利用纳米二次离子质谱（NanoSIMS）技术，首次对海草微生物和植物叶片组织间有机氮交换过程实现了可视化。此外，海草微生物对有机营养物的矿化作用能提高海草吸收氮和磷元素的有效性（Evrard et al.，2005；Jose et al.，2014）。

在陆生植物中，根际微生物能够合成并释放次生代谢产物，促进植物的发育和根的增殖（Ortíz-Castro et al.，2009）。与陆地植物相似，海草相关微生物也能产生具有植物生长激素作用的化合物，如从齿叶丝粉藻根内细胞分离出的 *Kocuria* sp.和弧菌（*Vibrio* sp.）都可以分泌吲哚乙酸。嗜甲基菌（*Methylophilus* sp.）内生于长萼喜盐草（*Halophila stipulacea*）叶片及美洲苦草（*Vallisneria americana*）根内组织（Kurtz et al.，2003），它可以产生与陆生植物类似的细胞分裂素（Ryu et al.，2006）。除此以外，细菌及其次生代谢产物还能影响种子萌发和宿主的形态发育，凸显了益生菌群在海草早期生命阶段中的关键作用（Celdran et al.，2012）。

微生物是生物活性代谢产物的丰富来源，一些类群能释放化学物质保护宿主免受病原体侵害（Armstrong et al.，2001）。鳗草和泰来藻根内生的放线菌能合成抗病毒、抗寄生虫和抗菌类化合物（Jensen et al.，2007），对病原体弧菌（*Vibrio* sp.）、嗜水气单胞菌（*Aeromonas hydrophila*）和温和气单胞菌（*Aeromonas sobria*）均有抑制效果（Wu et al.，2012）。Celdran 等（2012）研究发现，海草叶片表面富集了大量杀藻细菌，它们可以抑制藻类孢子的附着，在海草和藻类等附生生物的竞争中扮演着重要角色。与之对应，海草上的附生蓝藻能产生抗菌分子，释放化学引诱剂或通过选择性捕食等形式改变叶片上的原核生物结构（Burja et al.，2001）。

三、海草病害及其响应

1930 年在北美洲和欧洲大西洋沿岸，萎蔫病（wilting disease）的暴发导致鳗草在短时间内大量死亡（超过 90%）（Muehlstein et al.，1988）。目前，萎蔫病仍在不同地区、不同海草种类中持续性暴发。起初人们猜测萎蔫病是由盐度、温度、光照、干旱和石油污染等原因造成，然而这种病害实际是由海洋原生生物 *Labyrinthula* spp.感染所引起（Muehlstein et al.，1991）。萎蔫病的症状是叶片出现黑点和长条纹（Muehlstein et al.，1988）。显微镜检观察发现，病原菌 *Labyrinthula* 会在感染的叶片组织内快速移动（Larkum et al.，2006；Tarquinio et al.，2019），破坏细胞质叶绿体，导致光合活性降低，造成叶片组织坏死脱落（Schwelm et al.，2018）。

漫长的进化过程中，海草对病原菌形成了多种防御机制，如分泌活性氧（reactive oxygen species，ROS）和次生代谢产物（Sureda et al.，2008）。正常的细胞活动过程会产生低浓度的 ROS，而当病原体入侵植物机体时，海草会增加 ROS 的产生作为信号分子诱导防御基因表达（Torres et al.，2006）。一些成功定植在海草组织上的细菌能够表达抗氧化酶保护自身免受氧化应激反应，如 *Marinomonas mediterranea* MMB-1 编码的酪氨酸酶可以合成大量黑色素来清除 ROS（Sanchez-Amat et al.，2010）。除了 ROS 的产生，从海草中提取的代谢物同样可有效减少病原菌（Puglisi et al.，2007）及早期的生物污染，如细菌和藻类附着（Iyapparaj et al.，2014；Newby et al.，2006）。早在 1997 年，学者 Vergeer 和 Develi 通过比较健康海草叶片及感染病原体 *Labyrinthula* 叶片中咖啡酸的浓度，发现感染叶片中咖啡酸浓度显著增加，并证明此类酚类化合物可以有效抑制 *Labyrinthula* 活性。后续的研究发现这些酚类化合物还具有保护海草免受食草动物捕食（Martínez-Crego et al.，2015；Steele and Valentine，2015）、预防腐生菌分解海草组织（Puglisi et al.，2007）、对抗藻类植物的种间竞争（Dumay et al.，2004）等作用。海菖蒲（*Enhalus acoroides*）的乙醇提取物也表现出强烈的抗氧化、抗捕食、抗细菌、抗病毒等活性（Lamb et al.，2017）。Supaphon 等（2014）还发现，海草拥有多样的内生真菌，它们的活性提取物同样表现出强烈的抑菌功能，并且在抵抗丝状真菌和酵母活性上的功效远高于细菌。

第二节　海草微生物研究领域中的空缺

在当今气候变暖及人为污染加剧的大背景下，全球范围内海草床出现大面积退化现象，这可能与海草生境中微生态失衡有关（Thiel et al.，2019）。如前所述，微生物与海草的健康息息相关，一定程度上能作为海草健康状况、生境稳定性及外界压力的生物指示剂，因此更好地认识海草微生物多样性、代谢特性及其形成机制，有助于预测人类活动及气候变化等对海草生态系统功能的影响。

一、海草相关真核微生物与古菌类群有待研究

微生物作为生物指示剂在海草生态学研究中已经开始受到关注，并呈现上升趋势（Milbrandt et al.，2008）。但迄今大多数与海草相关的微生物研究普遍集中于细菌类群。相比之下，同样作为原核类群的古菌群落及作为微食物网重要组成的真核微生物在海草生境中的作用却被严重忽略。古菌不仅参与初级生产，并且在元素循环中扮演重要角色（Azam and Malfatti，2007）。少数对“海草与古菌”潜在关系的研究揭示了海草 *Zostera noltii* 沉积物中主要的古菌类群为广古菌门（Euryarchaeota）和泉古菌门（Crenarchaeota）（Cifuentes et al.，2000），并且海草的定植对特定古菌 Woese-3、Woese-21、Bathy-6、Bathy-18 具有富集作用（Zheng et al.，2019）。由于绝大多数的古菌都无法在实验室中纯化培养，这极大地限制了我们对海草古菌群落形成机制、时空分布规律及功能特征方面的认知，利用环境基因组测序来窥视古菌物种多样性及生态功能已成为当前主流的研究手段。除古菌在海草床中的生态功能被忽视外，我们对真核微生物也存在较大的知识空缺。真核微生物不仅对初级生产有重要作用，还参与各种营养物质的化学循环，并且它们对原核生物的捕食构成微食物网的基础（Coleman and Whitman，2005）。少数关注于海草真核微生物生态模式的研究集中于海草叶面相关附生微生物群落组成及结构，或侧重于不同海草组织内在特征对真核微生物群落结构的影响，以及有毒污染物胁迫下海草根际真菌群落演替的动态变化。Wainwright 等（2019）发现扩散限制、生境异质性及人类干扰都是影响海草真核微生物群落结构的重要因素。Hurtado-McCormick 等（2019）发现海草叶、根或根茎上的细菌、微藻、真菌群落组成差异明显，但不同地理位置上的

海草“核心微生物”在这些微环境中持续存在。

总体来说，海草生境中真核微生物及古菌相关研究才刚刚起步，我们对海草相关真核微生物和古菌群落的生物地理分布规律、群落结构、驱动因子及生态功能所知甚少。海草真核微生物及古菌群落多样性及组成有何特征？大尺度上的生境差异、小尺度上的空间异质性（海草定植与非草区）及时间尺度（季节）等因素是否会引起微生物群落结构的改变进而影响其生态功能的发挥？此外，引起这些变化的主要环境驱动因素是什么？这些问题有待解决。

二、海草生境中微生物介导的氮、硫循环基因分布规律仍然未知

研究发现，不同样品类型间具有显著差异的微生物类群通常与氮、硫元素代谢密切相关（Crump et al.，2018；Ettinger et al.，2017；Sun et al.，2015）。在缺氧的海洋沉积物中，SRB 介导的硫酸盐还原是有机质矿化的最主要途径。与裸露区相比，海草沉积物具有大量生物可利用性有机碳，表现出更加强烈的厌氧有机物矿化速率（Holmer et al.，2003）。有机物矿化为海草生长提供养分，但也导致植物毒素硫化物的积累。硫化物一方面会毒害海草根系，影响其正常生长；另一方面通过根、根茎扩散到光合组织中，影响光系统Ⅱ及光合作用酶活，从而抑制海草初级生产力（Borum et al.，2005；Dooley et al.，2015；Peterson et al.，2004），最终造成海草功能残缺甚至死亡，引起全球范围内海草床大面积退化。自然环境下海草能对这种植物毒素作出反应，将光合作用产生的 O_2 转移到根部，随后浸出到沉积物中，以加强硫化物的氧化（Martin et al.，2019）。通常这些硫化物的自然氧化速率缓慢，但硫氧化菌（sulfur-oxidizing bacteria，SOB）的氧化代谢显著提升了其解毒进程。Martin 等（2019）在 *Zostera muelleri* 和喜盐草（*Halophila ovalis*）的根际发现了电缆细菌，这类硫氧化菌的存在明显降低了根附近硫化物的浓度。

由于海草根际微生物活跃的代谢活动，氮循环过程（包括氨化作用、硝化作用和反硝化作用）在海草根际发生的速度比非草区沉积物要快得多。研究表明，海草根际固氮活性是非草区沉积物的 40 倍（Holmer et al.，2001）。在叶际和根际中发现的固氮原核生物可以为海草提供 30%～100%的氮需求（Agawin et al.，2016）。这些固氮微生物通过将 N_2 转化为氨氮被海草吸收，缓解氮的限制。SRB 被确定为根际氮固定的关键组分，从海草沉积物中分离出来的 60% SRB 成员都具有固氮能力（van der Heide et al.，2012）。据估计，SRB 负责了海草根际 60%～95%的氮固定（Nielsen et al.，2001）。

由此可见，氮、硫循环类群不仅在海草根际微生物群落中占主导地位，并直接影响海草的生长代谢及海草生境的稳定。然而，在基因层面上我们对于海草底栖微生物氮、硫元素循环机制的认识却十分有限。海草作为季节性生长的草本植物，不同生长阶段分泌物及代谢产物有所差异，可能直接改变这些环境灵敏性微生物类群的组成及活性，使其在不同物质循环间交替代谢。因此，海草沉积物中氮、硫元素代谢通路及其相关基因丰度与非草区是否有所差异，且在时间尺度上是否发生变化，仍有待进一步研究。

三、全球变暖如何影响微生态平衡从而威胁海草生长与健康

气候变暖和水体富营养化不仅可以通过增加铵盐及硫化物毒害作用对海草健康产生直接的影响（Touchette and Burkholder，2000；Van Katwijk et al.，1997），还可能造成附生及浮游植物或藻类的过度生长间接地影响海草生存。然而，在气候变暖及人为污染的背景下，对环境变化灵敏的微生物群落在海草生境中到底扮演了何种角色仍不可知。目前涉及海草微生物响应全球变化的研究仅仅关注于海草植株对一种或多种环境因子变化的响应。例如，Martin 等（2018）发现可见光的减少能改变海草根渗出物和微生物群落组成，降低有益微生物丰度；并且这些变化仅仅发生在光处理 2 周之后，根系生长未发生变化之前，这意味着根系微生物群落对光的可用性可做出快速反应，能作为光胁迫的早期指示。Martin 等（2019）再次发现，健康海草植株根际富集了甲基营养菌、铁循环菌和固氮菌，而受胁迫的海草根际富集了硫循环相关微生物，包括 SOB 和 SRB。

微生物能对环境变化做出快速反应，那么气候变化及富营养化等环境因素如何改变海草微生物组成及结构，进而影响海草健康加速海草床的退化进程？又或者，它们是如何帮助海草适应全球气候变化和富营养化等胁迫？通过构建微宇宙实验将海草暴露于受控条件下，探究特定环境变量下的微生物群落组成及其相互作用，将有助于我们进一步认识海草微生物的生态功能，为海草生态系统的恢复措施提供理论基础。

第三节　黄渤海日本鳗草底栖微生物分布特征

日本鳗草（*Zostera japonica*），又称矮大叶藻，是亚洲特有的一种海草种类，分布在亚热带及温带海岸（图 5-1），具有细小而狭窄的叶片及根状茎，是大叶藻科（Zosteraceae）的一个独特物种。日本鳗草通常生长在潮间带及浅潮下带区域，这里水温、光照、海浪波动较大，多数海草难以适应。而其他海草种类，如鳗草（图 5-1）主要分布在水位较高的低潮至潮下区（Short et al.，2007），除了在退潮时部分叶片会暴露出水面，其他大多数时间沉浸在水中，生存环境更为稳定。日本鳗草之所以能够在这种恶劣

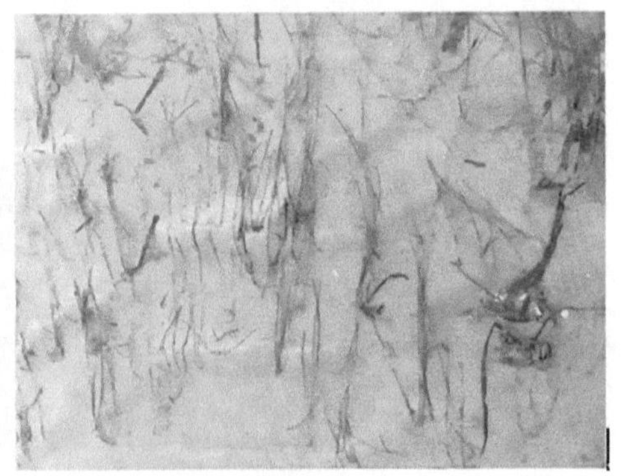

图 5-1　鳗草（左）与日本鳗草（右）

的生态位下生活，除了自身的形态优势，还拥有一群特殊的微生物“伙伴”，帮助它们在恶劣环境中生存（Tarquinio et al.，2019；Ugarelli et al.，2017）。日本鳗草在海岸带占据独特的生态位，使它们如同沙漠上的绿洲，起到过滤陆源养分和污染物、保护海岸线免受侵蚀、维持生物多样性等多种生态作用。不幸的是，由于沿海开发、河道整治和水产养殖等人为干扰，在许多亚洲地区如日本（Abe et al.，2009；Hodoki et al.，2013）、韩国（Lee et al.，2004）和中国沿岸（Zhang et al.，2016b），日本鳗草数量正急剧下降，并被视为濒危物种。

海草床的消失不仅会影响生物多样性，而且会通过生物地球化学循环影响海底碳封存的稳定性，加剧全球变暖速率（Fourqurean et al.，2012）。因此，成功恢复及管理海草资源，有效的监测必不可少。从我们对陆地植物和微生物相互作用来看，特定微生物的存在会对植物生长、健康和生产力产生重大影响（Compant et al.，2005；Hayat et al.，2010）。因此，进一步了解日本鳗草与微生物群落间的生态关系，有利于我们更好地监控海草退化进程，利用微生物资源恢复海草床生境。

一、黄渤海日本鳗草底栖真核微生物时空分布特征

本研究选择了 3 种典型的海草生境：沙质海滩、泥质海滩和潟湖，分别位于黄渤海沿岸大连、东营和威海（图 5-2）。研究人员在 2018 年 4 个季节收集了 3 个不同生境 0～

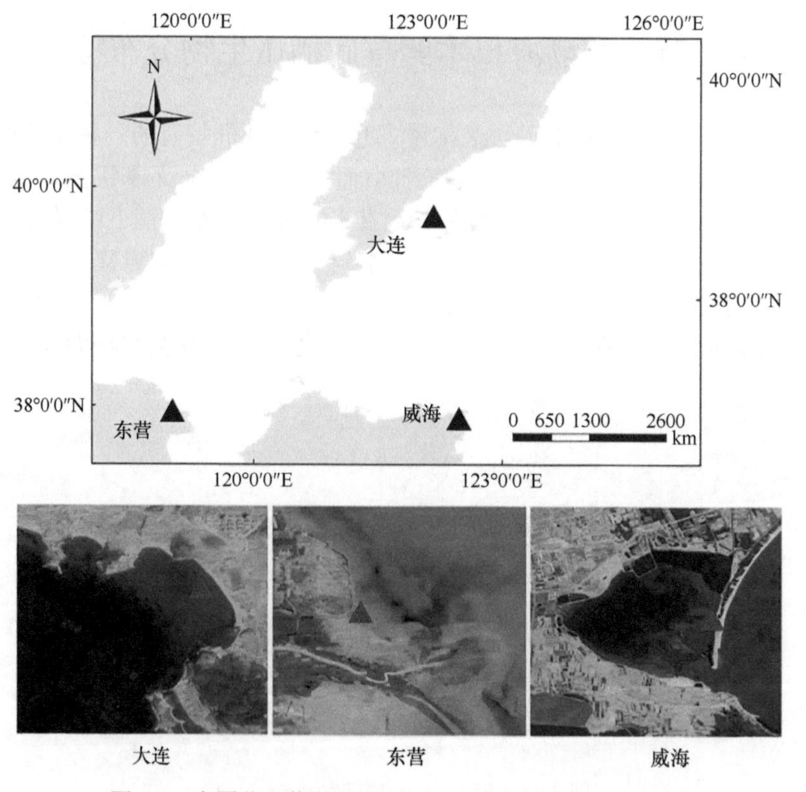

图 5-2 中国北方黄渤海沿岸的三个日本鳗草床地理分布

5cm 的表层沉积物样品。测定了一系列沉积物理化参数，并利用高通量测序对真核微生物的多样性和相对丰度进行表征。本研究中，我们扩大了采样区域，选择了 3 个不同的海草生境，以便更好地展现温带海草床生态系统，并首次探索了日本鳗草沉积物中真核微生物组成的季节动态。采用高通量测序技术，共检测到 21 170 个真核微生物扩增子序列变异（ASV）序列，其多样性明显高于传统的依赖于独立培养方法的真核微生物多样性。

（一）理化因素对真核微生物多样性的影响

海草底栖真核微生物 α 多样性（包括 Chao1 指数、Simpson 指数和 Observed ASV 指数）的季节变化没有统一规律，而是随生境异质性具有不同的季节分布特征（图 5-3）。在东营和威海，真核微生物多样性在春、夏季较高，而在秋、冬季普遍较低。这可能是因为春、夏季环境适宜，营养物质更加丰富，促进了低丰度“机会类群”的大量爆发（Virta et al.，2020），增加了真核微生物的丰度。另外一个可能的原因与原核类群生物量在春、夏季节中的暴发性生长有关（Azam and Malfatti，2007）。许多异养真核类群能够选择性地摄取细菌（Glücksman et al.，2010），而当细菌生物量和多样性升高时，能通过微食物网增加异养真核微生物类群的多样性（Zhu et al.，2018）。与东营和威海相反，大连海草生境中的真核微生物 α 多样性在冬季具有最高值，这可能是因为大连冬季环境条件恶劣，打破高丰度类群的主导性，重新对群落秩序“洗牌”，让更多“稀有类群”得以生存，形成了更高的群落均匀度（Virta et al.，2020）。

奇怪的是，海草沉积物中真核微生物 α 多样性低于周围非定植区沉积物（图 5-3）。这个结果与预期相反，因为植被沉积物较低的还原条件不仅有利于细菌，也有利于真核微生物。这可能是由于海草的定植会选择性地富集某些高丰度类群，如原核界的 SRB（Virta et al.，2020）及真核微生物中的硅藻和甲藻。从而造成高丰度类群的主导性，降低群落的均匀度。另一个可能的原因是真核微生物多样性会被细菌和海草的代谢产物通过调节机制所抑制（Hurtado-McCormick et al.，2019；Onishi et al.，2014）。

通过 α 多样性与环境因子的相关性分析，发现海水盐度、pH 及沉积物金属（V 和 As）含量是同时影响真核微生物群落丰度和均匀度的重要参数。盐度是塑造微型真核浮游生物群落的主要驱动力，即使盐度在小幅度内的增加也能造成群落多样性及结构的显著改变。有毒金属含量增加可能对主导类群丰度的胁迫更为有效，降低高丰度类群对低丰度类群的竞争压力（Virta et al.，2020），让更多的低丰度抗金属物种在沉积物中得以生存。除此之外，真核微生物多样性指数（Simpson 指数和 Shannon 指数）还与 NO_3^-及砂含量具有显著正相关关系，而与 SO_4^{2-}和小粒径沉积物（粉砂与黏土）呈显著负相关。氮元素是单细胞藻类生长的必需元素，是构成真核微生物细胞的重要物质基础，因此 NO_3^-浓度的增加可能会促进以微型浮游植物为主的真核微生物的多样性（Hou et al.，2020）。砂（＞63μm）作为大粒径沉积物，空隙更大，透光效果好；而粉砂（4～63μm）和黏土（＜4μm）等粒径较小，沉积物颗粒间紧凑密集，透光性较差。单细胞藻类（如硅藻和甲藻）在真核微生物中占据了绝对优势，它们需要进行光合作用为自身提供养分，因而大粒径的砂沉积物更有利于光合单细胞藻类的生长。海水中含有大量的 SO_4^{2-}，因此在海草沉积物中富集了高丰度的硫循环类群（Cúcio et al.，2016，2018）。高浓度的 SO_4^{2-}

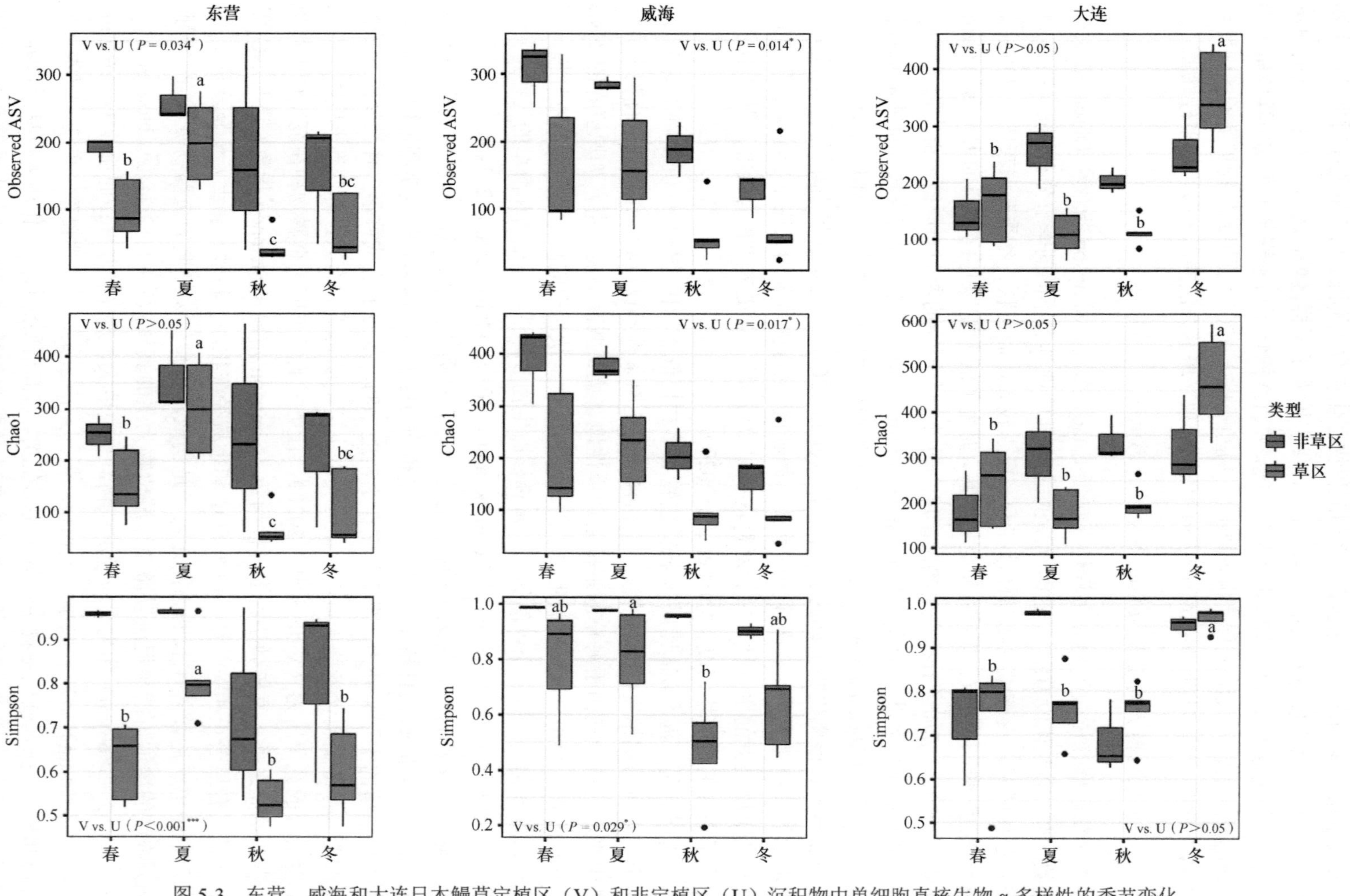

图 5-3　东营、威海和大连日本鳗草定植区（V）和非定植区（U）沉积物中单细胞真核生物 α 多样性的季节变化

会被还原为大量的硫化物，而硫化物对许多真核细胞具有毒害作用，因此高浓度 SO_4^{2-} 可能通过产生硫化物间接对许多真核生物具有潜在抑制作用。

（二）单细胞藻类是日本鳗草沉积物中的优势真核微生物类群

在日本鳗草沉积物中，真核微生物群落主要由硅藻（Diatomeae）（56.4%）和甲藻（Dinoflagellata）（23.2%）组成。这与近期研究结果高度一致（Trevizan-Segovia et al.，2021），该研究调查了太平洋东北沿岸 10 个海草床生境，发现硅藻和甲藻是鳗草叶片上的核心真核微生物类群。这些底栖微藻被认为在初级生产中具有全球性意义（Malviya et al.，2016）。它们可以利用海草碎屑分解所释放的有机物作为基质。这种异养生存被认为是这些单细胞藻类在沉积物光照匮乏条件下的一种生存策略，并对细菌生物量、组成等指标具有显著影响（Wu et al.，2020）。因此，硅藻和甲藻的优势地位可能对海草床底栖食物网和生物地球化学过程具有潜在重要性。

硅藻是日本鳗草床中最丰富的底栖真核微生物类群，它们在海洋碳、硅元素循环中不可或缺。Cox 等（2020）报道，硅藻在海草生境中贡献了高达 85.7%的底栖初级生产力，推动了底栖生态系统进入净自养状态。因此，这些富有生产力的硅藻类群被允许在海草生境中大量定居（Cox et al.，2020）。本研究中，舟形藻属（*Navicula*）是主要的硅藻类群，并在真核微生物群落中占据较高的相对丰度。舟形藻属具有运动能力，能够随养分水平变化而移动（Holland et al.，2004）。以往的研究发现，潮上带硅藻丰度要显著高于潮下带地区（Zhu et al.，2018），而日本鳗草是一种潮上带海草种类，它们长期暴露于空气中，促进了舟形藻属在浅滩沉积物中的聚集以便获得更多光照。

甲藻作为日本鳗草沉积物中第二大类群，既包括寄生类群，如共甲藻纲（Syndiniales）（主要由 Syndiniales Group Ⅰ 组成），也包括自由生活类群，如横裂甲藻纲（Dinophyceae）（主要由 Peridiniphycidae 和 Gymnodiniphycidae 组成）。相似地，Trevizan-Segovia 等（2021）同样发现 Syndiniales 和 Gymnodiniales 是鳗草叶片上甲藻的主要组成。因此，海草相关的真核微生物群落可能与细菌一样，拥有普遍或大量存在于海草床中的核心类群（Trevizan-Segovia et al.，2021），并且这些核心类群可能对宿主生境健康具有重要意义。不过应该引起注意的是，潜在的高 rDNA 拷贝数和包囊的存在，或许会导致对这些主要类群丰度（或相对丰度）的高估。

作为绝对优势物种，硅藻和甲藻表现出明显的生境偏好性。甲藻在大连具有极高的相对丰度，在这里它们与硅藻呈负相关关系，相互取代成为主导类群；而硅藻是威海和东营中相对丰度最高的真核微生物类群。以往的研究表明，这些微藻的生境偏好可以归因于养分利用率和元素比值。甲藻喜欢高 N∶P 和低 P 条件，而硅藻喜欢生活在高营养水平及低 N∶Si 沿海地区（Xiao et al.，2018）。在本研究中，无机氮（NO_3^-、NO_2^-和 NH_4^+）含量在大连高于其他两地，更适合甲藻生长。因此，我们推测大连海草床中甲藻的高丰度可能与该地区丰富的无机氮含量有关。相比于营养贫乏的大连开放海域，硅藻被认为更偏好于营养丰富的沿海地区。有报道指出，当外来营养供应受限时，微藻优势物种会从硅藻演替为甲藻（Smayda and Trainer，2010）。因此，在有机质含量丰富的东营和威海海草床中，当 Si 元素不受限制时，更利于硅藻的生长。

（三）真核微生物类群在海草定植区和非定植区沉积物中的选择性富集

研究表明，底栖真核微生物群落结构在海草定植区和非草区沉积物中具有显著差异（图 5-4），并且每种沉积物类型包含特有类群。寄生虫类（*Pirsonia* 和 *Lecudina*）及海链藻属（*Thalassiosira*）更倾向于在海草定植区沉积物中富集，而多种单细胞藻类（如双眉藻属、舟形藻属、斜纹藻属、几内亚藻属、*Berkeleya* 属、*Rhizosolenids* 硅藻及蓝隐藻属）和纤毛虫（*Diophrys* 属、*Hyalophysa* 属、*Chlamydodon* 属）则更多地出现在非草区沉积物中。

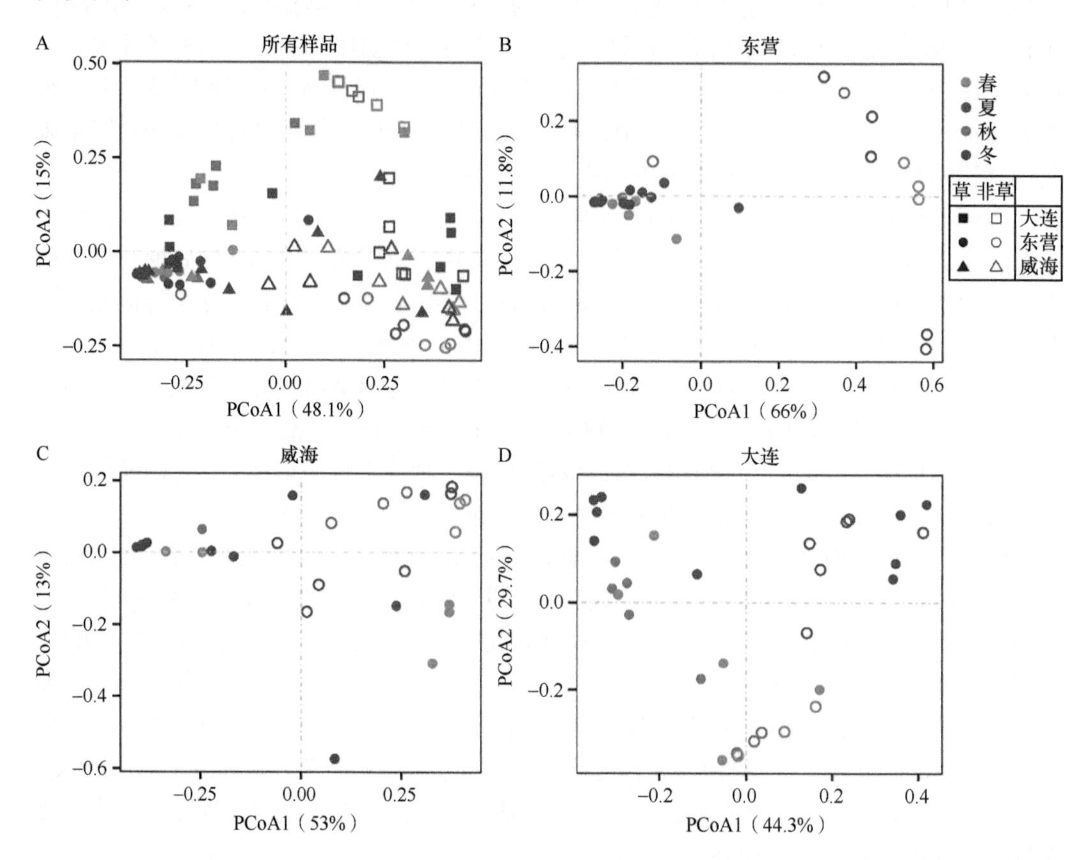

图 5-4 基于加权 UniFrac 距离的 PCoA 显示了不同生境下草区和非草区沉积物中真核微生物（单细胞）群落 β 多样性的空间尺度变化（A）及不同生境（B. 东营；C. 威海；D. 大连）中的季节变化特征

Pirsonia 属是一类硅藻和甲藻的寄生虫（Skovgaard，2014），能够造成浮游植物大量死亡（Kühn et al.，2004）。通过环境因子的相关性分析，发现 *Pirsonia* 属与多种金属含量呈显著正相关关系而与粒径大小具有负相关关系，表明 *Pirsonia* 可能具有较高的金属耐受性。除了海草对重金属的富集作用，小粒径沉积物同样携带了更多的重金属，因此在粒径较小而重金属含量较高的草区聚集了更多的硅藻寄生类群 *Pirsonia*。*Lecudina* 属隶属顶复门（Apicomplexa），通常为海洋无脊椎动物（如沙蚕）的寄生虫。以往对海草沉积物及沙蚕体内 *Lecudina* 进行的定量分析发现，*Lecudina* 在海草定植区的拷贝数约为非草区的 10 倍，且具有极显著的统计学差异（P=0.001）；然而，*Lecudina* 在沙蚕中

的拷贝数却低于沉积物中（苏蕾，2017）。本研究中，*Lecudina* 的分布与总有机碳（TOC）含量具有正相关关系。因此海草碎屑分解及海草溶解性 TOC 的分泌（Duarte et al.，2005），都为 *Lecudina* 提供丰富的有机质，使其在海草定植区域内大量繁殖。综上所述，海草定植可以显著富集 *Pirsonia* 和 *Lecudina* 等寄生类群，并且 *Lecudina* 不仅能以寄生形式存在于底栖生物体内，而且还能大量生活在沉积物中（苏蕾，2017）。相比于非草区，海草沉积物中单细胞藻类多样性较少，只有海链藻属相对丰度在海草定植区中显著富集。这可能是因为海草表面富集了大量杀藻细菌，抑制藻类及其孢子的附着（Celdran et al.，2012）。除了多样的单细胞藻类，非草区沉积物还具有更高比例的纤毛虫类群，如 *Diophrys* 属、*Hyalophysa* 属、*Chlamydodon* 属。纤毛虫主要被桡足类、大型纤毛虫和异养鞭毛虫等捕食，偶尔也被轮虫、双壳类幼虫和鱼类幼虫捕食（Verity and Paffenhofer，1996）。海草可以为底栖生物提供庇护所（Valentine and Duffy，2007）、育儿所（Lilley and Unsworth，2014）、食物来源，维持这些更高营养级生物的多样性。因此，大量纤毛虫的捕食者在海草床中被孕育，导致纤毛虫相对丰度显著降低。

（四）真核微生物类群的季节分布特征

尽管总体上季节变化对群落结构的影响小于海草定植作用，但日本鳗草沉积物中的真核微生物类群分布具有明显的季节性。通过 LEfSe 分析，我们发现夏季的指示类群为多甲藻目（Peridiniales）。单细胞藻类物种组成受到海草寿命和叶面结构的影响，而多甲藻和其他附生植物的过度生长能造成水浊度增加，阻碍海草对光的吸收，从而导致海草死亡（Lee et al.，2004）。多甲藻类能够产生多种毒素，引起双壳类、鱼类、海牛等海洋生物的大量死亡，并且产生的毒素能够长时间保留在海草附生植物体内和沉积物中。因此，多甲藻类在夏季海草生境中的大量富集可能会成为威胁海草生存的潜在因素。不过海草生态系统中有毒藻类的富集作用，也间接影响了海草细菌群落组成，在海草叶片上聚集了更多溶藻细菌，成为保护海草健康的屏障。

综上所述，真核微生物多样性在草区普遍低于非草区，并具有统计学差异。草区多样性在空间和季节尺度上有较大波动。东营和威海季节趋势更为一致，在春夏季高于秋冬季；而大连多样性与其他两地不同，在冬季具有最大值。pH 和金属 V 是影响真核微生物多样性的主要环境因子。硅藻和甲藻在真核微生物群落中占据主导地位，是底栖初级生产力的重要贡献者。相比于海草定植区，多种单细胞藻类和纤毛虫更多地出现在非草区中。这可能是因为海草表面富集的杀藻细菌及海草代谢物对藻类及其孢子的附着具有抑制作用。此外，大量纤毛虫的捕食者在海草床中被孕育，导致纤毛虫相对丰度显著降低。夏季富集了多甲藻目，可产生多种毒素成为海草生境一个潜在胁迫。海草定植和季节变化都对真核微生物群落结构具有显著影响，且海草的定植作用大于季节变化。真核微生物群落的环境驱动因素为粒径大小、pH、溶解氧（DO）和 SO_4^{2-}。

二、黄渤海日本鳗草底栖古菌群落时空分布特征

古菌是微生物的重要组成部分，宏基因组学研究揭示潮间带古菌基因组含量占基因总量的 1.6%～4.8%，并具有极高的多样性（Kim et al.，2008）。它们在海洋生态物质和

能量循环中起着重要作用，是厌氧沉积物中有机质的分解者，并在污水处理中扮演了重要角色（Tabatabaei et al.，2010）。因此，探究海草相关古菌群落的动态变化有助于我们更好地理解海洋古菌群落的生态特征和适应机制。本研究首次提供了日本鳗草沉积物古菌群落的时空分布模式。

（一）古菌 α 多样性分布模式

本研究发现不同海草生境显示出不同的 α 多样性分布模式（图 5-5）。东营 α 多样性指数在草区显著大于非草区（$P<0.05$），并在季节变化中较为稳定且保持较高水平（图 5-5）；威海和大连更为相似，草区 α 多样性通常略低于非草区，而夏季草区 α 多样性显著升高并大于非草区（图 5-5）。由此我们推测，三地截然不同的环境因素是造成古菌 α 多样性差异的主要原因。东营沉积物粒径较小，营养物质不易流失，在季节变化上维持了较高且稳定的 α 多样性。Webster 等（2015）发现低盐区中的古菌丰度要显著高于高盐地区。东营海草分布区邻近黄河入海口，由于河流淡水的稀释作用，该地沉积物盐度要明显低于其他两地，造成古菌 α 多样性持续保持在较高水平（图 5-5）。威海和大连古菌多样性在夏季具有最高值，对应了温度、TOC、pH、SO_4^{2-}含量峰值及 DO 的最低值。这一发现与 Spearman 相关性分析结果一致，表明温度、TOC、pH、SO_4^{2-}、DO 含量在古菌多样性的季节分布中起到重要的驱动作用。在沸泉相关研究中，古菌的多样性与温度具有显著的负相关关系（Cole et al.，2013），这与我们的研究结果相悖，可能是因为沸泉温度高达 79～87℃，随着热泉温度的继续增高，能够在高温下生存的古菌种类逐渐减少。而本研究中，四季沉积物温度变化在绝大部分古菌的生存条件范围内，夏季不仅为多数古菌提供适宜温度，而且还是动植物活跃代谢及生长期，丰富的有机物质在此时生成，促进了古菌生长。本研究还发现，古菌对 SO_4^{2-}的利用过程中，DO 是重要的限制因素，当 DO 含量较高时可能会抑制微生物硫化物氧化活性。

在东营日本鳗草生境中，草区 α 多样性指数显著大于非草区（图 5-5）。前期我们对环境因子的调查发现，该地海草定植区沉积物中具有较高的 SO_4^{2-}、TOC 含量，可能对古菌 α 多样性具有促进作用。海草沉积物粒径较小，能够锁住更多的营养元素（Sun et al.，2015；Zhu et al.，2018），为古菌群落提供碳源、能源或其他营养元素。

（二）氨氧化古菌在海草生态系统中的优势地位

Candidatus Nitrosopumilus 和 *Ca.* Nitrocosmicus 两种氨氧化古菌在日本鳗草沉积物古菌群落中占据了较高的相对丰度。相似地，氨氧化古菌海洋类群Ⅰ（Marine GroupⅠ，奇古菌门）是鳗草沉积物中的优势古菌类群（Zheng et al.，2019）。氨氧化是氮循环的关键步骤，由氨单加氧酶催化完成，是硝化作用的第一个限速步骤。氨氧化古菌可以通过氧化 NH_3 固定 CO_2，在氮、碳元素循环中扮演着关键角色。氨氧化古菌对底物铵盐具有极高的亲和力，可以在铵态氮含量较低的环境中进行氨氧化反应，因此在贫营养海水中氨氧化古菌对底物铵态氮具有绝对的竞争优势（Martens-Habbena et al.，2009）。据估计，海洋氨氧化古菌每年生成的亚硝酸盐含量与全球海洋年生产力（即海洋对大气碳封存）所需要的氮量相当。氨氧化古菌通过氧化海洋 NH_3 所固定的 CO_2 总量，远高于

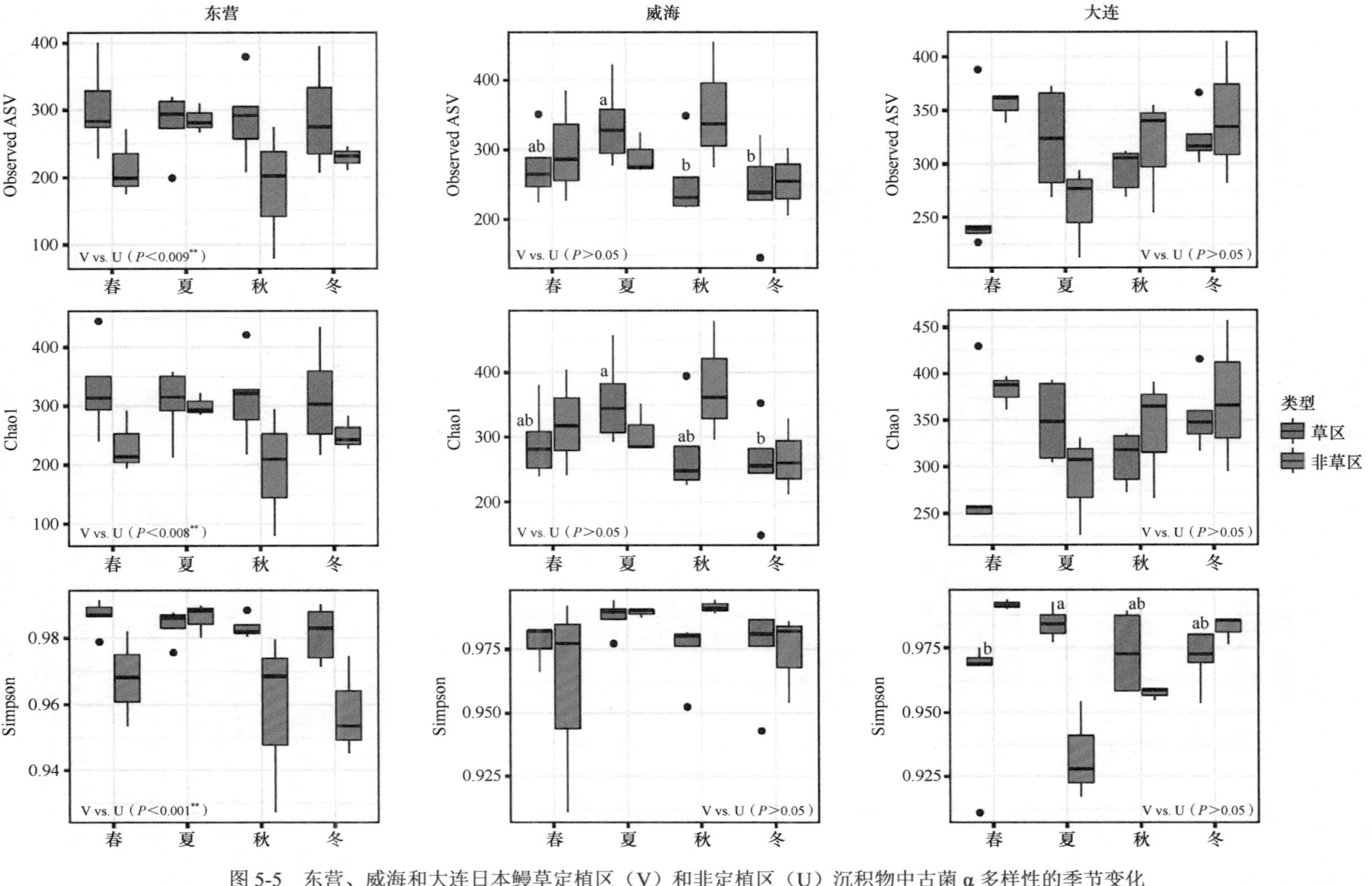

图 5-5　东营、威海和大连日本鳗草定植区（V）和非定植区（U）沉积物中古菌 α 多样性的季节变化

封存在全球海洋沉积物中的总碳量（胡安谊和焦念志，2009）。因此，氨氧化古菌的富集对海草床碳封存有重要贡献。此外，*Ca.* Nitrocosmicus 等氨氧化古菌具有促植物生长作用，通过氨氧化作用将氨态氮转化为生物可利用形式（Amoo and Babalola，2017），被海草吸收利用，解除氮限制。

（三）古菌群落的季节性差异

微生物群落的季节差异往往表现在群落组成上的变化（图 5-6），这主要是由低丰度的"临时物种"在适宜的季节中生长并在不利生长的季节中消失所造成。因此，季节变化导致的理化参数波动对单个系统发育物种的作用最终影响到整个古菌群落的分布格局。

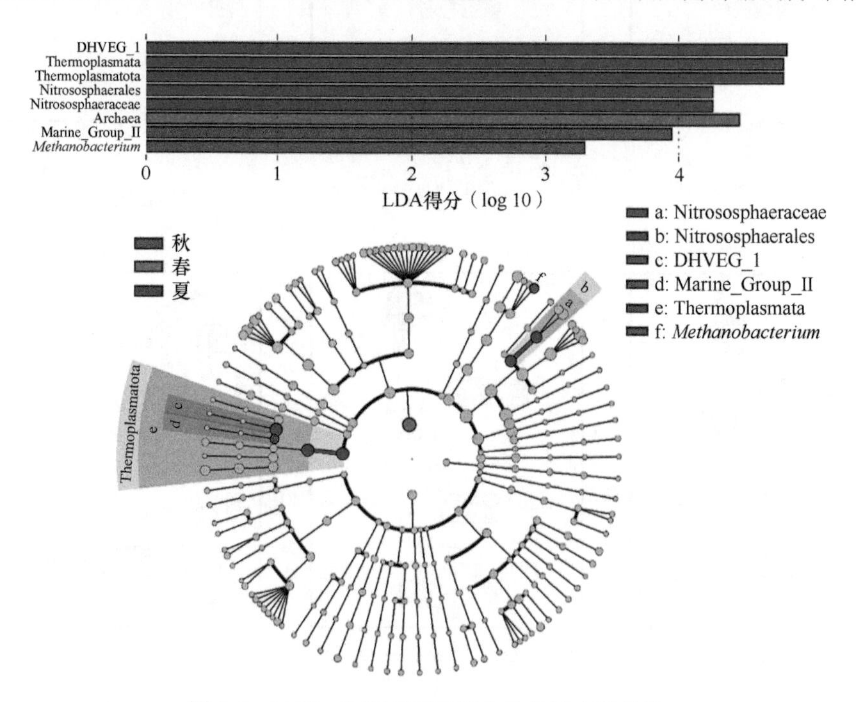

图 5-6　LEfSe 分析不同季节中的差异古菌类群

在日本鳗草沉积物中，古菌群落结构具有显著的季节差异（图 5-7），其中 SO_4^{2-}、NO_3^-、Cd、Cr 是关键的驱动因子。在春季，整个古菌群落都显示出富集趋势，这可能是因为春季海草初级生产力增加及气温回暖促进了古菌的生长繁殖。夏季富含了嗜热古菌及氨氧化古菌类群，如热原体纲（Thermoplasmata）和 Nitrososphaeraceae 科。热原体具有重要的遗传进化意义，在内共生假说中它被认为是真核生物核的起源（Kawashima et al.，2000）。它们的最适生长温度可达 60℃，既能适应好氧环境也能在厌氧环境下生存（Kawashima et al.，2000）；它们通常生存在高酸性环境中，有时 pH 低至 0.5，并能从被极端酸度杀死的生物体的分解中获得营养物质（Ruepp et al.，2000）。热原体基因组中含有介导异化硫还原的基因 *asrA* 和 *asrB*，并可以通过厌氧硫呼吸获得能量；此外，它们的基因组存在完整的外源多肽降解链，该降解链的所有蛋白质都与 *Sulfolobus* 菌的同源蛋白相似（Ruepp et al.，2000）。Nitrososphaeraceae 科成员均具有通过氨氧化和 CO_2

固定的化能自养生长能力；此外它们作为氨氧化古菌能为植物提供营养元素氮（Amoo and Babalola，2017）。因此，热原体纲和 Nitrososphaeraceae 科成员在夏季沉积物中富集归因于环境因子的筛选，而它们的存在不仅为海草生长提供养分，也促进了海草碎屑的降解。秋季海草沉积物中富含能够降解蛋白质、脂肪、腐殖性有机质的类群如甲烷菌属、Marine Group II 等，可能与秋季种子的产生及海草碎屑的降解有关。产甲烷古菌通常存在于严格无氧且富含有机质的生境中，如海底沉积物、水稻田、河湖淤泥、牛羊等反刍动物的胃中等。它们利用 CO_2 或 H_2 为底物，通过 Wood-Ljungdahl 途径（WL 途径）固定 CO_2，负责甲烷的生物合成。甲烷菌属除了能够产生甲烷，其成员还能固氮（Leigh，2000）。甲烷菌常常生长缓慢，这是因为它们可利用的底物基质较少，只能利用 CO_2、H_2、甲酸、乙酸等简单的化合物。而复杂的大分子有机物要经过其他发酵性微生物的分解后才能被甲烷菌利用，所以甲烷菌通常要等到其他微生物类群大量繁殖后才能顺利生长。因此，经过春、夏两季发酵性微生物对有机质的分解后，沉积物含有大量小分子有机质促进甲烷菌的生长繁殖。Marine Group II 在海洋水环境中含量丰富，由于其对温度、营养和 O_2 的可用性，它们具有较大的季节和空间变异性及系统发育多样性（Hugoni et al.，2013）。研究表明，Marine Group II 主要分布在透光区，并以异养方式生存，是全球海洋碳循环的重要

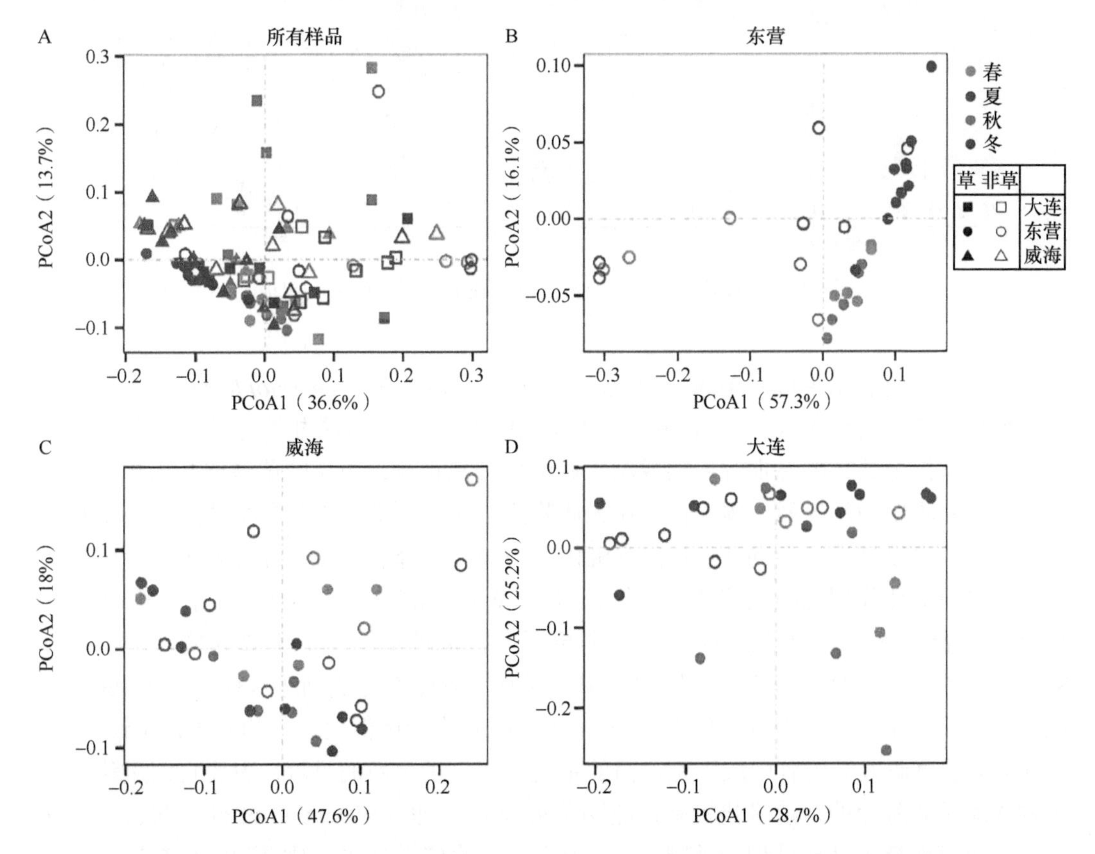

图 5-7　基于加权 UniFrac 距离的 PCoA 显示了不同生境下草区和非草区沉积物中古菌群落 β 多样性的空间尺度变化（A）及不同生境的季节变化特征（B. 东营；C. 威海；D. 大连）

参与者（Zhang et al.，2015）。基因组研究表明，Marine Group II 能够降解聚合物如蛋白质和脂质（Iverson et al.，2012），因此秋季海草种子的产生可能为其提供了丰富的养分来源。然而，由于没有获得 Marine Group II 的纯培养，其确切的生态作用仍是一个谜。

（四）海草定植对古菌群落结构的影响

海草根部能够释放有机质、O_2 及特定的信号分子改变根际微环境，从而影响微生物群落结构（Duarte et al.，2005；Martin et al.，2019），该过程称为“根际效应”。对海草根际细菌群落的研究发现，海草的定植能够显著富集氮、硫循环微生物类群（Cúcio et al.，2016；Sun et al.，2015，2020）。Zheng 等（2019）研究发现海草的定植能够显著促进古菌的绝对丰度。本研究发现古菌群落结构在海草定植区与非定植区间显著不同（图 5-7），并且不同古菌类群选择性地富集在两种沉积物类型中（图 5-8）。

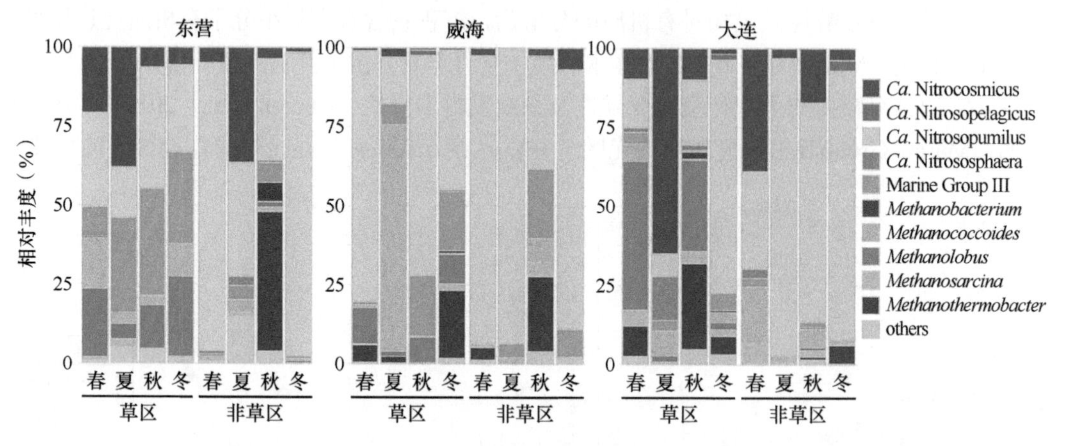

图 5-8 日本鳗草沉积物中古菌群落在属水平上的分类组成

展示丰度前 10 的类群，其余低丰度类群归为 others

海草定植促进了甲烷叶菌属（*Methanolobus*）、深古菌、*Thermoplasmatota* 及其海洋底栖生物类群 D（MBG-D）的相对丰度。甲烷叶菌是一种嗜盐的专性甲基营养型产甲烷菌，它们由缺氧的海水沉积物或湖水淤泥中分离得到。甲烷叶菌能够利用甲醇、三甲胺、二甲硫化物及各种一碳化合物作为底物产生甲烷。甲烷古菌在全球碳循环中具有重要意义，可以移除多余的 H_2 并在有机化合物的厌氧降解中扮演分解者角色。此外，甲烷的厌氧氧化作用还与硫酸盐还原过程耦合（Wasmund et al.，2017）。冗余分析（RDA）结果同样表明 SO_4^{2-} 浓度是影响草区与非草区间古菌群落结构的重要环境因子。在以 SO_4^{2-} 为主要电子受体的缺氧沉积层中，甲烷通常被氧化而无法到达水柱，这种 SO_4^{2-} 偶联的甲烷氧化是由厌氧甲烷氧化古菌和 SRB 中的 δ-变形菌催化完成的（Meulepas et al.，2010）。现有研究对厌氧甲烷氧化古菌的生物学提供了全新的见解，表明它们进化出了多种依赖于硫酸盐的甲烷氧化机制，能够负责 SO_4^{2-} 还原（Wasmund et al.，2017），这可能是海草底栖硫循环过程的关键一环。海洋深古菌广泛分布于缺氧和富含有机质的沉积物中，包括海底和河口（Zou et al.，2020）。木质素是海草细胞壁的重要组成部分，在海草沉积物中大量累积。研究报道，木质素的添加可以显著刺激深古菌的生长（Yu et al.，2018）。因此，木质素的存在可能是海草定植区沉积物中深古菌富集的主要原因之一。深古菌在代谢方面是个“多面手”，能够利用多种基质，如植物来源的单糖和多糖、碎屑蛋白、甲烷或甲基化合物，以及其他难降解的有机质（Meng et al.，2014）。MBG-D 是海洋沉积物中降解碎屑蛋白质的主要类群。因此甲烷叶菌属、深古菌及 MBG-D 在海草定植区沉积物中的富集，可能对海草生物量的降解做出了重要贡献。

相比于海草定植区沉积物，非草区生物可利用的有机质含量较少，因此主要富集了化能或光能自养型古菌，包括氨氧化古菌（*Ca.* Nitrosopumilus 和 *Ca.* Nitrocosmicus）、Hydrothermarchaeales 目、海姆达拉古菌门（Heimdallarchaeota）。*Ca.* Nitrosopumilus 和 *Ca.* Nitrocosmicus 氨氧化古菌可以通过氧化 NH_4^+固定 CO_2 为自身提供能量。一些海姆达拉古菌具有兼性有氧代谢能力，也具有至少三种类型的光激活视紫红质（Bulzu et al.，2019）。Hydrothermarchaeales 古菌最初是在深海热液喷口生态系统中被发现的，它们能够固定 CO_2 合成乙酸盐，并具有 NO_3^-、SO_4^{2-}、金属氧化物还原及 CO 循环的能力（Carr et al.，2019；Zhou et al.，2020）。

综上所述，古菌多样性在草区与非草区间无明显差异。不同区域中，草区古菌多样性的季节分布特征略有不同。在东营，古菌多样性在季节间较为稳定；而在威海和大连，夏季具有最高值。古菌物种丰度主要受到营养盐（硫酸盐、有机碳氮）的影响，而均匀度受到温度和 DO 的影响。氨氧化古菌为古菌群落的优势类群，它们对海草床碳封存及氮转化有重要贡献。草区中富集了甲烷叶菌、深古菌和 MBG-D，它们够降解有机质、木质素及碎屑蛋白。季节上，整个古菌群落在春季都显示出富集趋势；夏季含有更多的嗜热古菌；而秋季具有更多能够降解蛋白质、脂肪、腐殖性有机质的类群，可能与秋季种子的产生及海草碎屑降解有关。海草定植和季节变化都对古菌群落有着显著影响，且海草定植大于季节影响。古菌群落的环境驱动因素为 SO_4^{2-}、NO_3^-、Cd 和 Cr。

三、黄渤海日本鳗草底栖细菌群落时空分布特征

植物和微生物间的相互作用对植物健康和生产力尤为重要，有益微生物能够帮助植物适应环境变化，但有害类群的增加会使植物致病死亡。海草床作为海岸带三大蓝碳生态系统之一，具有极高的生产力和生态服务功能。然而，目前海草退化已成为全球性问题。作为海草的紧密伙伴，微生物在全球海草退化中扮演了何种角色还不可知。由于细菌是微生物群落的主要类群，因此更好地了解其群落结构在不同季节及区域间的演替规律，有利于我们从微生物角度推动海草床的恢复进程。

（一）季节、区域及海草定植对海草底栖细菌 α 多样性的影响

α 多样性分析结果显示，细菌群落丰度和多样性与季节变化显著相关，而与海草定植关系不大（图 5-9）。在海草定植区沉积物中，α 多样性指数呈倒 U 形，夏、秋季具有较高的丰度和多样性，而春、冬季 α 多样性指数值降低。通过对细菌 α 多样性与环境因子的相关性分析，我们推测季节变化导致水温和 TOC 含量的波动影响了细菌群落的多样性与丰度。夏、秋两季温度适宜，海草及藻类生长旺盛，海草碎片不断在沉积物中

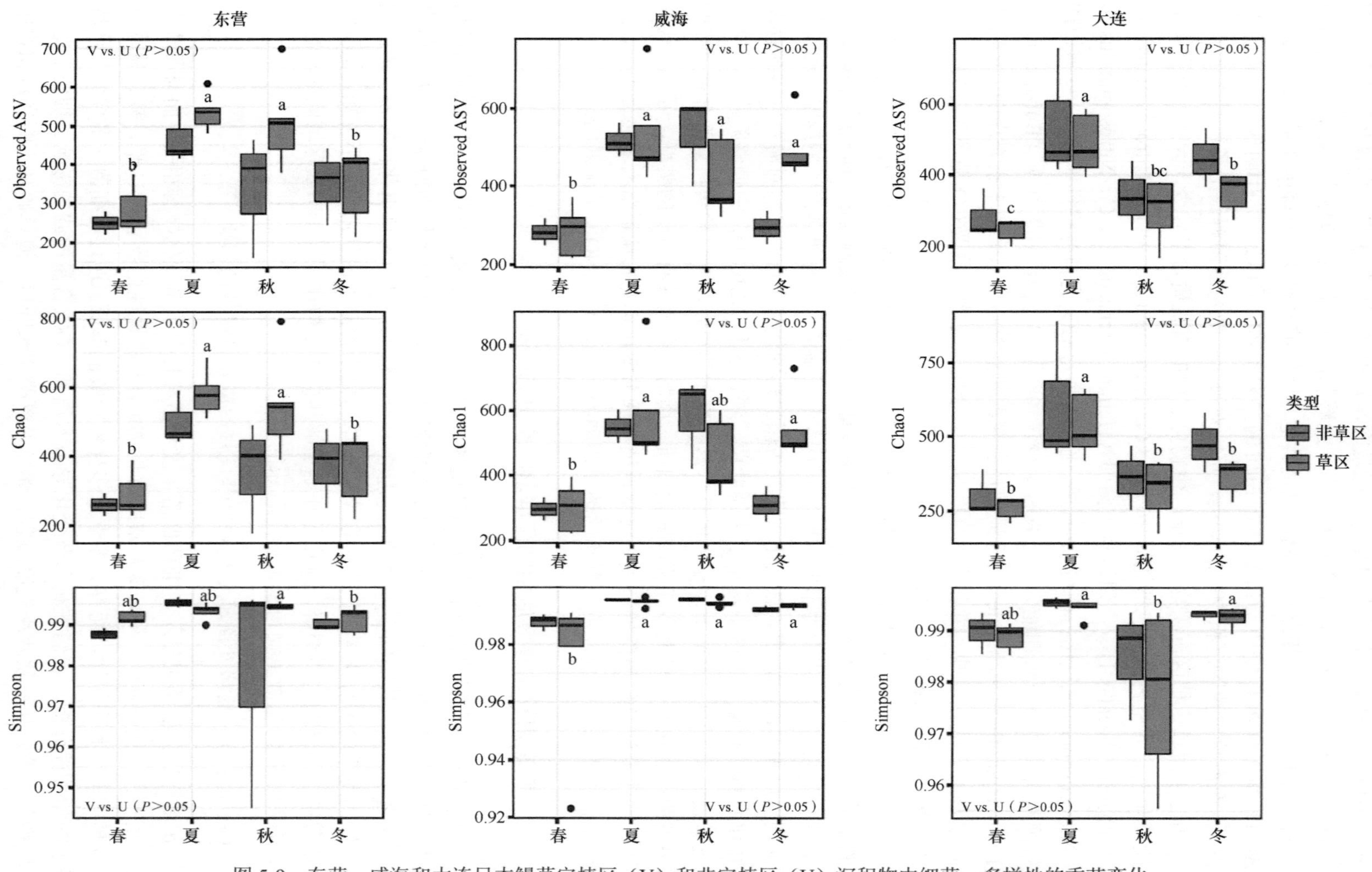

图 5-9 东营、威海和大连日本鳗草定植区（V）和非定植区（U）沉积物中细菌 α 多样性的季节变化

积累，为微生物提供充足的 TOC（如纤维素和半纤维素），促进细菌繁殖（Azam and Malfatti，2007；Smith et al.，2004）。冬、春季节黄渤海沿岸气温降低，有机物含量减少，抑制了大部分类群生长（Virta et al.，2020）。

东营海草沉积物中细菌 α 多样性普遍略高于威海和大连。研究发现，恶劣环境通常会打破环境中少数微生物的统治地位，将微生物关系重新排序，促进更多机会类群的生长，导致更高的均匀度与丰度（Virta et al.，2020）。东营海草生境周围大量石油开采，导致沉积物富集了高浓度的重金属。α 多样性与环境因子的相关性结果同样显示，细菌多样性及丰度与多种重金属浓度呈显著正相关关系，表明金属浓度的增加（阈值下）会提高细菌的 α 多样性（李淑英等，2012）。此外，海草定植作用能够加剧重金属在沉积物中的富集作用（Bonanno and Raccuia，2018；Sun et al.，2020），促进细菌多样性的增加，从而导致东营细菌 α 多样性大于其他两个低金属浓度的海草生境，并且该地草区 α 多样性略大于非草区。

（二）海草对硫代谢微生物的富集作用

变形菌是细菌中最大的一个类群，在多种生境中都占据了主导地位。同样，在日本鳗草沉积物中变形菌门（Proteobacteria）也以较高的相对丰度（32.3%）成为优势类群（图 5-10）。其中，变形菌门中的硫卵菌属（*Sulfurovum*）、伍斯菌属（*Woeseia*）、Sva0081 在海草定植区沉积物中大量富集，它们均是参与硫循环的功能微生物类群（图 5-11）。硫卵菌属是典型的化能自养型 SOB，它们除了能够氧化 S 或 $S_2O_3^{2-}$ 等还原性硫化物，最近的研究还集中于其生物缓解 CO_2 的工业应用上（Jeon et al.，2017）。硫卵菌属氧化硫化物主要通过肌氨酸氧化酶（SOX）酶系统，包括 *soxB*、*soxXA*、*soxYZ* 等（Jeon et al.，2017）。伍斯菌属广泛分布在全球海洋沉积物中，它们能利用氢和无机硫化物进行兼性化能自养（Meier et al.，2019；Mußmann et al.，2017）。伍斯菌属基因组具有硫氧化基因（*sox* 和 *rdsr*）、碳固定基因和反硝化基因（Mußmann et al.，2017）。并且，某些海洋底栖伍斯菌属成员具有肽酶基因，可以参与沉积物中蛋白质的降解过程（Hoffmann et al.，2020）。Sva0081 是鳗草与日本鳗草沉积物中丰度最高的共有微生物类群之一。Sva0081 隶属脱硫杆菌科，是一类未培养的耗氢型 SRB（Dyksma et al.，2018），在许多沿海沉积物 SRB 的 16S rRNA

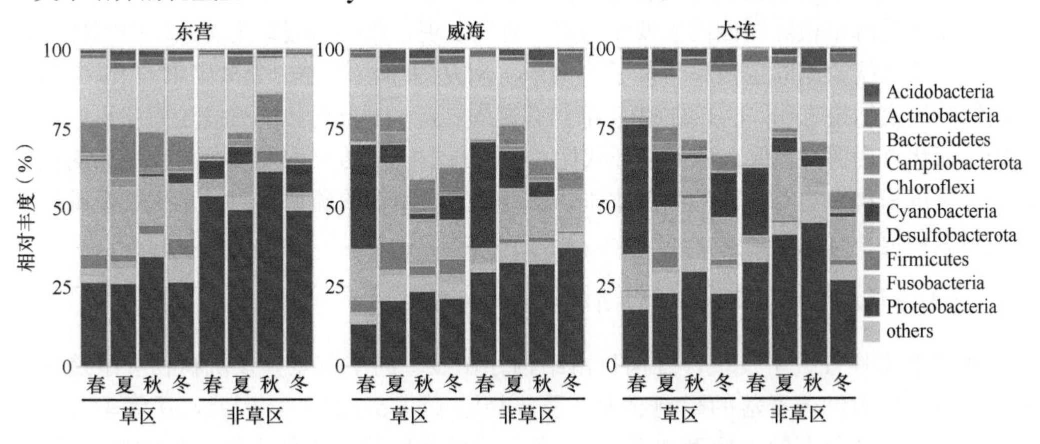

图 5-10　日本鳗草沉积物中细菌群落在门水平上的分类组成

展示丰度前 10 的类群，其余低丰度类群归为 others

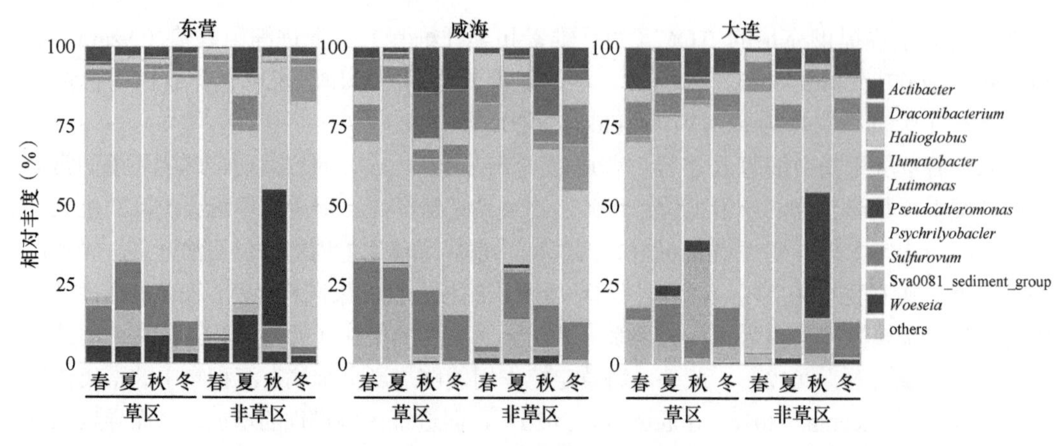

图 5-11　日本鳗草沉积物中细菌群落在属水平上的分类组成
展示丰度前 10 的类群，其余低丰度类群归为 others

基因扩增子中它们都是主要组成部分（Liu et al.，2015；Probandt et al.，2017）。此外，Sva0081 还在抑制海洋沉积物中氢营养型甲烷的生成和释放中起关键作用（Dyksma et al.，2018）。

在缺氧的沉积物环境中，SRB 以有机物为电子供体并以 SO_4^{2-}为末端电子受体进行有机物的矿化作用。海草碎屑的输入，以及海草根部 O_2、氨基酸、糖类等活性有机物质的释放，提高了海草沉积物中 SRB 的代谢活性（Christiaen et al.，2013）和脱硫杆菌门（Desulfobacterota）及之下的脱硫杆菌纲（Desulfobacteria）脱硫杆菌科（Desulfobacteraceae）等 SRB 的相对丰度。在海草 *Thalassia testudinum* 定植的沉积物中，硫酸盐还原效率是邻近裸露区的 3～5 倍（Smith et al.，2004）。其产物 H_2S 及其他还原性硫化物被 SOB 利用进行碳固定作用（Mußmann et al.，2017）。海草根际硫化物的去除是通过各种化学和生物过程协同完成的，但微生物介导的硫化物氧化速度比非生物氧化速率快 1000～10 000 倍，因此以 SOB 为代表的微生物类群在海草生态系统中具有不可替代的位置。对海草根际微生物群落的相关研究也同样证明硫循环在海草生境中的重要性，所鉴定出的高丰度类群均与硫循环相关。此外，van der Heide 等（2012）发现，蛤蜊鳃中存在高丰度 SOB，能够显著降低海草根际硫化物浓度，达到“海草-蛤蜊-微生物”三方面有益共生。此外，SRB 是海草根际氮固的主要参与者。研究发现，在抑制鳗草生态系统中的硫酸盐还原后，该系统的氮固定效率下降了约 80%。对从海草沉积物中分离出来的 SRB 的固氮活性的测定结果表明，60%的 SRB 都具有氮固定能力。同时，硫酸盐还原还可以与甲烷厌氧氧化过程偶联，促进碳的循环代谢。前人与本研究结果均发现参与硫循环的微生物在海草沉积物中具有较高的丰度水平，表明微生物驱动的硫循环对海草生长及维持海草根际微环境具有重要意义。

（三）海草定植及季节分布对细菌群落结构的影响

通过 β 多样性分析发现，细菌群落结构存在显著的季节差异及沉积物类型差异，并且海草定植对细菌群落的影响要大于季节变化（图 5-12A）。因此，尽管季节变化能导致沉积物理化参数大幅度波动，但小范围内的根际效应更能调控微生物群落结构。这得益于海草根部细胞分泌物和组织脱落物为微生物提供了丰富的养料和能量（Duarte et al.，2005）。并且由于根的存在，根际微环境周围的 pH、氧化还原电位、重金属浓度等理化参数持久性地影响了微生物丰度、多样性和代谢活性（Duarte et al.，2005；Evrard et al.，2005；Martin et al.，2019）。本研究中，除了硫循环微生物在草区具有明显的富集现象外（如上所述），海草的定植还促进了一系列有益菌群的生长，如弯曲菌、厚壁菌、交替假单胞菌、*Actibacter*、*Draconibacterium* 等。弯曲菌和厚壁菌是重要的固氮类群，为海草提供氮源。交替假单胞菌在深海沉积物中广泛存在，它们可以产生抗菌、溶菌或杀藻活性的生物分子，有利于自身在营养及表面定植上的竞争。此外，几种交替假单胞菌还能特异性地阻止常见污垢的生物沉降。交替假单胞菌的一些氧化还原酶还与海洋及陆地植物的抗逆性有关，它们能提高种子萌发率并促进芽的生长（Dimitrieva et al.，2006）。*Actibacter* 从潮滩沉积物和海水中分离（Gao et al.，2019），隶属拟杆菌门，对疾病控制具有潜在影响（Sun et al.，2013）。在海藻入侵海草的实验中，海藻沉积物中的 *Actibacter* 属相对丰度显著高于海草沉积物样品（Gribben et al.，2018）。*Draconibacterium* 属隶属拟杆菌门，能编码糖酵解、三羧酸循环、戊糖磷酸途径和氧化磷酸化等过程所需的多种酶和蛋白质，并且它们还是低聚糖降解酶的主要生产者。相比之下，非草区沉积物中富集了大量降解低分子量的红杆菌和黄杆菌（Varela et al.，2020），这可能与非草区沉积物中缺少纤维素且只含有藻类小分子有机质有关。红杆菌可以分解

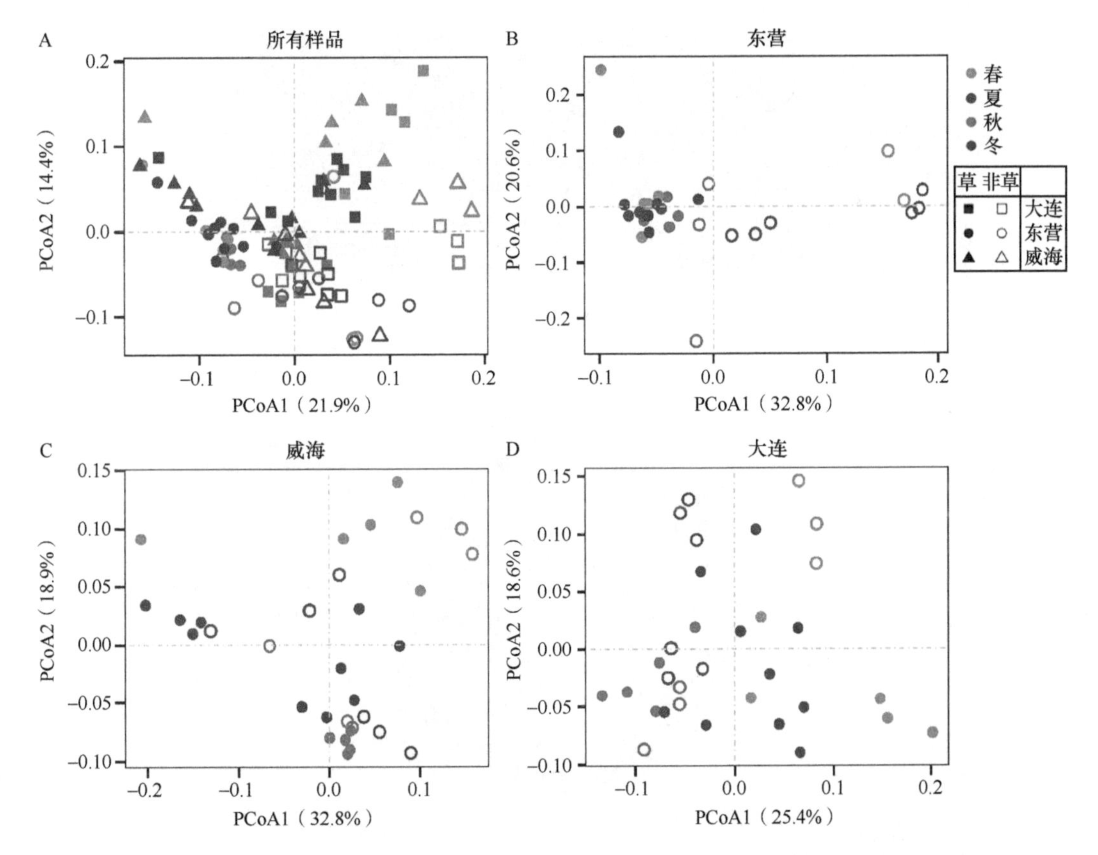

图 5-12 基于加权 UniFrac 距离的 PCoA 显示了所有生境下草区和非草区沉积物中细菌群落 β 多样性（A）及其在不同生境中的分布特征（B. 东营；C. 威海；D. 大连）

DMSP 产生二甲基硫（dimethyl sulfide，DMS），DMS 是海洋排放的主要硫源，对全球气候变化产生重要影响，而 DMSP 是海洋藻类及浮游植物产生的次生代谢物，因此非草区中红杆菌的显著富集可能与藻类及浮游植物的附着有关。此外，黄杆菌包含了大量人类及动物致病菌，并可导致多种植物（水稻、甘蓝等）病害的发生，因而我们的研究结果是对 Lamb 等（2017）提出的观点“海草的存在能够显著降低病原体数量”的补充。

尽管在整体样品分析中季节效应对细菌群落的影响低于海草定植作用，但当单独分析每个生境样品时，季节变化同样能显著影响细菌群落分布（图 5-12B～D）。通过 LEfSe 分析可知，细菌群落结构的改变主要是由某些类群在不同季节中的富集效应所致。蓝细菌复苏与温度变化密切相关，最适温度为 9～14℃。本研究中，春季气温升高，三地海水平均温度为 12.3℃，并且有机质含量增加，营养限制解除，蓝细菌（Cyanobacteria）相对丰度大幅度上调（图 5-13）。在夏季，脱硫杆菌门（Desulfobacterota）及以下的纲、目、科类群占比显著增加，成为优势类群（图 5-13）。脱硫杆菌门为 SRB，夏季海水温度的升高会造成底层水体缺氧促进 SRB 的活性和丰度。在秋季，莫拉氏菌科（Moraxellaceae）相对丰富（图 5-13）。莫拉氏菌是一类兼性厌氧发酵型革兰氏阴性杆菌，曾作为植物内生菌被报道，由于它们有种子组织的保护，在杀菌处理后仍然可以存活，并成为种子萌发中的优势种（Tamošiūnė et al.，2020）。因此，秋季海草种子的萌

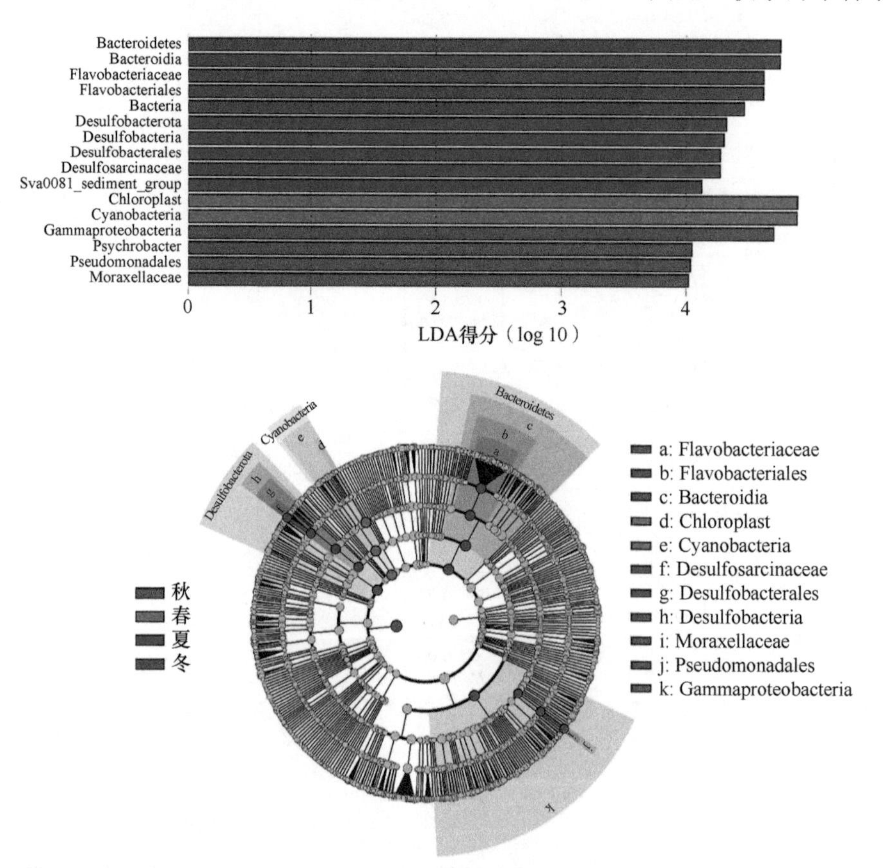

图 5-13　LEfSe 分析细菌在不同季节间的标志类群

发为莫拉氏菌提供了天然屏障及生存场所。黄杆菌（Flavobacteriales）在冬季持续存在，其成员普遍存在于水生栖息地，被认为在复杂有机物的分解中发挥作用（Allen et al.，2006）。因此，黄杆菌目成员在活性污泥和废水处理厂中常见，它们有助于活性污泥和废水中磷酸盐的去除（Allen et al.，2006）。冬季大量海草碎屑落入沉积物中，增加了高分子聚合物浓度，进而刺激了黄杆菌繁殖。

（四）海草沉积物中三域生物间的相互作用

在自然条件下，微生物并不是以个体形式存在，而是与其他微生物紧密联系、相互作用构成复杂的共现网络，并且微生物类群间的关系决定了群落结构的形成。研究表明，环境过滤效应和生态位分化在微生物群落共现网络的形成上发挥了重要作用（Zancarini et al.，2017）。本研究中，无论是细菌、古菌还是真核生物类群，属于同一分类群的ASV之间（如变形菌、泉古菌及硅藻）具有最强的相关性，但细菌、古菌、真核生物内的共现网络各有不同（图5-14）。细菌群落内部联系紧密、相互作用更加复杂，网络的连通程度较高。其中，来自变形菌门（Proteobacteria）、拟杆菌门（Bacteroidetes）、脱硫杆菌门（Desulfobacterota）、蓝细菌（Cyanobacteria）、Gemmatimonadota、Campilobacterota的ASV在细菌共现网络中相互关系密切，意味着这些物种具有一定程度的生态位重叠或紧密的相互作用关系（Barberán et al.，2012）。物种间密切的相关性通常表现出高度的功能冗余，支持生物多样性和生态系统功能稳定（Luria et al.，2014）。古菌群落间凝聚性较高，并且泉古菌门（Crenarchaeota）、Thermoplasmatota 和阿斯加德古菌门（Asgardarchaeota）是相关性最高的类群。共现网络显示线虫动物门（Nematozoa）、丝足虫门（Cercozoa）、甲藻门（Dinoflagellata）、环节动物门（Annelida）、节肢动物门（Arthropoda）等具有显著的相关关系，可能存在共生或寄生关联，如放射虫原生生物和宿主鞭毛藻（Luria et al.，2014）。但整体上真核生物类群间的相互作用较少，网络的连通度较弱，表明真核生物群落的稳定性要低于古菌和细菌。从三域生物的共现网络图中可以看出（图5-14），古菌（Archaea）与真核生物（Eukaryote）的关系更为紧密。在海洋和淡水环境中，古菌与多种自由生活的真核类群具有共生关系，它们可以利用真核生物作为生长的表面。1/3 的海洋原生动物体内共生了产甲烷古菌（Fenchel and Finlay，1995）。产甲烷古菌与真核生物（如纤毛虫原生动物 *Plagiopyla frontata*）的互利共生能帮助宿主移除 H_2，促进发酵底物的氧化和能量的回收（Lange et al.，2005）。而且，这

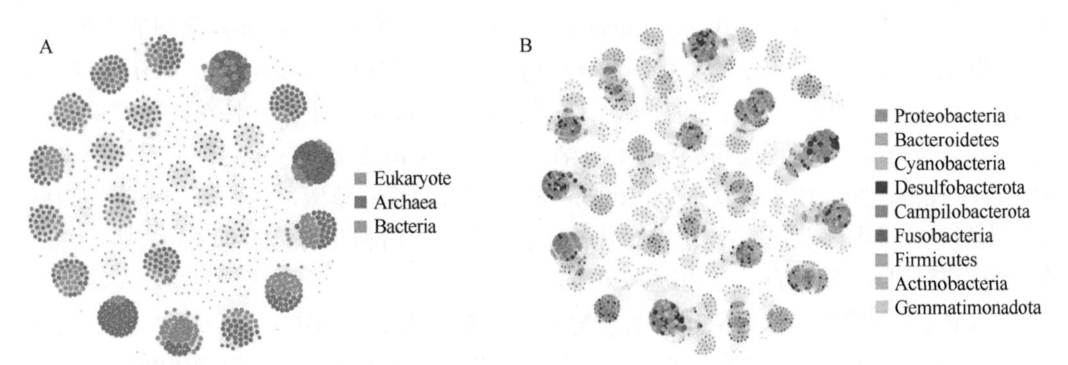

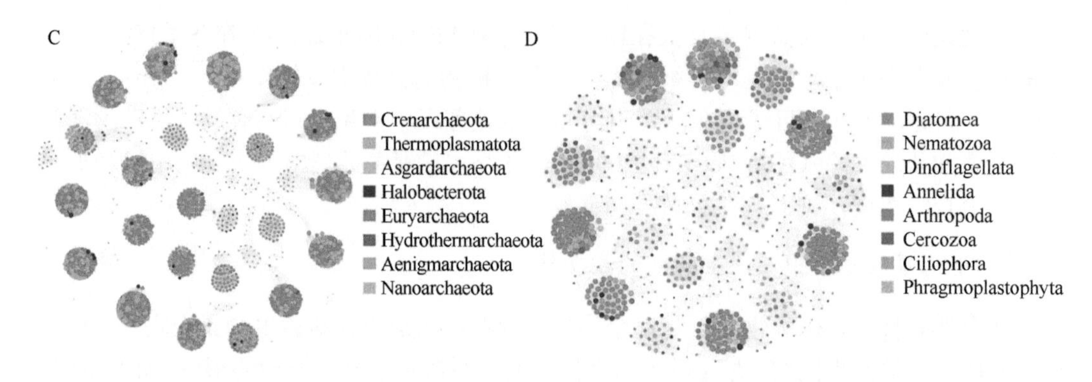

图 5-14 三域生物间（A）及细菌（B）、古菌（C）、真核生物（D）群落内的共现网络分析

些真核宿主在适应不同生态位的过程中，可以对内共生的产甲烷古菌进行多次替换帮助自身更好地适应环境（van Hoek et al.，2000）。尽管通过共现网络分析很难进一步了解微生物之间相互作用的机制，但是能帮助我们更好地理解海草沉积物中微生物群落间的共发生状态。

综上所述，细菌多样性在草区与非草区间没有明显差异，不过草区多样性与季节变化显著相关，在夏、秋季节具有更高水平。细菌群落多样性指数对环境变化较为敏感，其中温度和 SO_4^{2-} 含量是最主要的影响因子。硫卵菌属、伍斯菌属及 Sva0081 等硫循环类群在细菌群落中具有较高的相对丰度。海草的定植促进了多功能有益菌的生长，如脱硫杆菌、弯曲菌、梭杆菌、拟杆菌目、厚壁菌门、梭菌纲，它们可以帮助海草固氮、抗菌、杀藻、提高种子萌发率等。而非草区沉积物中富集了大量小分子有机质降解菌及病原菌，符合 Lamb 等（2017）所提出的观点，即“海草的存在能够显著降低病原体数量”。细菌群落在 4 个季节中都具有大量指示类群，其中以脱硫杆菌为代表的 SRB 在夏季大量繁殖。

第四节 威海天鹅湖海草床沉积物中微生物多样性研究进展

天鹅湖是典型的海洋潟湖（4.8km^2），位于中国山东省威海市荣成，其西、北、南三面均为陆地所包围，东部是荣成湾漂沙形成的一条沙坝，形状似半月状，年均温度为 12℃左右，年均降水量约 800mm，年均日照时数约 2600h，属于暖温带季风型湿润气候区，气候宜人（Wang et al.，2017）。天鹅湖通过一个狭窄的入口（86m）与黄海相连，水深度相对较浅，平均潮差 0.9m（Liu et al.，2019）。天鹅湖是中国北方典型的海草床，在 20 世纪 70 年代初发现了鳗草（*Zostera marina*）和日本鳗草（*Zostera japonica*）（Zhang et al.，2016a）。以鳗草为优势海草种，覆盖面积约 2.0km^2，主要生长在天鹅湖中部。日本鳗草生活在浅水或潮间带区域。由于泥沙淤积，港湾逐渐变成半封闭的天然湖。天鹅湖环境宜人，空气质量优良天数 100%。湾内有大面积海草床，主要海草种类为鳗草和日本鳗草（日本鳗草在距岸约 30m 处）。冬季来自西伯利亚的天鹅会到此避寒，并以海草及海草底栖生物为食（刘鹏远，2019）。

目前关于天鹅湖海草床微生物的研究很少。郑鹏飞等（2020）利用荧光定量 PCR 和 16S rRNA 高通量测序技术，测定了天鹅湖鳗草海草床不同深度沉积物中细菌和古菌丰度、多样性及群落结构的变化，结果表明，细菌中相对丰度最高的是变形菌门，古菌中相对丰度最高的是深古菌门，且细菌和古菌的丰度及多样性具有明显的垂直特征。刘鹏远等（2019）对天鹅湖海草床非草区与日本鳗草根际沉积物样品进行细菌 16S rRNA 高通量测序，实验结果表明日本鳗草表层根际沉积物中变形菌门、蓝细菌、拟杆菌门及放线菌门占据较高丰度，且沉积物总氮、总碳、粒径及重金属 As 含量与根际群落组成显著相关。

一、海草共附生微生物多样性研究进展

微生物是海草床生态系统中重要的组成部分，在生态系统的物质、元素循环和能量流动中发挥重要作用。微生物附着在海草叶片上，或者生活于海草根际，参与海草床生物地球化学循环（张燕英等，2019）。海草为多种附生微生物提供了基质，其中包括自养生物（硅藻、蓝藻）（Hamisi et al.，2013）和异养生物（微生物、无脊椎动物）。海草的地上和地下组织都存在丰富的微生物，叶片的微生物量在 1×10^6～8.5×10^6 细胞/cm^2，根际和根茎组织微生物量在 10^5～10^6 细胞/cm^2（Tarquinio et al.，2019）。

此外，海草共附生微生物存在核心微生物群，与周围环境中的微生物群落存在明显差异。Fahimipour 等（2017）研究表明，与沉积物相比，鳗草根际富含硫氧化细菌（硫单胞菌属 Sulfurimonas），因此造成海草根际微生物群落与沉积物群落存在明显差异。同样，不同海洋宿主的共附生微生物群落结构也存在明显差异。例如，Roth-Schulze 等（2016）分析了喜盐草（*Halophila ovalis*）和波喜荡（*Posidonia australis*）两种海草和 6 种大型海藻（包括绿藻、红藻和褐藻各两种）的共附生微生物群落多样性，实验结果发现各类型宿主的共附生微生物多样性各不相同，但绝大部分（＞95%）功能都存在于任意宿主表层的微生物群落中，功能冗余度较高。

然而，根据已有研究，目前尚不清楚海草附生微生物群落之间的差异是与海草宿主的系统发育相关，还是受海草表面特定的理化条件的影响。例如，附生在齿叶丝粉藻（*Cymodocea serrulata*）的蓝细菌与不同地点采集的鞘丝藻（*Lyngbya*）和 *Cyanosarcina* 有相似之处，但与同一地点采集的泰来藻的附生蓝细菌有明显差异（Uku and Björk，2001）。近年一项研究表明喜盐草、二药藻（*Halodule uninervis*）及齿叶丝粉藻的根微生物具有高水平多样性（Martin et al.，2018）。此外，在美国切萨皮克湾（Chesapeake Bay）收集的鳗草根际和叶片上的 5 个细菌类群中有 2 个与丹麦的鳗草根际沉积物微生物类群高度一致，这表明世界范围内鳗草共附生微生物普适性的可能（Crump and Koch，2008）。

对于不同种类的海草，其共附生微生物中可能存在广泛分布的微生物类群。例如，Crump 和 Koch（2008）研究多种沉水植物的共附生微生物时发现，变形菌门、螺旋菌门和拟杆菌门广泛存在于上述三种沉水植物中，这些微生物通常是与植物共附生微生物中丰度最高的，这表明共附生微生物中只有少数适应植物附生生活的微生物占主导地位。同样，在长萼喜盐草（*Halophila stipulacea*）的叶片和根际沉积物中检测到红杆菌（Mejia et al.，2016），同样是鳗草和诺氏鳗草根际沉积物微生物群落中的高丰度类群。此外，Roth-Schulze 等（2016）发现，相同海草类型宿主的共附生微生物因存在高比例的独

特微生物类群，使得相同类型宿主的微生物群落结构具有高变异性。进而，共附生微生物类群的高变异性似乎与宿主的系统发育无关，而是可以通过宿主表面的理化特性解释这一问题（Burke et al.，2011；Stratil et al.，2013）。事实上，由于共附生微生物在海草表面具有相似的物理化学特征，不同海草宿主类型之间共有的微生物群落功能冗余度很高。这些结果进一步支持了“宿主效应”的假说，即具有共同特征的微生物在宿主表面定植，可能受到宿主组织表面特定参数（如宿主表面 pH、特定营养物质的分泌）的影响。

海草共附生微生物特定的群落结构取决于其与植物的相互作用关系。海草对微生物具有积极作用。海草叶片和根分泌出的营养物质能够吸引细菌到植物表面，从海草根际分离出的细菌对根系分泌的氨基酸具有趋化性。海草的叶片和根可分泌氨基酸、维生素、铁等营养物质，能够被附生微生物代谢。

共附生微生物对海草也同样具有促进作用。特定微生物的代谢活动可以对海草的生长、健康和生产力产生重大影响。一方面，固氮微生物通过固氮为海草提供氮素，促进海草生长；硫酸盐还原菌能够显著促进海草栖息沉积物和（或）海草根表面厌氧固氮作用，并通过有机质矿化提高海草根系对营养物质的吸收（Lehnen et al.，2016）。海草叶际的附生微生物，可通过将含磷化合物溶解为无机磷，提高海草对磷的吸收效率（Sharma et al.，2013）。此外，海草叶片外、内生微生物和根内生微生物产生植物激素，如 IAA 和细胞分裂素，这些激素被认为在植物生长发育中起关键作用（Crump et al.，2018）。另一方面，共附生微生物能够防止有害物质侵害海草。例如，栖息在海草根部的硫氧化菌能够加速硫化物氧化的过程，从而减轻硫化物对植物的毒性作用（Thomas et al.，2014）。在植物产生活性氧（reactive oxygen species，ROS）自由基的情况下，海草共附生微生物群落可以产生氧化酶来保护自身。当细胞死亡时，随着细胞内分子的释放，微生物的氧化酶可以保护植物，作为胞外氧化自由基库（Costa et al.，2015）。同时，海草叶际和根际所附着的外生菌及海草内生菌能够合成抗病毒、抗寄生虫和抗菌的化合物，以保护海草（Houbo et al.，2012）。

微生物群落在维持海草健康中起着多方面的作用。例如，长期缺氧沉积物中的硫化物氧化或营养贫乏生态系统中的氮固定，无疑可以提高海草的适应能力（Martin et al.，2019；Brodersen et al.，2018；Nsr et al.，2016），所以阐明宿主-微生物相互作用可以为海草床的恢复提供指导。

二、威海天鹅湖海草床沉积物微生物丰度及组成垂直剖面特征

本研究在天鹅湖海草床区域采集鳗草、日本鳗草及海草退化区沉积物柱状样品，通过 16S rRNA 高通量测序技术研究沉积物垂直剖面微生物的多样性和群落结构，分析其垂直变化规律，并结合沉积物剖面环境因子变化，讨论了两者之间的耦合关系。

（一）天鹅湖沉积物理化性质的垂直差异

利用激光粒度仪测定沉积物粒径分布范围，以三种粒度范围确定沉积物粒径：＜4μm（黏土，Clay）、4～63μm（粉砂，Silt）和＞63μm（砂，Sand）。威海天鹅湖沉

积物属于砂质。黏土占比<1%，不同深度的沉积物粒径分布范围较为均匀。此外，海草退化区-鳗草定植区-日本鳗草定植区的沉积物粒径分布没有显著性差异，说明海草定植未改变沉积物粒径分布范围。

海草退化区-日本鳗草定植区-鳗草定植区沉积柱和海草根际样品中微量元素的浓度依次为：Ti>Al>Fe>Mn>V、Zn>Pb、Cr、Ni、Cu、As>Co>Cd。日本鳗草根际样品中 Pb、Cu、Mn 的含量比均值分别高出 1.64 倍、3.24 倍和 1.70 倍。此外，鳗草根际样品测量微量元素的浓度显著高于其他样品，其中，Pb、Co、Cu、Zn、Mn 和 Fe 含量分别为均值的 2.08 倍、1.65 倍、3.62 倍、1.61 倍、3.05 倍和 1.71 倍。而其他微量元素含量与均值相近（0.87～1.34 倍）。此外，有文献表明鳗草根长大约为 9cm，以上结果暗示鳗草可能通过根积累微量元素（Xu et al.，2019）。

（二）不同海草类型沉积物垂直结构上的微生物多样性差异

研究环境中微生物的多样性，可以通过单样品的多样性（α 多样性）分析反映微生物群落的丰度和多样性，包括一系列统计学分析指数估计环境群落的物种丰度和多样性。

Sobs 指数和 Chao1 指数反映群落丰度（community richness），Shannon 指数和 Simpson 指数反映群落多样性（community diversity），而 Coverage 指数可反映群落覆盖度（community coverage）。不同样地沉积物多样性指数的计算结果如图 5-15 所示。微生物

海草退化区

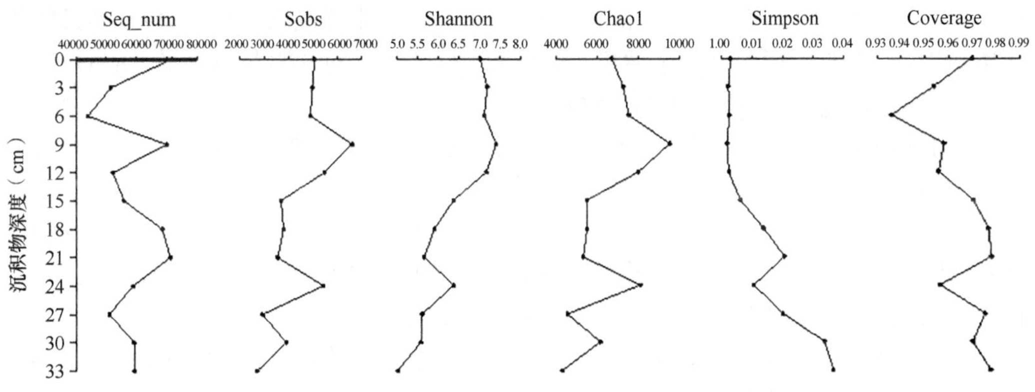

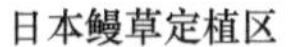

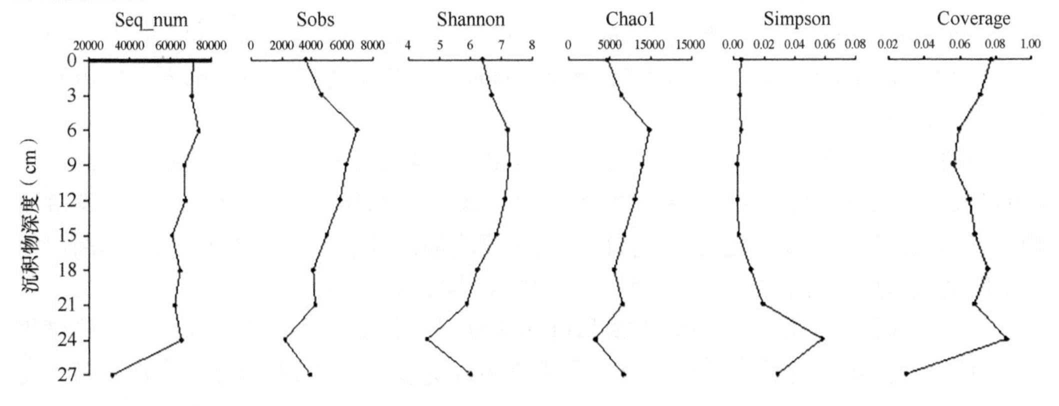

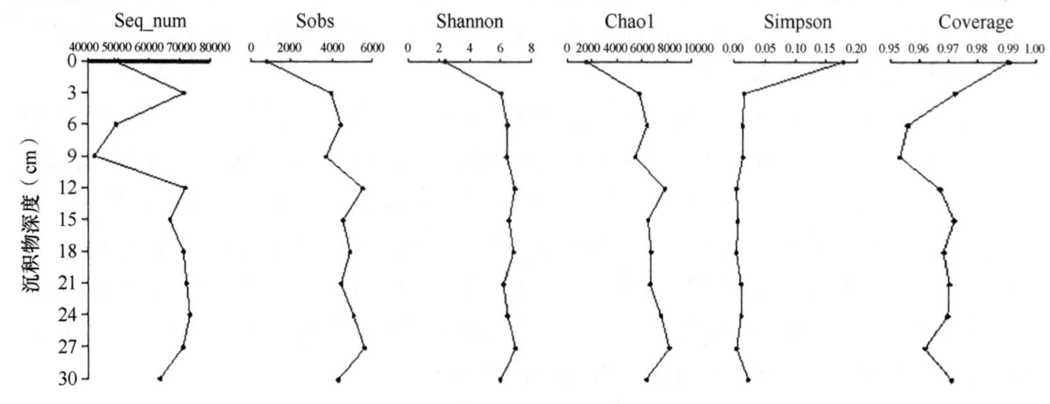

图 5-15 各采样层微生物群落多样性和丰度

多样性指数在沉积物垂直方向上无显著差异，但根际样品的微生物群落的丰度和多样性最小，与柱状样品存在显著性差异，此外，鳗草表层沉积物中微生物多样性也同样偏低，说明其存在高丰度物种，导致样品丰度较低。

（三）不同海草类型沉积物垂直结构上的微生物群落结构

研究期间，采集鳗草沉积物样品 11 个（1 个根际样品）、日本鳗草沉积物样品 10 个（1 个根际样品）及海草退化区沉积物样品 10 个。以上样品共产生 2 447 097 条优化的 16S rRNA 序列，获得 3931 个运算分类单元（OTU），对 97%相似水平下的 OTU 进行生物信息统计分析，其属于 62 门 529 属。

为研究不同样品群落结构的相似性或差异关系，可对样品群落距离矩阵进行聚类分析，构建样品层级聚类树。鳗草样品聚类可分为 0～3cm、3～9cm 及 12～30cm；而日本鳗草沉积柱样品可分为 0～6cm、6～15cm 及 15～27cm，退化区沉积物样品可分为 0～12cm、12～15cm 及 15～33cm。由此可知，在各样地沉积柱样品中，大致都可分为上-中-下三层结构，其微生物群落结构与丰度具有较大差异。

根据分类学分析结果可知不同样地的样品在门分类水平上的物种组成情况（图 5-16 至图 5-18）。样品中共存在细菌门 53 个及古菌门 9 个。优势菌门在不同样品中的排序各不相同，但一般包括变形菌门（Proteobacteria）、绿湾菌门（Chloroflexi）、泉古菌门（Crenarchaeota）、浮霉菌门（Planctomycetes）、拟杆菌门（Bacteroidetes）、酸杆菌门（Acidobacteria）及广古菌门（Euryarchaeota），以上可以确定为在海草床沉积物中丰度最高的微生物类群。

由图 5-16 可知，在海草退化区沉积柱样品中，微生物群落的优势类群为绿湾菌门（19.67%），其次为泉古菌门（19.03%）和变形菌门（18.38%）。此外，微生物群落结构随沉积物深度的增加而变化，泉古菌门的丰度增加，与绿湾菌门相似，而变形菌门相对丰度则随着深度的增加而减少，浮霉菌门相对丰度保持稳定。

与退化区样品相比，鳗草沉积物和日本鳗草沉积物中优势类群丰度的变化趋势相同，但优势类群所占丰度却有所不同，在鳗草和日本鳗草沉积柱样品中，变形菌门丰度最高，其在鳗草样品中占比 31.61%，在日本鳗草沉积物样品中相对丰度占比为 29.36%。

在科水平上，海草退化区沉积物样品中相对丰度前 5 的科为：no_rank_Bathyarchaeia（属于泉古菌门，下同）、SG8-4（浮霉菌门）、脱硫杆菌科（Desulfobacteraceae）（变形菌门）、脱硫盒菌科（Desulfarculaceae）（变形菌门）和 no_rank_Aminicenantales（酸杆菌门）。微生物群落结构发生了显著的变化，变形菌门相对丰度从深层的 10.05%增加到上层的 39.1%，这主要是由 γ-变形菌纲及 δ-变形菌纲中的脱硫杆菌目相对丰度降低引起的。泉古菌门相对丰度变化趋势则与变形菌门相反，其深层的相对丰度最高（32.9%），

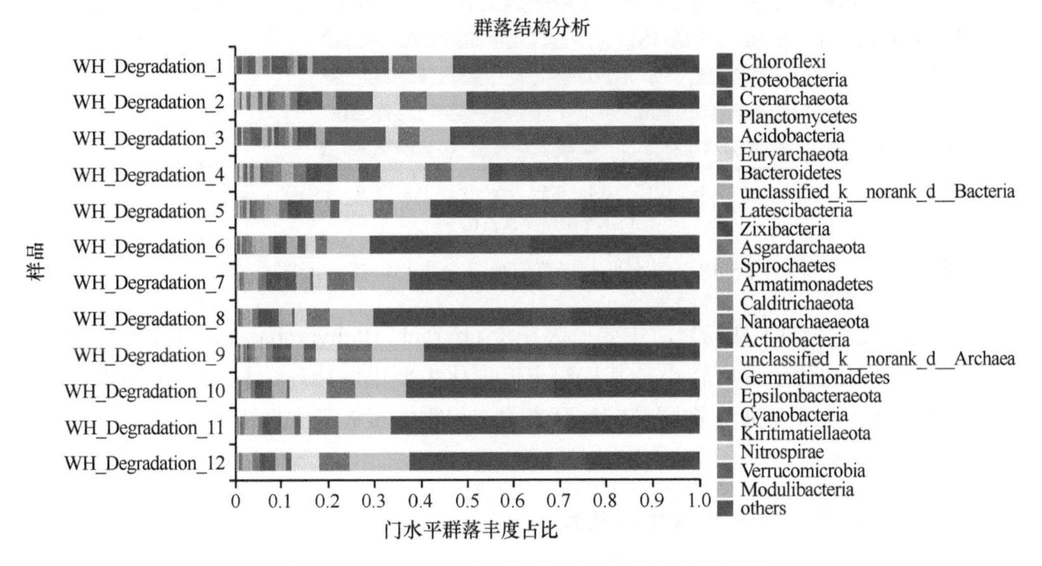

图 5-16　门水平上海草退化区微生物群落柱形图

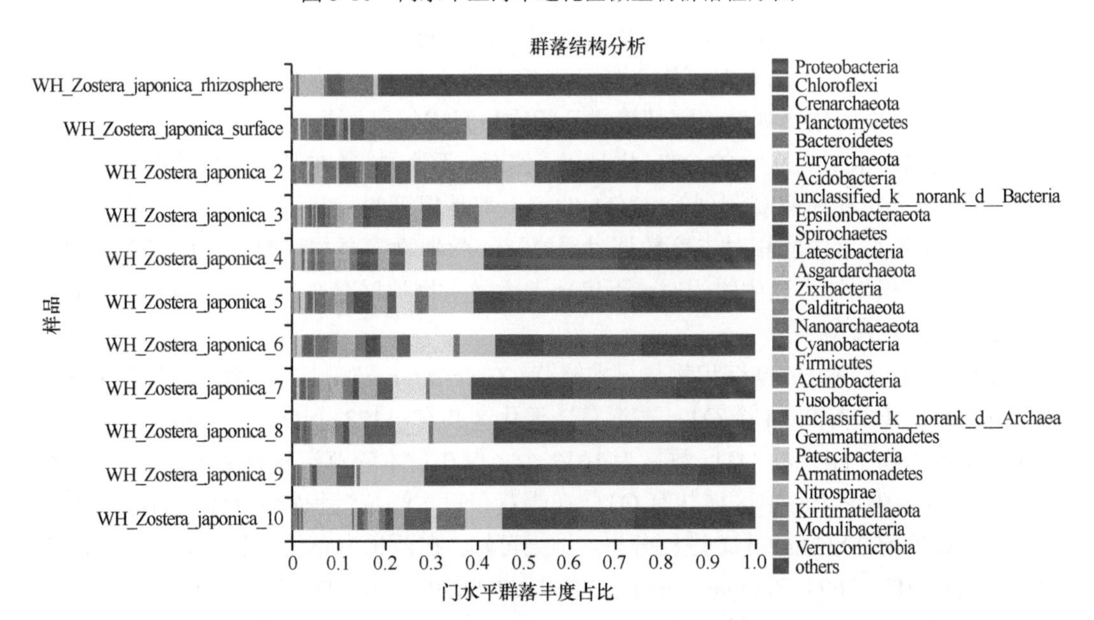

图 5-17　门水平上日本鳗草定植区微生物群落柱形图

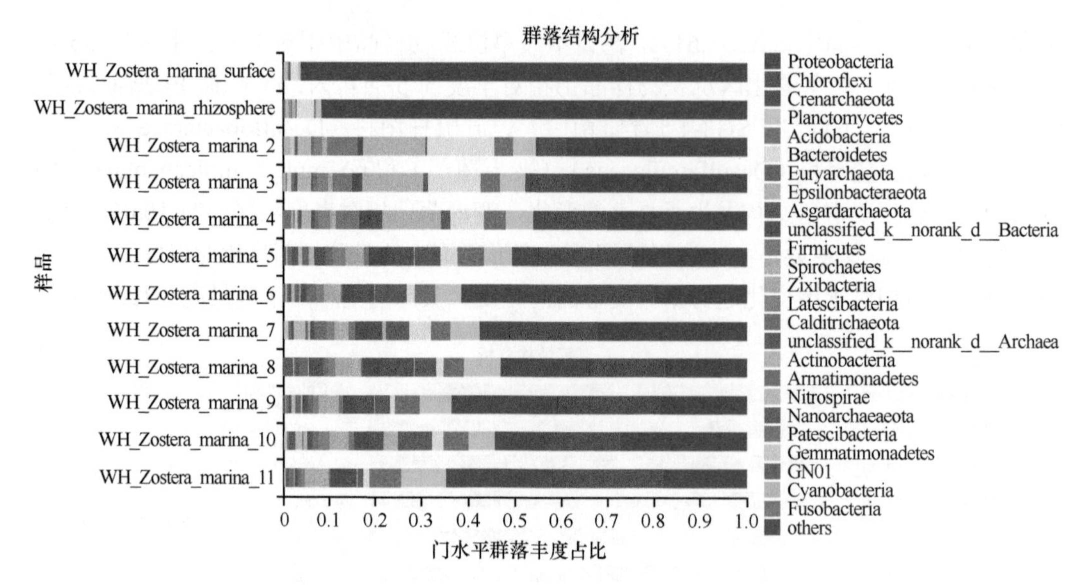

图 5-18　门水平上鳗草定植区微生物群落柱形图

上层的相对丰度最低（1.60%），主要原因在于 no_rank_Bathyarchaeia 的相对丰度增加了 21 倍。绿湾菌门的变化幅度较小，其相对丰度变化主要由脱卤球菌科（Dehalococcoidia）引起。此外，实验结果表明，在鳗草定植区表层沉积物中聚集了大量弧菌科（Vibrionaceae）微生物。

（四）天鹅湖海草床沉积物核心微生物组

在特殊生境中，确定其关键的微生物组对于理解复杂微生物组合中核心及稳定的微生物类群是至关重要的。目前，典型的方法是根据不同组别中微生物存在或缺失情况确定其核心微生物组。Venn 图可用于统计多组或多个样品中所共有和独有的物种（如 OTU）数目，可以比较直观地表现环境样品的物种组成相似性及重叠情况。通常情况下，分析时选用相似水平为 97%的 OTU 样品表。然而，无论 OTU 在微生物群落中的代表性如何，Venn 分析对所有观测到的 OTU 的权重都是相等的，并不考虑其相对丰度，但 OTU 在微生物群落中的相对丰度数据对研究核心微生物组至关重要。因此，在确定天鹅湖海草床沉积物核心微生物组时，不仅要考虑微生物类群存在与否，也需要考虑其相对丰度和显著性检验。

鳗草（*Zostera marina*）沉积物与日本鳗草（*Zostera japonica*）沉积物之间共有 10 647 个共有 OTU，其中有 9524 个 OTU 与海草床退化区共有，1123 个 OTU 专属于海草区域。只在鳗草沉积物中出现的 OTU 数量为 1012 个，仅在日本鳗草沉积物中出现的 OTU 数量为 1132 个。为讨论海草区域共有 OTU 在鳗草和日本鳗草沉积物中的相对丰度，将相对丰度最高的前 20 位的 OUT 进行分析，结果可知，在两种海草沉积物中相对丰度相近的 OTU 有：OTU12690（Bathyarchaeia）、OTU4687（Sva0485）、OTU12647（*Desulfatiglans*）、OTU4551（*Spirochaeta* 2）及 OTU7841（SEEP-SRB1）。

同样值得关注的是天鹅湖海草退化区域与海草区不同的微生物类群。本研究将鳗草和日本鳗草沉积物样品与海草退化区沉积物样品采用 Wilcoxon 秩和检验做两组比较，结果得到威海天鹅湖海草床退化区及海草生长区丰度最高的 15 个 OTU，并评估物种丰度差异的显著性水平，获得组间显著性差异物种（图 5-19）。其中物种相对丰度差异为正表明 OTU 在海草退化区域过多，而相对丰度差异为负则表明其在海草生长区沉积物的丰度更大。其中 OTU12690、OTU2893、OTU4464 和 OTU17167 属于同一类群（Bathyarchaeia），在海草退化区丰度较高；而 OTU12829、OTU730、OTU17808 和 OTU12831 都属于 γ-变形菌纲，在海草生长区沉积物中丰度较高。

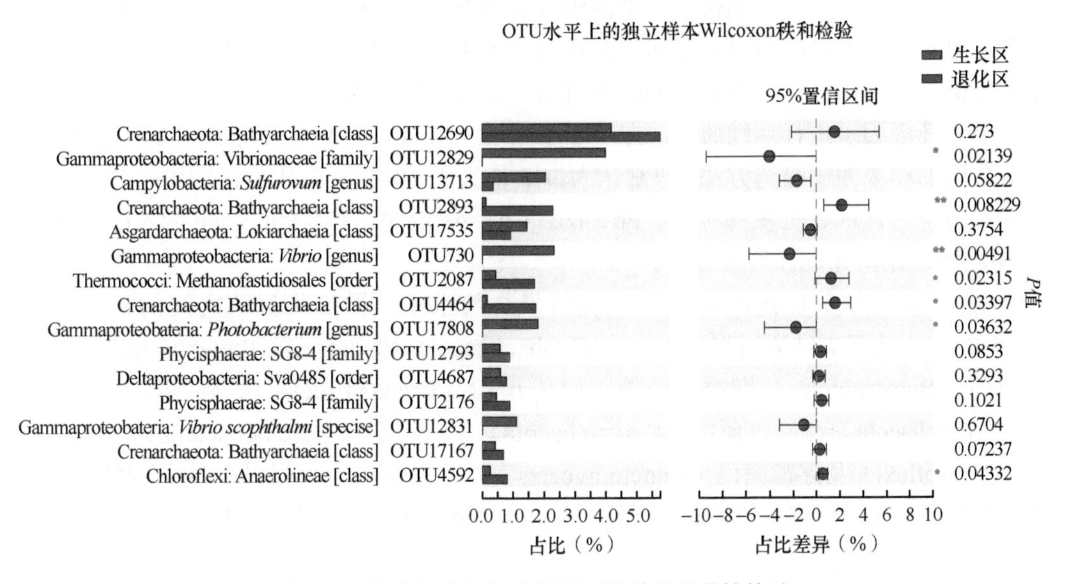

图 5-19　海草退化区与生长区两组差异显著性检验

（五）海草根际微生物群落结构特征

植物根际是受植物根系分泌的化学物质如溶解有机碳直接影响的狭窄土壤区域（1～2mm），分布有数目庞大的微生物，并与植物间有密切的联系。鳗草与日本鳗草根际样品中有 797 个共有 OTU，其特有 OTU 数量分别是 590 个和 2654 个。其中，共有 OTU 丰度最高的 5 个 OTU 为 OTU1251（34.57%）、OTU730（18.44%）、OTU17808（4.55%）、OTU13713（2.41%）和 OTU3308（1.15%）。它们被分为 4 个不同的属：硫卵菌属（*Sulfurovum*）（弯曲菌纲硫卵菌科）、弧菌属（*Vibrio*）（γ-变形菌纲弧菌科）、光细菌属（γ-变形菌纲弧菌科）和伍斯菌属（*Woeseia*）（γ-变形菌纲伍斯菌科）。

在鳗草和日本鳗草沉积柱样品中，弧菌科相对丰度较大，分别占 13.25%和 5.99%。此外，在鳗草根际和表层沉积物样品中发现的弧菌科分别占 84.45%和 91.96%，在日本鳗草根际中弧菌科占 63.89%。进而导致鳗草根际及表层沉积物样品的微生物群落组成与日本鳗草根际样品相似，而与其他沉积物样品差异较大。值得关注的是，造成样品间差异的弧菌菌种并不相同。在鳗草根际和表层沉积物样品中，巨大弧菌（*Vibrio gigantis*）相对丰度最高，而在日本鳗草根际沉积物中，*Vibrio scophthalmi* 占据优势。

对威海天鹅湖海草床中鳗草、日本鳗草定植区及退化区微生物群落结构进行总结，如图 5-20 所示。其中柱状图左侧数字代表沉积柱深度（cm），通过聚类分析结果将每个沉积柱分为三个深度层。丰度较高的 OTU 在对应沉积柱深度下的平均相对丰度值在括号中所示。前端圆圈颜色代表 OTU 所属的门，星号表示该 OTU 在沉积柱中分布具有显著性差异。由结果可知，不同样地沉积柱微生物群落结构差异主要体现在表层沉积物中，且在鳗草和日本鳗草根际有大量弧菌富集。

（六）环境因子与微生物群落结构之间的关系

环境因子的变化会影响微生物群落组成及多样性。影响沉积物菌群组成的环境因子很多，但其中有很多环境因子之间具有较强的多重共线性（相关）关系，会影响后续的相关分析，所以在进行环境因子关联分析前，需要对环境因子进行筛选，保留多重共线性较小的环境因子进行后续研究。方差膨胀因子（variance inflation factor，VIF）分析是目前常用的环境因子筛选方法。通常认为 VIF 值大于 10 的环境因子是无用的环境因子。在本实验中，TON、沉积物粒径、Pb、Ni、Cu、As、Cd、Ti、Mn 及 Fe 的 VIF 值均低于 10，所以保留并进行后续分析。

Spearman 相关性热图显示了环境因素与门水平上微生物群落之间的相关关系（图 5-21）。从聚类结果可以看出，Epsilonbacteraeota、变形菌门（Proteobacteria）和拟杆菌门（Bacteroidetes）聚类为一组，泉古菌门（Crenarchaeota）、阿斯加德古菌门（Asgardarchaeota）、广古菌门（Euryarchaeota）、酸杆菌门（Acidobacteria）、绿湾菌门（Chloroflexi）及浮霉菌门（Planctomycetes）聚类为另一组。环境因子同样聚为两类，其中 Cd、Ni、Fe、TON、Ti 聚为一组，而 Cu、Mn、Pb、As 和沉积物粒径聚为另一组。

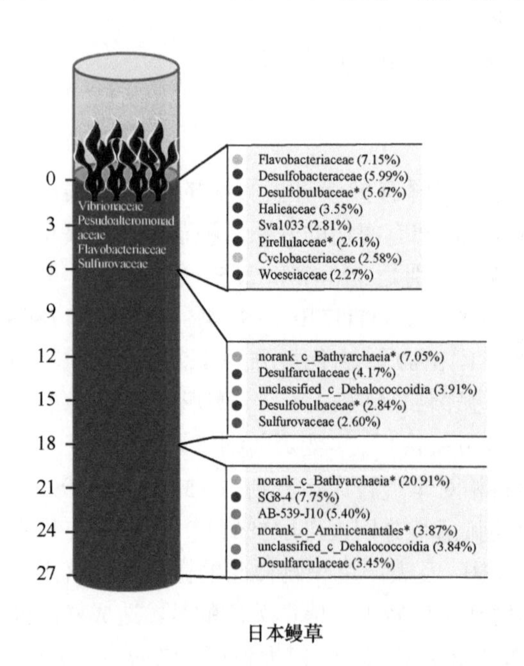

日本鳗草

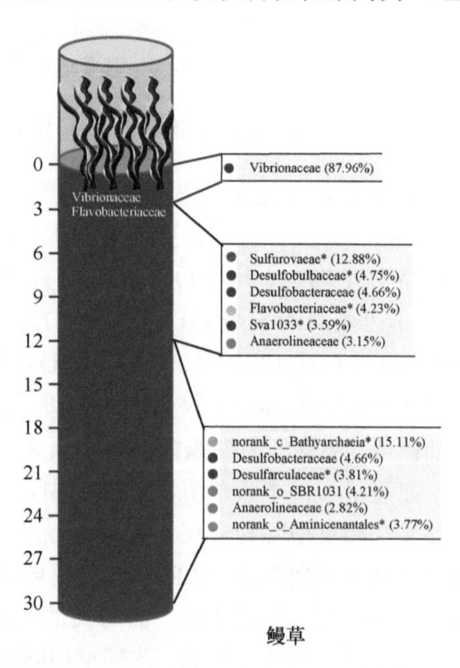

鳗草

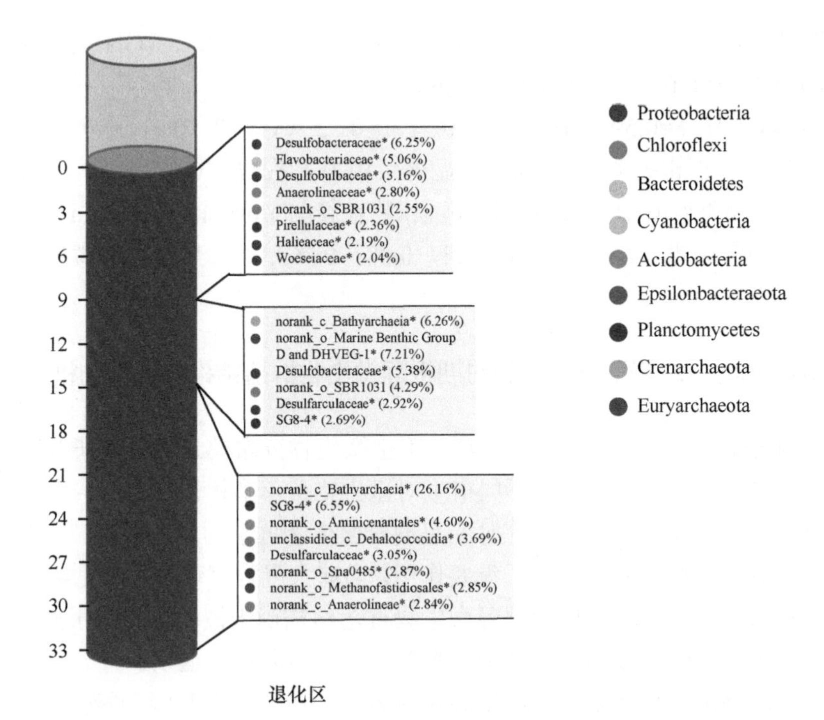

图 5-20　天鹅湖鳗草-日本鳗草-退化区沉积柱微生物结构概况

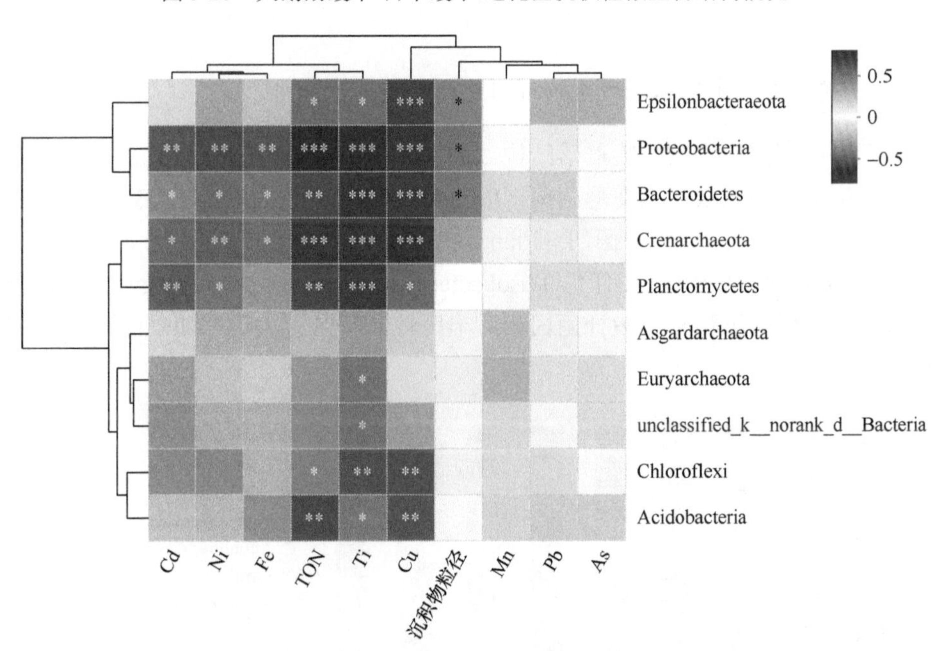

图 5-21　环境因子与微生物 Spearman 相关性热图

用不同颜色来表示相关系数，图例右侧为不同 r 值的颜色范围。*表示 $P<0.05$；**表示 $P<0.01$；***表示 $P<0.001$

Epsilonbacteraeota、变形菌门和拟杆菌门与 Cu 呈显著正相关关系（$P<0.001$，Spearman 相关性系数 r=0.56、0.60 和 0.57）。此外，变形菌门和拟杆菌门与 Ti（$P<0.001$，r=–0.70；$P<0.001$，r=–0.55）和 TON（$P<0.001$，r=–0.61；$P<0.01$，r=–0.49）呈显著

负相关关系。泉古菌门与 Cu 呈显著负相关（$P<0.001$，$r=-0.64$），与 Ti、TON 呈极显著正相关关系（$P<0.001$，$r=0.65$；$P<0.001$，$r=0.63$）。

浮霉菌门与 Ti（$P<0.001$，$r=0.59$）、TON（$P<0.01$，$r=0.52$）、Cd（$P<0.01$，$r=0.46$）、Ni（$P<0.05$，$r=0.38$）呈显著正相关关系，与 Cu 呈显著负相关关系（$P<0.05$，$r=-0.42$）。而 Mn、Pb 和 As 对微生物类群的影响较小，此外沉积物粒径与 Epsilonbacteraeota、变形菌门和拟杆菌门呈正相关关系（$P<0.05$，$r=0.34$，0.38，0.36），对其他类群微生物丰度的影响较小。

三、威海天鹅湖鳗草与日本鳗草不同生长时期根际微生物群落结构及其驱动机制

鳗草与日本鳗草同时生长在威海天鹅湖中，是共附生微生物分布模式的良好研究对象。通过相同时间微生物群落差异可以分析不同宿主对微生物群落多样性的影响；而通过不同海草生长时期下的微生物差异可以探究时间尺度对微生物群落的驱动机制。威海天鹅湖中海草的有性繁殖在种群补充中发挥了重要作用，当前大多数海草附生微生物研究集中于单一时期，而海草不同生活时期的根际微生物群落结构尚未被报道。基于此，本研究选择于 4 月（海草幼苗期）、9 月（海草成熟期）及 1 月（海草衰退期）对天鹅湖鳗草和日本鳗草根际沉积物进行样品采集。利用高通量测序手段并结合基因功能预测，探究天鹅湖海草床两种海草不同生活时期的根际与非草区的微生物多样性、菌群结构及分布。

（一）天鹅湖海草床沉积物微生物群落结构及差异性分析

天鹅湖海草床沉积物微生物群落结构如图 5-22 所示。在门水平上（图 5-22A），微生物相对丰度由高到低依次为变形菌门（Proteobacteria）、拟杆菌门（Bacteroidetes）、绿湾菌门（Chloroflexi）、浮霉菌门（Planctomycetes）、放线菌门（Actinobacteria）、厚壁菌门（Firmicutes）及梭杆菌门（Fusobacteria）。其中较为明显的变化是在成熟期，鳗草与日本鳗草根际沉积物中梭杆菌门相对丰度较非草区有大幅增加，而非草区中厚壁菌门相对丰度较高。

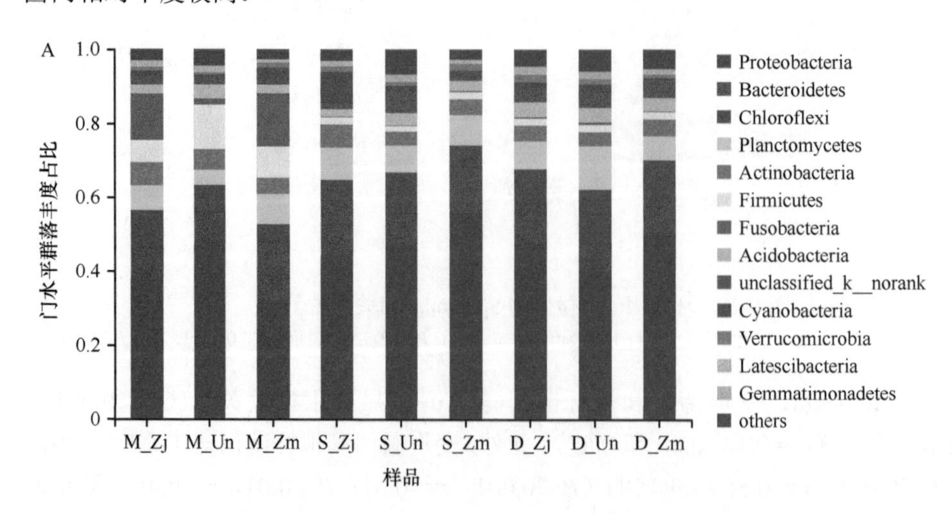

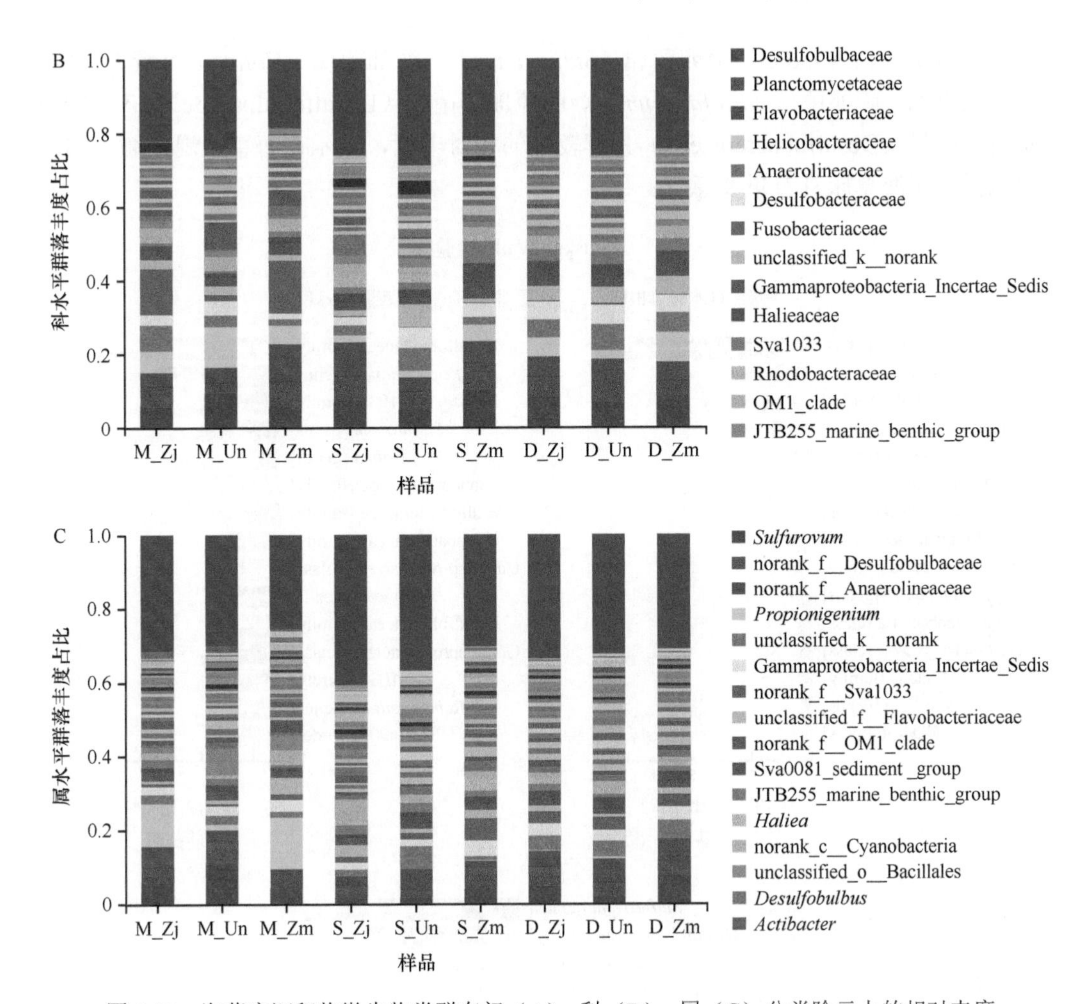

图 5-22　海草床沉积物微生物类群在门（A）、科（B）、属（C）分类阶元上的相对丰度

在科水平上（图 5-22B），微生物相对丰度由高到低依次为脱硫球茎菌科（Desulfobulbaceae）、浮霉菌科（Planctomycetaceae）、黄杆菌科（Flavobacteriaceae）、螺杆菌科（Helicobacteraceae）、厌氧绳菌科（Anaerolineaceae）、脱硫杆菌科（Desulfobacteraceae）及梭杆菌科（Fusobacteriaceae）。

在属水平上（图 5-22C），在所有样品中都占有较高相对丰度的是硫卵菌属（*Sulfurovum*）、未分类的脱硫球茎菌科（norank_f_Desulfobulbaceae）及未分类的厌氧绳菌科（norank_f_Anaerolineaceae）。值得注意的是，在海草成熟期，丙酸菌属（*Propionigenium*）在海草根际沉积物中有较大丰度，这一结果与门和科水平上的相对丰度变化是相符的。

利用秩和检验得到海草不同生长时期根际沉积物与非草区相对丰度前 15 的 OTU，并标注其分类信息（图 5-23）。在海草生长的各个时期，微生物群落结构有极大差异。在海草成熟期，丙酸菌属（*Propionigenium*）、硫卵菌属（*Sulfurovum*）、芽孢杆菌目（Bacillales）、脱硫球茎菌科（Desulfobulbaceae）、*Actibacter* 及黄杆菌科（Flavobacteriaceae）有较大丰度；而在海草幼苗期，脱硫球茎菌科（Desulfobulbaceae）、假单胞菌属

（*Pseudomonas*）、Sva1033、硫卵菌属（*Sulfurovum*）、海仙菌属（*Haliea*）有较大丰度；在海草衰退期，硫卵菌属（*Sulfurovum*）、脱硫球茎菌科（Desulfobulbaceae）、Sva1033及脱硫杆菌科（Desulfobacteraceae）具有较高的相对丰度，暗示在海草衰退期微生物驱动的硫循环在海草床具有重要意义。

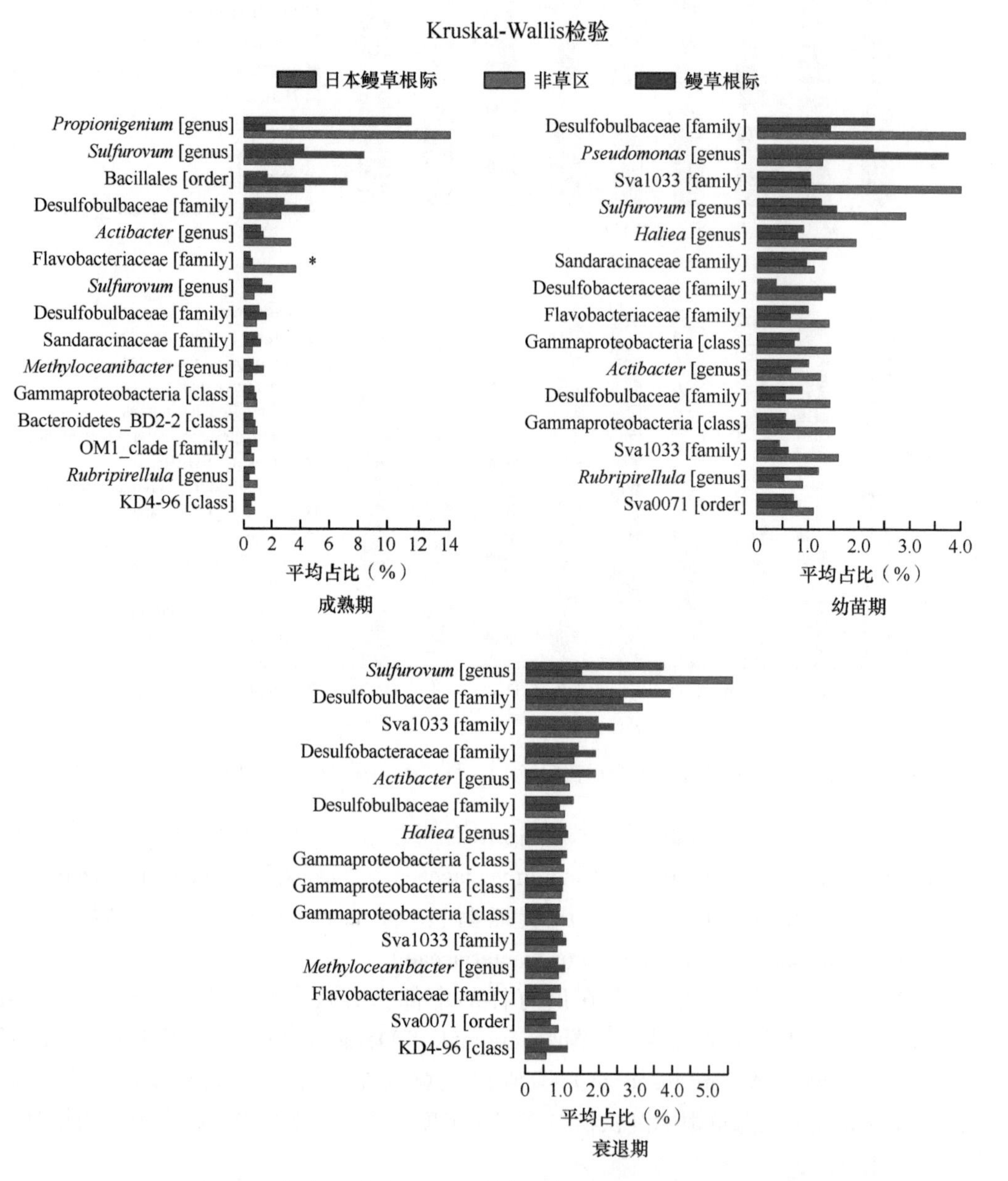

图 5-23 海草不同生长时期下微生物相对丰度的组间差异比较

此外，由图 5-23 可知，微生物群落结构在根际沉积物与非草区有显著差异。在海草成熟期，丙酸菌属（*Propionigenium*）在鳗草与日本鳗草根际有明显富集，其相对丰度分别为 11.58%和 14.26%，而在非草区，其相对丰度仅为 1.513%。与之不同的是，硫卵菌属（*Sulfurovum*）、芽孢杆菌目（Bacillales）及脱硫球茎菌科（Desulfobulbaceae）在非草区相对丰度较根际高，分别为 8.41%、7.242%和 4.586%。在海草幼苗期，脱硫球茎菌科（Desulfobulbaceae）在海草根际富集，在鳗草与日本鳗草根际沉积物中，其相对丰度分别为 2.299%和 4.092%。而假单胞菌属（*Pseudomonas*）则在非草区相对丰度更高（3.763%）。在海草衰退期，硫卵菌属（*Sulfurovum*）的相对丰度在根际较高（鳗草 5.624%；日本鳗草 3.749%），而在非草区，其相对丰度为 1.519%。由此可知，海草床微生物群落结构具有明显的根际效应。

将不同生长时期日本鳗草和鳗草根际沉积物微生物群落结构做两组检验，得到丰度前 15 的类群及其差异分析结果。由检验结果可知，在海草成熟期及衰退期，日本鳗草和鳗草根际沉积物微生物群落极为相近；而在海草幼苗期，两种海草根际沉积物微生物群落结构略有差异，这种差异是由微生物丰度差异造成的。其中，脱硫球茎菌科、Sva1033、硫卵菌属、海仙菌属、黄杆菌科等都在鳗草根际沉积物中丰度高，可能与鳗草的生物量较大和根茎较粗壮有关。总体而言，日本鳗草和鳗草根际沉积物微生物群落结构无显著性差异（$P>0.05$）。OTU20239（硫卵菌属）、OTU20696（脱硫球茎菌科）、OTU3473（醋菌属）、OTU840（黄杆菌科）、OTU462（γ-变形菌纲）、OTU19736（Sandaracinaceae）、OTU20174（Sva1033）、OTU19775（Sva0071）在海草生长的不同时期都有出现且丰度较高。说明上述类群是海草根际核心微生物类群，在海草根际长时间存在且具有较高丰度，不会随海草生长时期变化而消失。核心微生物群是与宿主相关的微生物群系中持久的、功能上必不可少的成员，可能是决定宿主健康及整个生态系统功能和健康的关键因素。

通过计算环境因子与科水平上丰度为前 20 的物种之间的 Spearman 相关系数并对物种层级求平均值的方式进行聚类，将获得的数值矩阵通过热图展示（图 5-24），颜色变

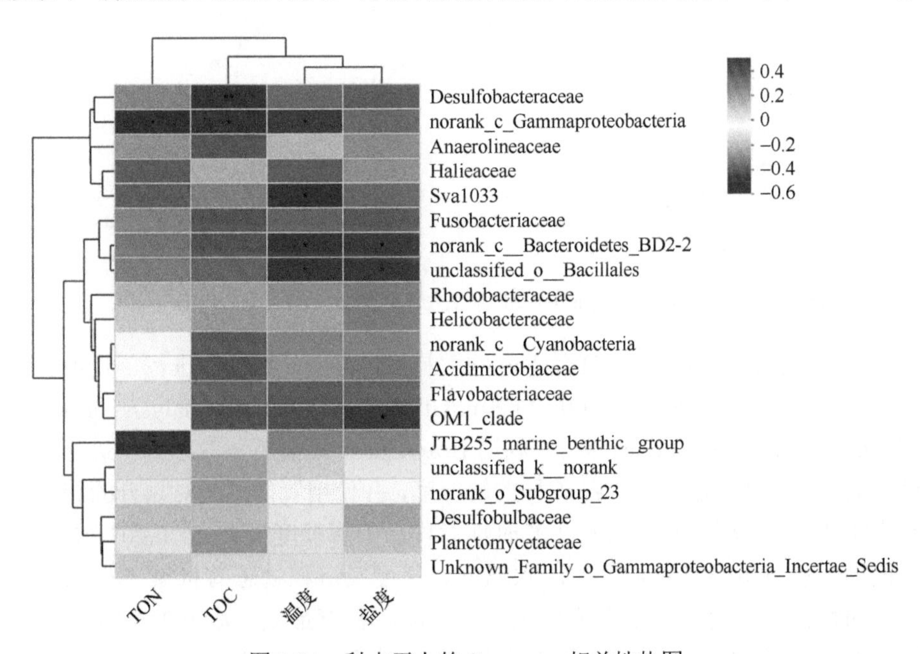

图 5-24　科水平上的 Spearman 相关性热图

化表示相关程度大小。结果表明，脱硫杆菌科（Desulfobacteraceae）、厌氧绳菌科（Anaerolineaceae）、Halieaceae 及 Sva1033 生长条件类似，与温度、盐度、总有机碳氮呈现负相关关系。其中脱硫杆菌科与总有机碳呈现显著的负相关关系（r=–0.533 58，P=0.004 15）。而梭杆菌科（Fusobacteriaceae）、norank_c_Bacteroidetes BD2-2、unclassified_o_Bacillales、红杆菌科（Rhodobacteraceae）、螺杆菌科（Helicobacteraceae）、酸微菌科（Acidimicrobiaceae）、黄杆菌科（Flavobacteriaceae）及 OM1_clade 与温度、盐度、总有机碳呈现正相关关系，与总有机氮相关关系不显著。另外，JTB225_marine_benthic_group 与总有机氮呈显著负相关关系（r=–0.442，P=0.2098）。

（二）海草生长时期与定植对微生物群落结构解释度分析

本研究按照不同生长时期（幼苗期-成熟期-衰退期）和海草定植情况（非草区-日本鳗草根际-鳗草根际）对样品进行非度量多维尺度排序（non-metric multidimensional scaling，NMDS）分析。由图 5-25 可知，以海草不同生长期对样品进行划分，样品聚类更为明显，P=0.001；而以海草定植情况作为分组条件，虽然对样品有一定的解释意义，但非草区样品更为分散，P=0.025。

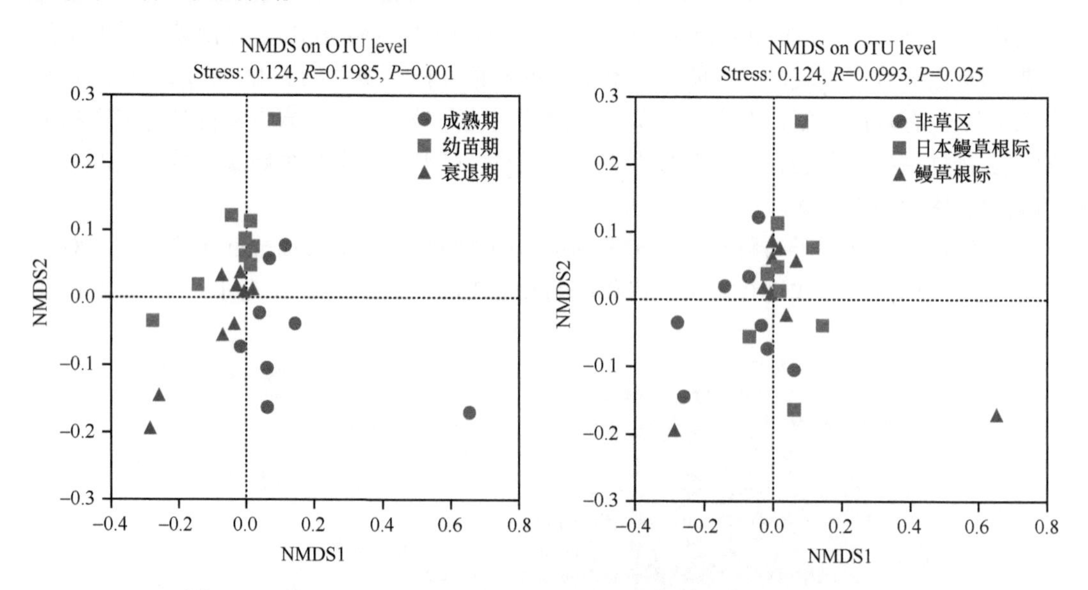

图 5-25 基于 Bray-Curtis 距离的微生物不同分组条件下的 NMDS 分析

为了进一步量化分组结果对样品差异的解释度，本研究对样品进行了置换多元方差分析（表 5-1）。置换多元方差分析（permutational multivariate analysis of variance，PERMANOVA），又称 Adonis 分析，利用 Bray-Curtis 距离矩阵对总方差进行分解，分析不同分组因素或环境因子对样品差异的解释度，并使用置换检验对划分的统计学意义进行显著性分析。由结果可知，海草生长时期对样品的解释度最大，R^2=0.203 35，P=0.002；其次沉积物中总有机碳（TOC）、海水温度、盐度及沉积物总有机氮（TON）都对样品有一定的解释度，而以海草定植情况分组样品解释度最低，R^2=0.074 16，P=0.548。图 5-25 和表 5-1 的结果显示，海草生长时期相较于定植情况对微生物群落结构解释度更大。

表 5-1　置换多元方差分析

因素	总方差	均方差	*F* 检验值	分类方差	*P* 检验值	校正后 *P* 值
生长时期	0.263 6	0.131 8	2.935 53	0.203 35	0.002	0.012
TOC	0.188 76	0.188 76	4.090 49	0.145 62	0.006	0.013 2
温度	0.170 38	0.170 38	3.632 01	0.131 44	0.008	0.013 2
盐度	0.155 5	0.155 5	3.271 54	0.119 96	0.01	0.013 2
TON	0.158 95	0.158 95	3.354 25	0.122 62	0.011	0.013 2
样品类型	0.096 13	0.048 07	0.921 19	0.074 16	0.548	0.548

（三）海草不同生长时期标志类群及功能预测分析

除了确定微生物种类和多样性之外，比较微生物群落的另一个目标是确定样品中的特殊群落。LEfSe 分析可用来估算每个菌种丰度对差异贡献度的大小，从而找出每组中的优势菌种及每组间具有显著性差异的菌群。线性判别分析（LDA）判别柱形图可统计多组中有显著作用的微生物类群，通过 LDA 分析获得 LDA 分值，LDA 分值越大，代表物种丰度对差异效果影响越大。本研究选择 LDA 分值大于 3.5 的标志类群进行讨论。

由 LEfSe 分析可知（图 5-26），在海草幼苗期，γ-变形菌纲（Gammaproteobacteria）、脱硫单胞菌目（Desulfuromonadales）、假单胞菌目（Pseudomonadales）、脱硫球茎菌属（*Desulfobulbus*）等是具有重要意义的标志类群。厚壁菌门（Firmicutes）、芽孢杆菌目（Bacillales）、梭菌纲（Clostridia）、弧菌科（Vibrionaceae）、发光杆菌属（*Photobacterium*）、微小杆菌属（*Exiguobacterium*）等是海草成熟期的标志类群。此外，在海草衰退期，δ-变形菌纲（Deltaproteobacteria）、脱硫杆菌科（Desulfobacteraceae）、Sva0081 sediment group、酸杆菌门（Acidobacteria）及 Phycisphaerae 等是具有显著性差异的菌群。

对不同时期海草床沉积物样品进行 PICRUSt2 功能预测，结果表明各功能基因在海草不同生长时期所呈现的趋势一致，但丰度上呈现出幼苗期＞成熟期＞衰退期的结果。其中包括氨基酸生物合成（Biosynthesis of amino acids）、碳代谢（Carbon metabolism）等的代谢通路及 ABC 转运蛋白（ABC transporters）等的膜转运通路，此外，信号转导及能量代谢方面也呈现相同的趋势。在海草幼苗期，微生物代谢更为活跃，而在成熟期和衰退期，微生物代谢放缓，与海草生长史相吻合。

四、威海天鹅湖鳗草与日本鳗草叶际与根际微生物群落结构特征及功能分析

天鹅湖以鳗草为优势海草种，覆盖面积约 2.0km^2，主要生长在天鹅湖中部。日本鳗草生活在浅水或潮间带区域。鳗草和日本鳗草的枝密度呈显著的时间变化，最大枝密度分别为 9880 枝/m^2±2786 枝/m^2 和 1063 枝/m^2。天鹅湖沉积物底质是沙质，有机质含量较低（0.91%±0.19%）。盐度在 26.2～30.6，海水温度在 5～25℃。天鹅湖为双壳类软体动物、海参和鱼类提供了适宜的栖息地。本研究于 2019 年 9 月在低潮时随机采集鳗草和日本鳗草根际沉积物及海草叶片样品。

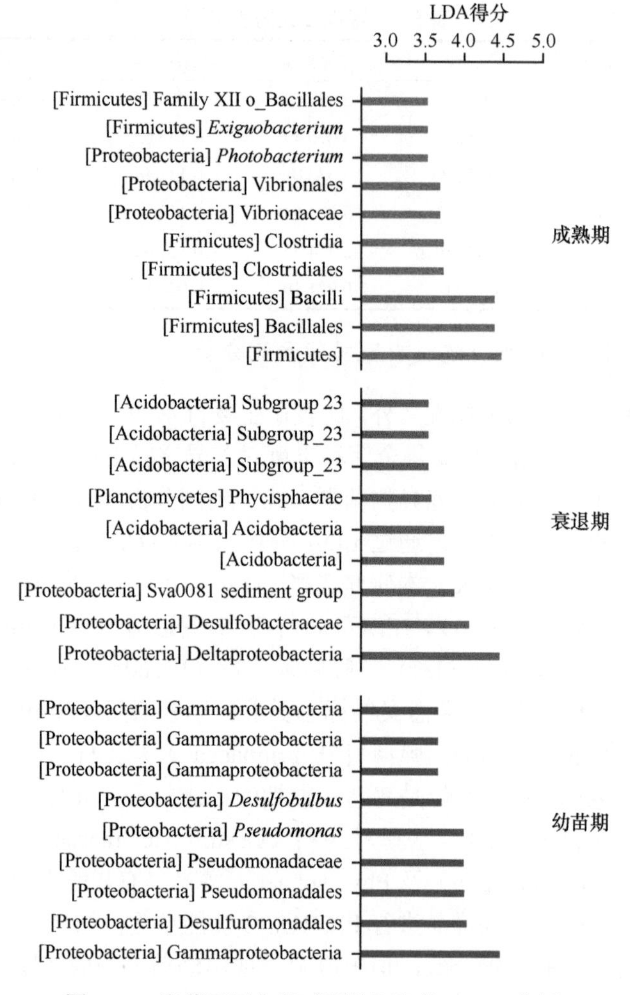

图 5-26 海草不同生长时期的沉积物 LEfSe 分析

（一）微生物多样性差异

本研究采集海草退化区沉积物样品 2 个、日本鳗草根际沉积物与叶际滤膜样品各 3 个、鳗草根际沉积物与叶际滤膜样品各 3 个、海水滤膜样品 3 个，测序共得到 1 041 553 个高质量 16S rRNA 序列。对 97%相似水平下的 OTU 进行生物信息统计分析，共获得 7642 个 OTU，属于 63 个菌门 1041 个属。其中有 95.11%的有效序列被分类鉴定为细菌，4.79%的有效序列被分类鉴定为古菌。

单个样品的多样性分析（α 多样性）可以反映微生物群落的丰度和多样性。分别计算代表群落丰度的 Sobs 指数和 Chao1 指数，代表群落多样性的 Shannon 指数和 Simpson 指数，以及代表群落覆盖度的 Coverage 指数，结果如表 5-2 所示。威海天鹅湖海草床海水样品微生物群落丰度最低，日本鳗草和鳗草叶际滤膜样品的微生物群落多样性和丰度比沉积物样品低。以 Sobs 指数作为参照，运用统计学 T 检验的方法，检测不同样品组之间的指数值是否具有显著性差异（图 5-27）。由结果可知，与鳗草叶际样品相比，海水样品与日本鳗草叶际样品的 α 多样性显著降低，P 值分别小于 0.001 和 0.05。此外，由统计学结果可知，在海草退化区沉积物和海草根际样品中微生物多样性数据无显著性差异。

表 5-2　α 多样性 Sobs 指数、Chao1 指数、Shannon 指数、Simpson 指数及覆盖率（Coverage 指数）

样品	Sobs 指数	Shannon 指数	Simpson 指数	Chao1 指数	Coverage 指数（%）
海水	1393.3±114.4	3.80±0.13	0.073±0.006	2366.26±107.54	98.81±0.12
日本鳗草叶际	1672.0±422.6	3.21±1.40	0.280±0.209	2560.01±461.77	98.93±0.17
鳗草叶际	2694.7±164.0	5.84±0.10	0.010±0.002	3616.07±66.88	98.62±0.19
退化区沉积物	3179.5±307.5	5.66±0.59	0.027±0.018	4273.80±236.22	98.04±0.11
日本鳗草根际	3316.0±175.9	5.64±0.48	0.039±0.032	4454.83±136.90	98.32±0.09
鳗草根际	2502.7±825.3	4.94±1.19	0.077±0.085	3382.68±1231.73	98.63±0.50

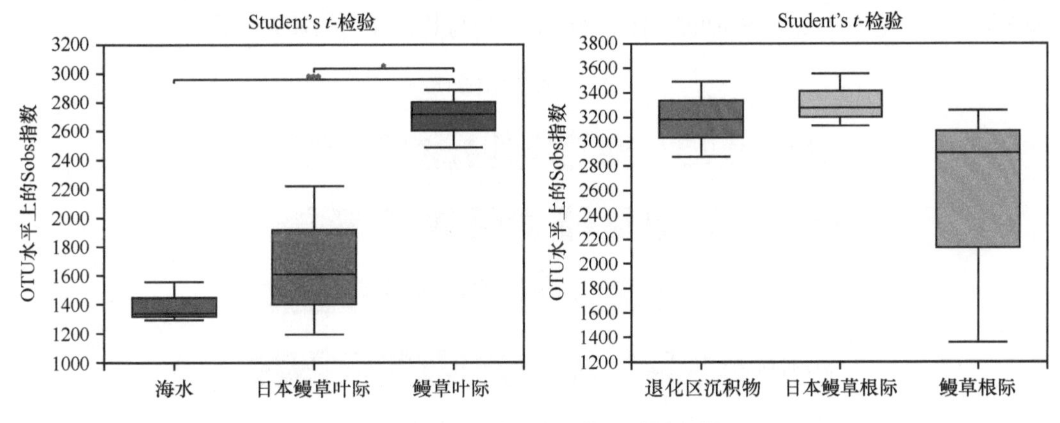

图 5-27　α 多样性指数差异统计分析

（二）微生物群落结构分析

在威海天鹅湖采集的 17 份样品中，包括 56 个细菌门和 7 个古菌门。其中相对丰度占有优势的门包括变形菌门（Proteobacteria）、厚壁菌门（Firmicutes）、放线菌门（Actinobacteria）、拟杆菌门（Bacteroidetes）、浮霉菌门（Planctomycetes）、梭杆菌门（Fusobacteria）、绿湾菌门（Chloroflexi）、Epsilonbacteraeota、蓝细菌（Cyanobacteria）及酸杆菌门（Acidobacteria），其在所有样品中的平均相对丰度分别为 34.9%、17.1%、11.3%、10.4%、6.93%、5.35%、4.63%、3.99%、2.03%及 1.72%。

在属水平上对样品进行群落组成分析，结果如图 5-28 所示。由结果可知，海草床退化区沉积物的微生物丰度和结构与鳗草、日本鳗草根际沉积物更为相近。在海草退化区沉积物中，硫卵菌属（*Sulfurovum*）、动性球菌属（*Planococcus*）、g_norank f_Desulfobulbaceae、g_unclassified f_Desulfobulbaceae 和 g_norank o_Actinomarinales，平均相对丰度分别为 24.3%、16.6%、11.4%、6.96%和 5.69%，是海草退化区沉积物中丰度最高的 5 个菌属。在日本鳗草根际沉积物中，以丙酸菌属（*Propionigenium*）最为丰富（相对丰度为 26.2%），其在鳗草根际沉积物样品中也占有较大比例，达到 27%。其余高相对丰度的菌属包括硫卵菌属（*Sulfurovum*）、g_norank f_Desulfobulbaceae，在日本鳗草和鳗草根际沉积物中相对丰度分别为 12.9%、8.32%及 7.34%、6.35%。此外，厌氧绳菌科（Anaerolineaceae）在日本鳗草根际沉积物中的相对丰度较高（8.86%），而在鳗草根际沉积物中，黄杆菌科（Flavobacteriaceae）的丰度较高（14.6%）。与沉积物样品相比，不同海草叶际微生物群落结构差异较大。虽然鳗草与日本鳗草叶际微生物都以变形菌及厚壁菌为主，但比例却有较大差异。鳗草叶际微生物中变形菌门相对丰度占比为 59.4%，厚壁菌门占比为 9.27%；而日本鳗草叶际微生物菌群中变形菌门相对丰度占比为 10.4%，厚壁菌门占比为 80.1%。样品中的变形菌门主要由红杆菌科（Rhodobacteraceae）和脱硫球茎菌科（Desulfobulbaceae）组成，其在鳗草和日本鳗草叶际微生物中分别占 30.9%、6.2%和 15.9%、2.57%。然而，厚壁菌门与变形菌门刚好相反，其相对丰度在日本鳗草叶际中明显高于鳗草叶际样品。在日本鳗草叶际样品中，金橙黄微小杆菌（*Exiguobacterium aurantiacum*）及阿氏芽孢杆菌（*Bacillus aryabhattai*）的相对丰度分别 56.9%和 22.4%，而在鳗草叶际，这一数据仅为 1.72%和 7.32%。这造成了日本鳗草叶际微生物群落结构与其他样品的较大差异。

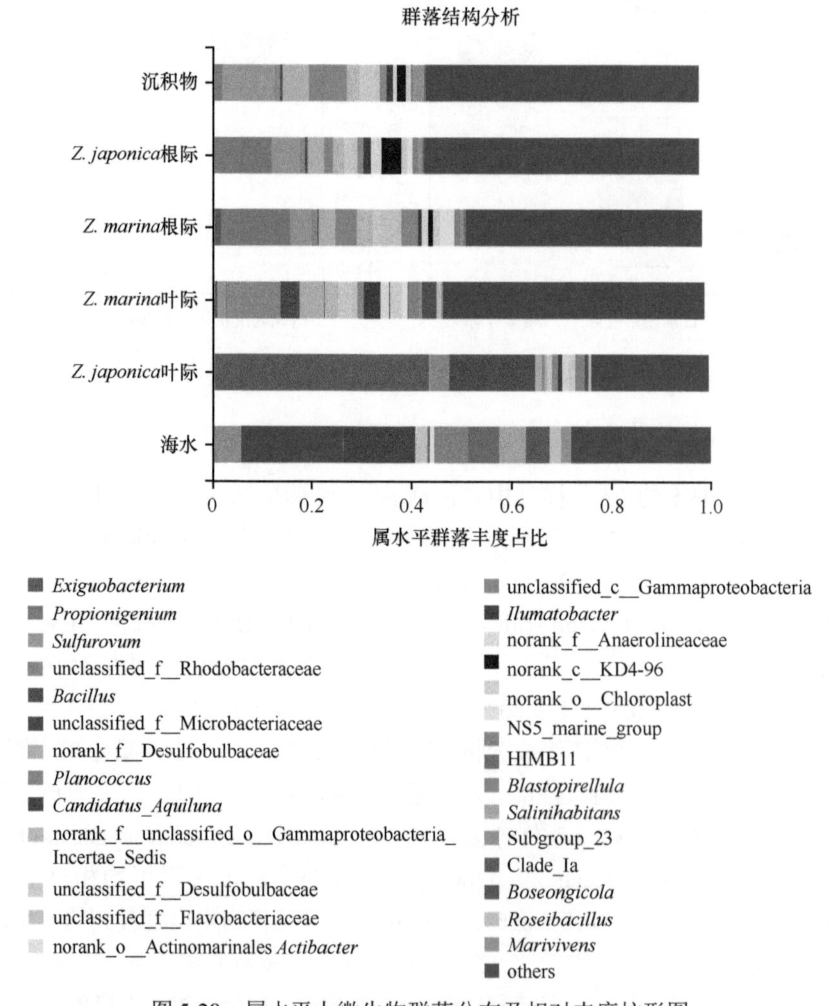

图 5-28 属水平上微生物群落分布及相对丰度柱形图

海草床海水样品中 α 多样性较低，微生物群落结构较为简单。与其他样品不同，放线菌门（相对丰度为 48.7%）中的微杆菌科（Microbacteriaceae）是海水样品中占比最高的类群，其相对丰度为48.5%。另外，变形菌门相对丰度为33.6%，其中红杆菌科占比最高，其相对丰度为26.3%。

（三）微生物群落差异分析

β多样性分析是基于Bray-Curtis相似性距离，确定各样品微生物群落结构的差异。由图5-29可知，退化区沉积物、日本鳗草根际及鳗草根际沉积物组的样品点距离更近，表明其微生物群落结构更为相近。而海水样品、鳗草和日本鳗草叶际样品则距离较远。此外，海水样品和鳗草叶际中重复样品的距离较紧密，说明其组内差异较小，微生物结构相似度较高。而在日本鳗草叶际样品和鳗草根际样品组中，zjp1（日本鳗草叶际-1）和zmr3（鳗草根际-3）重复样品与其他两个样品距离较远，存在较大的组内差异。

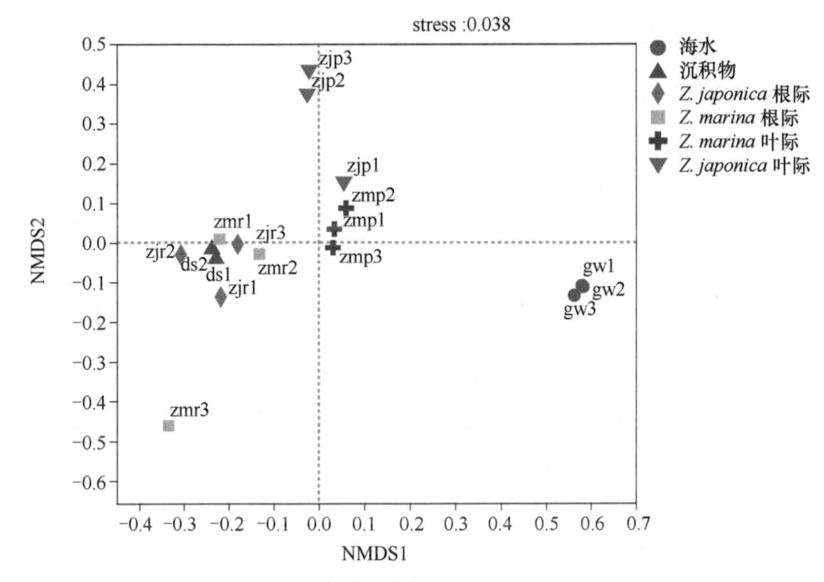

图5-29 基于微生物群落结构Bray-Curtis相似性距离的NMDS分析

为研究不同样品群落结构的相似性或差异关系，可对样品群落距离矩阵进行聚类分析，构建样品层级聚类树。对距离矩阵进行层级聚类（hierarchical clustering）可以清楚地看出样品分支距离的远近。利用Bray-Curtis相似性距离分析海水和叶际样品的非加权组平均法（UPGMA）层级聚类（图5-30）。由结果可知海水样品重复性较好，其微生物群落结构与其他叶际样品差异较大。而日本鳗草样品中，重复样品中微生物类群无明显差异，但微生物相对丰度值差异较大，使得zjp1样品与鳗草叶际样品聚为一类，但不影响后续对样品的分析与解释。

本研究共得到5166个OTU。在海水样品、日本鳗草叶际、鳗草叶际、退化区沉积物、鳗草根际及日本鳗草根际分别得到OTU的数目分别为2312个、2787个、4026个、4114个、4531个和5105个。由于叶际与海水样品都处于海草的地上部分且海草叶片处于海水中，而沉积物样品与根际样品处于海草地下部分，所以将上述样品分别进行物种差异分析，得到相对丰度前15的物种及其统计学差异分析。

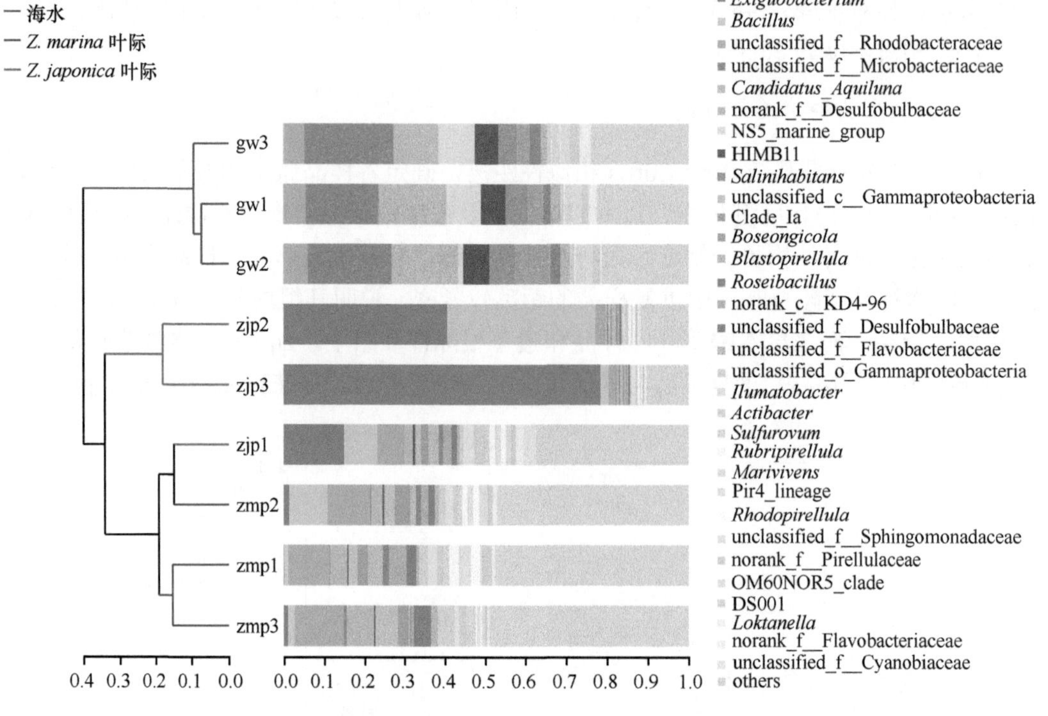

图 5-30 基于 Bray-Curtis 相似性距离的海水与叶际样品的 UPGMA 层级聚类分析

海水样品与海草叶际样品之间有 11 个 OTU 具有统计学差异。首先，金橙黄微小杆菌（*Exiguobacterium aurantiacum*）在日本鳗草叶际的相对丰度为 42.02%，而在鳗草叶际和海水样品中的相对丰度仅为 0.7645%和 0.045%（*P*=0.0273）。阿氏芽孢杆菌（*Bacillus aryabhattai*）的情况与之类似，在日本鳗草叶际的相对丰度为 14.43%，而在鳗草叶际和海水样品中的相对丰度为 2.56%和 0.0058%（*P*=0.0390）。第二，微杆菌科（Microbacteriaeae）、*Candidatus Aquiluna* 及 *Salinihabitans* 在海水样品中的相对丰度显著高于日本鳗草和鳗草叶际样品。微杆菌科（Microbacteriaeae）在海水中相对丰度为 20.23%，而在日本鳗草和鳗草叶际样品中则为 0.019%和 0.2835%（*P*=0.0273）。*Candidatus Aquiluna* 在海水中的相对丰度为 12.61%，在日本鳗草和鳗草叶际样品中则为 0.0033%和 0.033%（*P*=0.0273）；*Salinihabitans* 在海水中的相对丰度为 5.298%，在日本鳗草和鳗草叶际样品中则分别为 0.08%和 0.172%（*P*=0.0390）。第三，脱硫球茎菌科（Desulfobulbaceae）（OTU6147 和 OTU5185）在鳗草叶际样品中的相对丰度分别为 4.423%和 1.962%，显著高于日本鳗草叶际与海水样品（*P*=0.0273）。*Boseongicola* 在鳗草叶际样品中的相对丰度为 2.907%，而在日本鳗草叶际与海水样品中，其相对丰度为 0.843%和 0.054%（*P*=0.0273）。红杆菌科（Rhodobacteraceae）（OTU5585）和 γ-变形菌纲（Gammaproteobacteria）（OTU5559）在鳗草叶际样品中的相对丰度同样显著高于日本鳗草叶际与海水样品（*P*=0.0273；*P*=0.0241）。此外，海水样品中 HIMB11（OTU1862）和黄杆菌科（Flavobacteriaceae）（OTU1790）的相对丰度较高，但无显著性差异。

与海水和叶际样品不同的是，除了黄杆菌科（OTU7622）在鳗草根际沉积物中相对丰度显著高于其他组，退化区沉积物、日本鳗草与鳗草根际沉积物微生物群落相对丰度无显著性差异。但从结果中可知，丙酸菌属（*Propionigenium*）（OTU3973，属梭杆菌门）在海草根际中富集，其在海草退化区沉积物中平均相对丰度为 1.53%，而在日本鳗草根际和鳗草根际，其平均相对丰度分别为 11.73%和 14.38%。此外，硫卵菌属（*Sulfurovum*）（OTU783）在退化区沉积物、日本鳗草根际和鳗草根际的平均相对丰度分别为 10.56%、5.59%和 4.28%。*Planococcus rifietoensis*（OTU1156）及脱硫球茎菌科（Desulfobulbaceae）（OTU6147）在退化区沉积物中相对丰度较高。此外，在鳗草根际沉积物汇总富集了 *Actibacter* 和黄杆菌科（Flavobacteriaceae），相对丰度分别为 3.349%和 3.683%，但在日本鳗草根际其相对丰度较低，仅为 1.22%和 0.47%。

由于鳗草与日本鳗草叶际微生物群落结构差异较大，所以对上述两组样品进行差异性统计分析。由结果可知，两个 OTU 在日本鳗草叶际中占优势，而在鳗草叶际样品中则处于极低的丰度（图 5-31）。这两个 OTU 可以准确地被分类为金橙黄微小杆菌（*Exiguobacterium aurantiacum*）（OTU2864）和阿氏芽孢杆菌（*Bacillus aryabhattai*）（OTU2890）。这将有利于我们对该菌株进行生态功能的讨论。

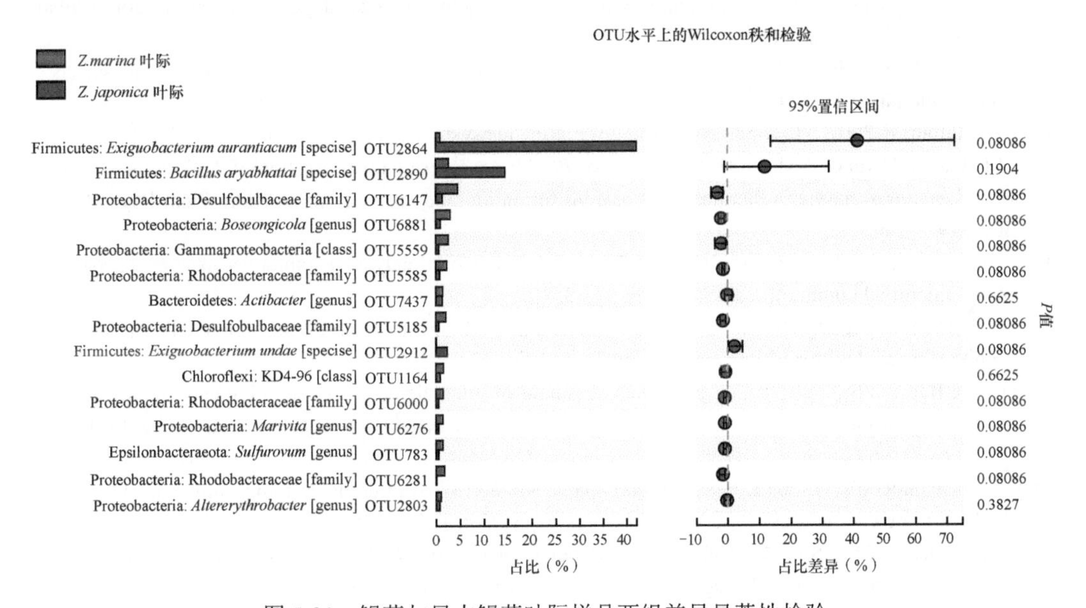

图 5-31　鳗草与日本鳗草叶际样品两组差异显著性检验

参 考 文 献

胡安谊，焦念志. 2009. 氨氧化古菌：环境微生物生态学研究的一个前沿热点. 自然科学进展，19: 370-379.

李淑英，马玉琪，苏亚丽，等. 2012. 重金属胁迫培养对微生物生长的影响. 贵州农业科学, 40: 90-94.

刘鹏远. 2019. 黄渤海日本鳗草(*Zostera japonica*)根际细菌群落结构及时空分布特征. 中国科学院大学硕士学位论文.

刘鹏远，张海坤，陈琳，等. 2019. 黄渤海海草分布区日本鳗草根际微生物群落结构特征及其功能分析. 微生物学报, 59(8): 1484-1499.

苏蕾. 2017. 海草床底栖原生生物及黄渤海沉积物中纤毛虫的分子生态学研究. 中国科学院大学硕士学位论文

张燕英, 董俊德, 周卫国, 等. 2019. 海草根际微生物与海草植株的互作效应. 微生物学报, 59(11): 2117-2129.

郑凤英, 邱广龙, 范航清, 等. 2013. 中国海草的多样性、分布及保护. 生物多样性, 21(5): 517-526.

郑鹏飞, 张晓黎, 龚骏. 2020. 大叶藻(*Zostera marina*)海草床沉积物细菌和古菌丰度及组成的垂直剖面特征. 微生物学通报, 47(6): 1662-1674.

周毅, 张晓梅, 徐少春, 等. 2016. 中国温带海域新发现较大面积(大于 50ha)的海草床：Ⅰ黄河河口区罕见大面积日本鳗草海草床. 海洋科学, 40(9): 95-97.

Abe M, Yokota K, Kurashima A, et al. 2009. Temperature characteristics in seed germination and growth of *Zostera japonica* Ascherson & Graebner from Ago Bay, Mie Prefecture, central Japan. Fish Sci, 75: 921-927.

Agawin N S, Ferriol P, Cryer C, et al. 2016. Significant nitrogen fixation activity associated with the phyllosphere of Mediterranean seagrass *Posidonia oceanica*: first report. Mar Ecol Prog Ser, 551: 53-62.

Allen T D, Lawson P A, Collins M D, et al. 2006. *Cloacibacterium normanense* gen. nov., sp. nov., a novel bacterium in the family Flavobacteriaceae isolated from municipal wastewater. Int J Syst Evol Microbiol, 56: 1311-1316.

Amoo A E, Babalola O O. 2017. Ammonia-oxidizing microorganisms: key players in the promotion of plant growth. J Soil Sci Plant Nutr, 17: 935-947.

Armstrong E, Yan L, Boyd K G, et al. 2001. The symbiotic role of marine microbes on living surfaces. Hydrobiologia, 461: 37-40.

Azam F, Malfatti F. 2007. Microbial structuring of marine ecosystems. Nat Rev Microbiol, 5: 782-791.

Bais H P, Fall R, Vivanco J M. 2004. Biocontrol of *Bacillus subtilis* against infection of Arabidopsis roots by *Pseudomonas syringae* is facilitated by biofilm formation and surfactin production. Plant Physiol, 134: 307-319.

Barberán A, Bates S T, Casamayor E O, et al. 2012. Using network analysis to explore co-occurrence patterns in soil microbial communities. ISME J, 6: 343-351.

Bengtsson M M, Bühler A, Brauer A, et al. 2017. Eelgrass leaf surface microbiomes are locally variable and highly correlated with epibiotic eukaryotes. Front Microbiol, 8: 1312.

Bonanno G, Raccuia S A. 2018. Comparative assessment of trace element accumulation and bioindication in seagrasses *Posidonia oceanica*, *Cymodocea nodosa* and *Halophila stipulacea*. Mar Pollut Bull, 131: 260-266.

Borges A, Champenois W. 2015. Seasonal and spatial variability of dimethylsulfoniopropionate (DMSP) in the Mediterranean seagrass *Posidonia oceanica*. Aquat Bot, 125: 72-79.

Borum J, Pedersen O, Greve T, et al. 2005. The potential role of plant oxygen and sulphide dynamics in die-off events of the tropical seagrass, *Thalassia testudinum*. J Ecol, 93: 148-158.

Brodersen K E, Koren K, Moßhammer M, et al. 2017. Seagrass-mediated phosphorus and iron solubilization in tropical sediments. Environ Sci Technol, 51: 14155-14163.

Brodersen K E, Siboni N, Nielsen D A, et al. 2018. Seagrass rhizosphere microenvironment alters plant-associated microbial community composition. Environ Microbiol, 20(8): 2854-2864.

Bulzu P A, Andrei A Ş, Salcher M M, et al. 2019. Casting light on Asgardarchaeota metabolism in a sunlit microoxic niche. Nat Microbiol, 4: 1129-1137.

Burja A M, Banaigs B, Abou-Mansour E, et al. 2001. Marine cyanobacteria-a prolific source of natural products. Tetrahedron, 57: 9347-9377.

Burke C, Thomas T, Lewis M, et al. 2011. Composition, uniqueness and variability of the epiphytic bacterial community of the green alga *Ulva australis*. ISME J, 5(4): 590-600.

Carr S A, Jungbluth S P, Eloe-Fadrosh E A, et al. 2019. Carboxydotrophy potential of uncultivated Hydrothermarchaeota from the subseafloor crustal biosphere. ISME J, 13: 1457-1468.

Celdran D, Espinosa E, Sanchez-Amat A, et al. 2012. Effects of epibiotic bacteria on leaf growth and epiphytes of the seagrass *Posidonia oceanica*. Mar Ecol Prog Ser, 456: 21-27.

Chen Y, Cao S, Chai Y, et al. 2012. A *Bacillus subtilis* sensor kinase involved in triggering biofilm formation on the roots of tomato plants. Mol Microbiol, 85: 418-430.

Christiaen B, McDonald A, Cebrian J, et al. 2013. Response of the microbial community to environmental change during seagrass transplantation. Aquat Bot, 109: 31-38.

Cifuentes A, Antón J, Benlloch S, et al. 2000. Prokaryotic diversity in *Zostera noltii*-colonized marine sediments. Appl Environ Microbiol, 66: 1715-1719.

Cole J K, Peacock J P, Dodsworth J A, et al. 2013. Sediment microbial communities in Great Boiling Spring are controlled by temperature and distinct from water communities. ISME J, 7: 718-729.

Coleman D C, Whitman W B. 2005. Linking species richness, biodiversity and ecosystem function in soil systems. Pedobiologia, 49: 479-497.

Compant S, Duffy B, Nowak J, et al. 2005. Use of plant growth-promoting bacteria for biocontrol of plant diseases: principles, mechanisms of action, and future prospects. Appl Environ Microbiol, 71: 4951-4959.

Costa M M, Barrote I, Silva J, et al. 2015. Epiphytes modulate *Posidonia oceanica* photosynthetic production, energetic balance, antioxidant mechanisms, and oxidative damage. Frontiers in Marine Science, 2(DEC): 1-10.

Cox T E, Cebrian J, Tabor M, et al. 2020. Do diatoms dominate benthic production in shallow systems? A case study from a mixed seagrass bed. Limnol Oceanogr Lett, 5: 425-434.

Crump B C, Koch E W. 2008. Attached bacterial populations shared by four species of aquatic angiosperms. Appl Environ Microbiol, 74(19): 5948-5957.

Crump B C, Wojahn J M, Tomas F, et al. 2018. Metatranscriptomics and amplicon sequencing reveal mutualisms in seagrass microbiomes. Front Microbiol, 9: 388.

Cúcio C, Engelen A H, Costa R, et al. 2016. Rhizosphere microbiomes of European seagrasses are selected by the plant, but are not species specific. Front Microbiol, 7: 440.

Cúcio C, Overmars L, Engelen A H, et al. 2018. Metagenomic analysis shows the presence of bacteria related to free-living forms of sulfur-oxidizing chemolithoautotrophic symbionts in the rhizosphere of the seagrass *Zostera marina*. Front Mar Sci, 5: 171.

Dimitrieva G, Crawford R, Yüksel G. 2006. The nature of plant growth-promoting effects of a pseudoalteromonad associated with the marine algae *Laminaria japonica* and linked to catalase excretion. J Appl Microbiol, 100: 1159-1169.

Dooley F D, Wyllie-Echeverria S, Gupta E, et al. 2015. Tolerance of *Phyllospadix scouleri* seedlings to hydrogen sulfide. Aquat Bot, 123: 72-75.

Duarte C M, Holmer M, Marbà N. 2005. Plant-microbe interactions in seagrass meadows//Kristensen E, Haese R R, Kostka J E. Interactions Between Macro- and Microorganisms in Marine Sediments. Washington DC: American Geophysical Union, 31.

Dumay O, Costa J, Desjobert J M, et al. 2004. Variations in the concentration of phenolic compounds in the seagrass *Posidonia oceanica* under conditions of competition. Phytochemistry, 65: 3211-3220.

Dyksma S, Pjevac P, Ovanesov K, et al. 2018. Evidence for H_2 consumption by uncultured Desulfobacterales in coastal sediments. Environ Microbiol, 20: 450-461.

Ettinger C L, Voerman S E, Lang J M, et al. 2017. Microbial communities in sediment from *Zostera marina* patches, but not the *Z. marina* leaf or root microbiomes, vary in relation to distance from patch edge. PeerJ, 2017(4): 1-25.

Evrard V, Kiswara W, Bouma T J, et al. 2005. Nutrient dynamics of seagrass ecosystems: ^{15}N evidence for the importance of particulate organic matter and root systems. Mar Ecol Prog Ser, 295: 49-55.

Fahimipour A K, Kardish M R, Lang J M, et al. 2017. Global-scale structure of the eelgrass microbiome. Appl Environ Microbiol, 83: e03391-16.

Fenchel T, Finlay B J. 1995. Ecology and Evolution in Anoxic Worlds. Oxford, New York, Tokyo: Oxford University Press.

Fourqurean J W, Duarte C M, Kennedy H, et al. 2012. Seagrass ecosystems as a globally significant carbon stock. Nat Geosci, 5: 505-509.

Fourqurean J W, Zieman J C, Powell G V. 1992. Phosphorus limitation of primary production in Florida Bay: evidence from C∶N∶P ratios of the dominant seagrass *Thalassia testudinum*. Limnol Oceanogr, 37: 162-171.

Gao S, Liang J, Teng T, et al. 2019. Petroleum contamination evaluation and bacterial community distribution in a historic oilfield located in loess plateau in China. Appl Soil Ecol, 136: 30-42.

García R, Holmer M, Duarte C M, et al. 2013. Global warming enhances sulphide stress in a key seagrass species (NW Mediterranean). Glob Change Biol, 19: 3629-3639.

García-Martínez M, Kuo J, Kilminster K, et al. 2005. Microbial colonization in the seagrass *Posidonia* spp. roots. Mar Biol Res, 1: 388-395.

Glücksman E, Bell T, Griffiths R I, et al. 2010. Closely related protist strains have different grazing impacts on natural bacterial communities. Environ Microbiol, 12: 3105-3113.

Gribben P E, Thomas T, Pusceddu A, et al. 2018. Below-ground processes control the success of an invasive seaweed. J Ecol, 106: 2082-2095.

Hamisi M, Díez B, Lyimo T, et al. 2013. Epiphytic cyanobacteria of the seagrass *Cymodocea rotundata*: diversity, diel *nifH* expression and nitrogenase activity. Environ Microbiol Rep, 5(3): 367-376.

Hansen J W, Udy J W, Perry C J, et al. 2000. Effect of the seagrass *Zostera capricorni* on sediment microbial processes. Mar Ecol Prog Ser, 199: 83-96.

Hayat R, Ali S, Amara U, et al. 2010. Soil beneficial bacteria and their role in plant growth promotion: a review. Ann Microbiol, 60: 579-598.

Hodoki Y, Ohbayashi K, Tanaka N, et al. 2013. Evaluation of genetic diversity in *Zostera japonica* (Aschers. et Graebn.) for seagrass conservation in brackish lower reaches of the Hii River System, Japan. Estuar Coasts, 36: 127-134.

Hoffmann K, Bienhold C, Buttigieg P L, et al. 2020. Diversity and metabolism of *Woeseiales* bacteria, global members of marine sediment communities. ISME J, 14: 1042-1056.

Holland R, Dugdale T, Wetherbee R, et al. 2004. Adhesion and motility of fouling diatoms on a silicone elastomer. Biofouling, 20: 323-329.

Holmer M, Andersen F Ø, Nielsen S L, et al. 2001. The importance of mineralization based on sulfate reduction for nutrient regeneration in tropical seagrass sediments. Aquat Bot, 71: 1-17.

Holmer M, Duarte C M, Marbá N. 2003. Sulfur cycling and seagrass (*Posidonia oceanica*) status in carbonate sediments. Biogeochemistry, 66: 223-239.

Hou F, Zhang H, Xie W, et al. 2020. Co-occurrence patterns and assembly processes of microeukaryotic communities in an early-spring diatom bloom. Sci Total Environ, 711: 134624.

Houbo W, Wen C, Guanghua W, et al. 2012. Culture-dependent diversity of Actinobacteria associated with seagrass (*Thalassia hemprichii*). Afr J Microbiol Res, 6(1): 87-94.

Hugoni M, Taib N, Debroas D, et al. 2013. Structure of the rare archaeal biosphere and seasonal dynamics of active ecotypes in surface coastal waters. Proc Natl Acad Sci USA, 110: 6004-6009.

Hurtado-McCormick V, Kahlke T, Petrou K, et al. 2019. Regional and microenvironmental scale characterization of the *Zostera muelleri* seagrass microbiome. Front Microbiol, 10: 1011.

Iverson V, Morris R M, Frazar C D, et al. 2012. Untangling genomes from metagenomes: revealing an uncultured class of marine Euryarchaeota. Science, 335: 587-590.

Iyapparaj P, Revathi P, Ramasubburayan R, et al. 2014. Antifouling and toxic properties of the bioactive metabolites from the seagrasses *Syringodium isoetifolium* and *Cymodocea serrulata*. Ecotoxicol Environ Saf, 103: 54-60.

Jensen S I, Kühl M, Priemé A. 2007. Different bacterial communities associated with the roots and bulk sediment of the seagrass *Zostera marina*. FEMS Microbiol Ecol, 62: 108-117.

Jeon W, Priscilla L, Park G, et al. 2017. Complete genome sequence of the sulfur-oxidizing chemolithoautotrophic *Sulfurovum lithotrophicum* 42BKTT. Stand Genomic Sci, 12: 1-6.

Jose P A, Sundari I S, Sivakala K K, et al. 2014. Molecular phylogeny and plant growth promoting traits of endophytic bacteria isolated from roots of seagrass *Cymodocea serrulata*. Indian J Mar Sci, 43(4):

571-579.

Kawashima T, Amano N, Koike H, et al. 2000. Archaeal adaptation to higher temperatures revealed by genomic sequence of *Thermoplasma volcanium*. Proc Natl Acad Sci USA, 97: 14257-14262.

Kiene R P, Linn L J, Bruton J A. 2000. New and important roles for DMSP in marine microbial communities. J Sea Res, 43: 209-224.

Kim B S, Kim B K, Lee J H, et al. 2008. Rapid phylogenetic dissection of prokaryotic community structure in tidal flat using pyrosequencing. J Microbiol, 46: 357-363.

Kirchman D L, Mazzella L, Alberte R S, et al. 1984. Epiphytic bacterial production on *Zostera marina*. Mar Ecol Prog Ser, 15: 117-123.

Kühn S, Medlin L, Eller G. 2004. Phylogenetic position of the parasitoid nanoflagellate *Pirsonia* inferred from nuclear-encoded small subunit ribosomal DNA and a description of *Pseudopirsonia* n. gen. and *Pseudopirsonia mucosa* (Drebes) comb. nov. Protist, 155: 143-156.

Kurtz J C, Yates D F, Macauley J M, et al. 2003. Effects of light reduction on growth of the submerged macrophyte *Vallisneria americana* and the community of root-associated heterotrophic bacteria. J Exp Mar Biol Ecol, 291: 199-218.

Lamb J B, Van De Water J A, Bourne D G, et al. 2017. Seagrass ecosystems reduce exposure to bacterial pathogens of humans, fishes, and invertebrates. Science, 355: 731-733.

Lange M, Westermann P, Ahring B K. 2005. Archaea in protozoa and metazoa. Appl Microbiol Biotechnol, 66: 465-474.

Larkum A W, Orth R J, Duarte C M. 2006. Seagrasses: biology, ecology and conservation. Phycologia, 45: 5.

Lee K S, Short F T, Burdick D M. 2004. Development of a nutrient pollution indicator using the seagrass, *Zostera marina*, along nutrient gradients in three New England estuaries. Aquat Bot, 78: 197-216.

Lehnen N, Marchant H K, Schwedt A, et al. 2016. High rates of microbial dinitrogen fixation and sulfate reduction associated with the Mediterranean seagrass *Posidonia oceanica*. Systematic and Applied Microbiology, 39(7): 476-483.

Leigh J A. 2000. Nitrogen fixation in methanogens: the archaeal perspective. Curr Issues Mol Biol, 2: 125-131.

Lilley R J, Unsworth R K. 2014. Atlantic Cod (*Gadus morhua*) benefits from the availability of seagrass (*Zostera marina*) nursery habitat. Glob Ecol Conserv, 2: 367-377.

Liu J, Liu X, Wang M, et al. 2015. Bacterial and archaeal communities in sediments of the north Chinese marginal seas. Microb Ecol, 70: 105-117.

Liu X, Zhou Y, Liu B, et al. 2019. Temporal dynamics of the natural and trimmed angiosperm *Zostera marina* L. (Potamogetonales: Zosteraceae), and an effective technique for transplantation of long shoots in a temperate tidal zone(northern China). Wetlands, 39(5): 1043-1056.

Luria C M, Ducklow H W, Amaral-Zettler L A. 2014. Marine bacterial, archaeal and eukaryotic diversity and community structure on the continental shelf of the western Antarctic Peninsula. Aquat Microb Ecol, 73: 107-121.

Malviya S, Scalco E, Audic S, et al. 2016. Insights into global diatom distribution and diversity in the world's ocean. Proc Natl Acad Sci USA, 113: E1516-E1525.

Martens-Habbena W, Berube P M, Urakawa H, et al. 2009. Ammonia oxidation kinetics determine niche separation of nitrifying Archaea and Bacteria. Nature, 461: 976-979.

Martin B C, Bougoure J, Ryan M H, et al. 2019. Oxygen loss from seagrass roots coincides with colonisation of sulphide-oxidising cable bacteria and reduces sulphide stress. ISME J, 13: 707-719.

Martin B C, Gleeson D, Statton J, et al. 2018. Low light availability alters root exudation and reduces putative beneficial microorganisms in seagrass roots. Front Microbiol, 8: 2667.

Martínez-Crego B, Arteaga P, Ueber A, et al. 2015. Specificity in mesograzer-induced defences in seagrasses. PLoS One, 10: e0141219.

Meier D V, Pjevac P, Bach W, et al. 2019. Microbial metal-sulfide oxidation in inactive hydrothermal vent chimneys suggested by metagenomic and metaproteomic analyses. Environ Microbiol, 21: 682-701.

Mejia A Y, Rotini A, Lacasella F, et al. 2016. Assessing the ecological status of seagrasses using morphology, biochemical descriptors and microbial community analyses. A study in *Halophila stipulacea* (Forsk.) Aschers meadows in the northern Red Sea. Ecol Indic, 60: 1150-1163.

Meng J, Xu J, Qin D, et al. 2014. Genetic and functional properties of uncultivated MCG archaea assessed by metagenome and gene expression analyses. ISME J, 8: 650-659.

Meulepas R J, Jagersma C G, Khadem A F, et al. 2010. Effect of methanogenic substrates on anaerobic oxidation of methane and sulfate reduction by an anaerobic methanotrophic enrichment. Appl Microbiol Biotechnol, 87: 1499-1506.

Milbrandt E C, Greenawalt-Boswell J, Sokoloff P D. 2008. Short-term indicators of seagrass transplant stress in response to sediment bacterial community disruption. Bot Mar, 51(2): 103-111.

Muehlstein L, Porter D, Short F T. 1988. *Labyrinthula* sp., a marine slime mold producing the symptoms of wasting disease in eelgrass, *Zostera marina*. Mar Biol, 99: 465-472.

Muehlstein L K, Porter D, Short F T. 1991. *Labyrinthula zosterae* sp. nov., the causative agent of wasting disease of eelgrass, *Zostera marina*. Mycologia, 83: 180-191.

Mußmann M, Pjevac P, Krüger K, et al. 2017. Genomic repertoire of the *Woeseiaceae*/JTB255, cosmopolitan and abundant core members of microbial communities in marine sediments. ISME J, 11: 1276-1281.

Newby B Z, Cutright T, Barrios C A, et al. 2006. Zosteric acid—An effective antifoulant for reducing fresh water bacterial attachment on coatings. JCT Research, 3: 69-76.

Nielsen L B, Finster K, Welsh D T, et al. 2001. Sulphate reduction and nitrogen fixation rates associated with roots, rhizomes and sediments from *Zostera noltii* and *Spartina maritima* meadows. Environ Microbiol, 3: 63-71.

Nsr A, Ferriol P, Cryer C, et al. 2016. Significant nitrogen fixation activity associated with the phyllosphere of Mediterranean seagrass *Posidonia oceanica*: first report . Marine Ecology Progress Series, 551: 53-62.

Nugraheni S A, Khoeri M M, Kusmita L, et al. 2010. Characterization of carotenoid pigments from bacterial symbionts of seagrass *Thalassia hemprichii*. J Coast Dev, 14: 51-60.

Onishi Y, Mohri Y, Tuji A, et al. 2014. The seagrass *Zostera marina* harbors growth-inhibiting bacteria against the toxic dinoflagellate *Alexandrium tamarense*. Fish Sci, 80: 353-362.

Orth R J, Carruthers T J, Dennison W C, et al. 2006. A global crisis for seagrass ecosystems. Bioscience, 56: 987-996.

Ortíz-Castro R, Contreras-Cornejo H A, Macías-Rodríguez L, et al. 2009. The role of microbial signals in plant growth and development. Plant Signal Behav, 4: 701-712.

Peterson C H, Luettich J R A, Micheli F, et al. 2004. Attenuation of water flow inside seagrass canopies of differing structure. Mar Ecol Prog Ser, 268: 81-92.

Probandt D, Knittel K, Tegetmeyer H E, et al. 2017. Permeability shapes bacterial communities in sublittoral surface sediments. Environ Microbiol, 19: 1584-1599.

Puglisi M P, Engel S, Jensen P R, et al. 2007. Antimicrobial activities of extracts from Indo-Pacific marine plants against marine pathogens and saprophytes. Mar Biol, 150: 531-540.

Roth-schulze A J, Zozaya-valdés E, Steinberg P D, et al. 2016. Partitioning of functional and taxonomic diversity in surface-associated microbial communities. Environ Microbiol, 18(12): 4391-4402.

Ruepp A, Graml W, Santos-Martinez M L, et al. 2000. The genome sequence of the thermoacidophilic scavenger *Thermoplasma acidophilum*. Nature, 407: 508-513.

Ryu J H, Madhaiyan M, Poonguzhali S, et al. 2006. Plant growth substances produced by *Methylobacterium* spp. and their effect on tomato (*Lycopersicon esculentum* L.) and red pepper (*Capsicum annuum* L.) growth. J Microbiol Biotechnol, 16: 1622-1628.

Sanchez-Amat A, Solano F, Lucas-Elío P. 2010. Finding new enzymes from bacterial physiology: a successful approach illustrated by the detection of novel oxidases in *Marinomonas mediterranea*. Mar Drugs, 8: 519-541.

Schwelm A, Badstöber J, Bulman S, et al. 2018. Not in your usual Top 10: protists that infect plants and algae. Mol Plant Pathol, 19: 1029-1044.

Sharma S B, Sayyed R Z, Trivedi M H, et al. 2013. Phosphate solubilizing microbes: sustainable approach for managing phosphorus deficiency in agricultural soils. SpringerPlus, 2(1): 1-14.

Short F, Carruthers T, Dennison W, et al. 2007. Global seagrass distribution and diversity: a bioregional model. J Exp Mar Biol Ecol, 350: 3-20.

Skovgaard A. 2014. Dirty tricks in the plankton: diversity and role of marine parasitic protists. Acta Protozool, 53(1): 51-62.

Smayda T, Trainer V L. 2010. Dinoflagellate blooms in upwelling systems: seeding, variability, and contrasts with diatom bloom behaviour. Prog Oceanogr, 85: 92-107.

Smith A C, Kostka J E, Devereux R, et al. 2004. Seasonal composition and activity of sulfate-reducing prokaryotic communities in seagrass bed sediments. Aquat Microb Ecol, 37: 183-195.

Steele L, Valentine J F. 2015. Seagrass deterrence to mesograzer herbivory: evidence from mesocosm experiments and feeding preference trials. Mar Ecol Prog Ser, 524: 83-94.

Stratil S B, Neulinger S C, Knecht H, et al. 2013. Temperature-driven shifts in the epibiotic bacterial community composition of the brown macroalga *Fucus vesiculosus*. MicrobiologyOpen, 2(2): 338-349.

Sun D, Meng J, Chen W. 2013. Effects of abiotic components induced by biochar on microbial communities. Acta Agric Scand B, 63: 633-641.

Sun F, Zhang X, Zhang Q, et al. 2015. Seagrass (*Zostera marina*) colonization promotes the accumulation of diazotrophic bacteria and alters the relative abundances of specific bacterial lineages involved in benthic carbon and sulfur cycling. Appl Environ Microbiol, 81: 6901-6914.

Sun Y, Song Z, Zhang H, et al. 2020. Seagrass vegetation affect the vertical organization of microbial communities in sediment. Mar Environ Res, 162: 105174.

Supaphon P, Phongpaichit S, Rukachaisirikul V, et al. 2014. Diversity and antimicrobial activity of endophytic fungi isolated from the seagrass *Enhalus acoroides*. Indian J Mar Sci, 43(5): 785-797.

Sureda A, Box A, Terrados J, et al. 2008. Antioxidant response of the seagrass *Posidonia oceanica* when epiphytized by the invasive macroalgae *Lophocladia lallemandii*. Mar Environ Res, 66: 359-363.

Tabatabaei M, Rahim R A, Abdullah N, et al. 2010. Importance of the methanogenic archaea populations in anaerobic wastewater treatments. Process Biochem, 45: 1214-1225.

Tamošiūnė I, Gelvonauskienė D, Ragauskaitė L, et al. 2020. Cold plasma treatment of *Arabidopsis thaliana*(L.)seeds modulates plant-associated microbiome composition. Appl Phys Express, 13: 076001.

Tarquinio F, Hyndes G A, Laverock B, et al. 2019. The seagrass holobiont: understanding seagrass-bacteria interactions and their role in seagrass ecosystem functioning. FEMS Microbiol Lett, 366: fnz057.

Thiel V, Garcia Costas A M, Fortney N W, et al. 2019. "*Candidatus* Thermonerobacter thiotrophicus, " a non-phototrophic member of the *Bacteroidetes/Chlorobi* with dissimilatory sulfur metabolism in hot spring mat communities. Front Microbiol, 9: 3159.

Thomas F, Giblin A E, Cardon Z G, et al. 2014. Rhizosphere heterogeneity shapes abundance and activity of sulfur-oxidizing bacteria in vegetated salt marsh sediments. Front Microbiol, 5: 309.

Torres M A, Jones J D, Dangl J L. 2006. Reactive oxygen species signaling in response to pathogens. Plant Physiol, 141: 373-378.

Touchette B W, Burkholder J M. 2000. Review of nitrogen and phosphorus metabolism in seagrasses. J Exp Mar Biol Ecol, 250: 133-167.

Trevizan-Segovia B, Sanders-Smith R, Adamczyk E M, et al. 2021. Microeukaryotic communities associated with the seagrass *Zostera marina* are spatially structured. J Eukaryot Microbiol, 68: e12827.

Ugarelli K, Chakrabarti S, Laas P, et al. 2017. The seagrass holobiont and its microbiome. Microorganisms, 5: 81.

Ugarelli K, Laas P, Stingl U. 2019. The microbial communities of leaves and roots associated with turtle grass (*Thalassia testudinum*) and manatee grass (*Syringodium filliforme*) are distinct from seawater and sediment communities, but are similar between species and sampling sites. Microorganisms, 7: 4.

Uku J, Björk M. 2001. The distribution of epiphytic algae on three Kenyan seagrass species. South African Journal of Botany, 67(3): 475-482.

Uku J, Björk M, Bergman B, et al. 2007. Characterization and comparison of prokaryotic epiphytes associated with three east African seagrasses. J Phycol, 43: 768-779.

Valentine J F, Duffy J E. 2007. The central role of grazing in seagrass ecology//Larkum A W D, Orth R J,

Duarte C M. Seagrasses: Biology, Ecology and Conservation. Dordrecht: Springer, 463-501.
van der Heide T, Govers L L, de Fouw J, et al. 2012. A three-stage symbiosis forms the foundation of seagrass ecosystems. Science, 336: 1432-1434.
van Hoek A H A M, van Alen T A, Sprakel V S I, et al.2000. Multiple acquisition of methanogenic archaeal symbionts by anaerobic ciliates. Mol Biol Evol, 17: 251-258.
Van Katwijk M, Vergeer L, Schmitz G, et al. 1997. Ammonium toxicity in eelgrass *Zostera marina*. Mar Ecol Prog Ser, 157: 159-173.
Varela M M, Rodríguez-Ramos T, Guerrero-Feijóo E, et al. 2020. Changes in activity and community composition shape bacterial responses to size-fractionated marine DOM. Front Microbiol, 11: 586148.
Vergeer L H, Develi A. 1997. Phenolic acids in healthy and infected leaves of *Zostera marina* and their growth-limiting properties towards *Labyrinthula zosterae*. Aquat Bot, 58: 65-72.
Verity P, Paffenhofer G A. 1996. On assessment of prey ingestion by copepods. J Plankton Res, 18: 1767-1779.
Virta L, Soininen J, Norkko A. 2020. Stable seasonal and annual alpha diversity of benthic diatom communities despite changing community composition. Front Mar Sci, 7: 88.
Vlamakis H, Chai Y, Beauregard P, et al. 2013. Sticking together: building a biofilm the *Bacillus subtilis* way. Nat Rev Microbiol, 11: 157-168.
Wainwright B J, Zahn G L, Zushi J, et al. 2019. Seagrass-associated fungal communities show distance decay of similarity that has implications for seagrass management and restoration. Ecol Evol, 9: 11288-11297.
Wang F, Xu S, Zhou Y, et al. 2017. Trace element exposure of whooper swans (*Cygnus cygnus*) wintering in a marine lagoon (Swan Lake), northern China. Mar Pollut Bull, 119(2): 60-67.
Wasmund K, Mußmann M, Loy A. 2017. The life sulfuric: microbial ecology of sulfur cycling in marine sediments. Environ Microbiol Rep, 9: 323-344.
Webster G, O'Sullivan L A, Meng Y, et al. 2015. Archaeal community diversity and abundance changes along a natural salinity gradient in estuarine sediments. FEMS Microbiol Ecol, 91: 1-18.
Wu H, Chen W, Wang G, et al. 2012. Culture-dependent diversity of Actinobacteria associated with seagrass (*Thalassia hemprichii*). Afr J Microbiol Res, 6: 87-94.
Wu P F, Li D X, Kong L F, et al. 2020. The diversity and biogeography of microeukaryotes in the euphotic zone of the northwestern Pacific Ocean. Sci Total Environ, 698: 134289.
Xiao W, Liu X, Irwin A J, et al. 2018. Warming and eutrophication combine to restructure diatoms and dinoflagellates. Water Res, 128: 206-216.
Xu J G, Zhang Q, Li H C, et al. 2019. Changes in survival, growth and photosynthetic pigment in response to iron increase in the leaf and root-rhizome tissues of eelgrass *Zostera marina*. Aquatic Botany, 154: 60-65.
Yu T, Wu W, Liang W, et al. 2018. Growth of sedimentary Bathyarchaeota on lignin as an energy source. Proc Natl Acad Sci USA, 115: 6022-6027.
Zancarini A, Echenique-Subiabre I, Debroas D, et al. 2017. Deciphering biodiversity and interactions between bacteria and microeukaryotes within epilithic biofilms from the Loue River, France. Sci Rep, 7: 4344
Zhang C L, Xie W, Martin-Cuadrado A B, et al. 2015. Marine Group II Archaea, potentially important players in the global ocean carbon cycle. Front Microbiol, 6: 1108.
Zhang C, Dang H, Azam F, et al. 2018. Evolving paradigms in biological carbon cycling in the ocean. Natl Sci Rev, 5: 481-499.
Zhang P D, Liu Y S, Guo D, et al. 2016a. Seasonal variation in growth, morphology, and reproduction of eelgrass *Zostera marina* on the eastern coast of the Shandong Peninsula, China. J Coast Res, 318: 315-322.
Zhang X, Zhou Y, Xue D X, et al. 2016b. Genetic divergence of the endangered seagrass *Zostera japonica* Ascherson & Graebner between temperate and subtropical coasts of China based on partial sequences of *matK* and ITS. Biochem Syst Ecol, 68: 51-57.
Zheng P, Wang C, Zhang X, et al. 2019. Community structure and abundance of archaea in a *Zostera marina* meadow: a comparison between seagrass-colonized and bare sediment sites. Archaea, 2019: 5108012.

Zhou Z, Liu Y, Xu W, et al. 2020. Genome-and community-level interaction insights into carbon utilization and element cycling functions of Hydrothermarchaeota in hydrothermal sediment. mSystems, 5: e00795-19.

Zhu P, Wang Y, Shi T, et al. 2018. Intertidal zonation affects diversity and functional potentials of bacteria in surface sediments: a case study of the Golden Bay mangrove, China. Can J Fish Aquat Sci, 130: 159-168.

Zou D, Pan J, Liu Z, et al. 2020. The distribution of Bathyarchaeota in surface sediments of the Pearl river estuary along salinity gradient. Front Microbiol, 11: 285.

第六章 中国滨海湿地保护历程、付诸努力、挑战及应对策略

我国拥有473×10^4km^{2}的海域及超过3.2×10^4km的大陆岸线和海岛岸线，横跨温带、亚热带和热带。尽管我国的海岸带面积仅占全国总面积的13%，但海岸带区域的发展在全国经济发展中占有主导地位。据统计，全国50%以上的大城市、40%的中小城市、42%的人口和 60%以上的国内生产总值（GDP）集中在海岸带地区（骆永明，2016）。滨海湿地处于陆海相互作用地带，是海岸带响应全球气候变化和人类活动最为敏感的生态系统之一（陈彬等，2019）。滨海湿地具有很高的生产力，具有丰富的生物多样性，其与附近的大陆架提供了全球海洋渔业总产量的90%。滨海湿地也是重要的“蓝碳”生态系统，其单位面积碳埋藏速率为陆地生态系统固碳速率的15倍（王法明等，2021）。同时，滨海湿地还具有减灾功能，可为抵御海洋灾害、应对海平面上升和台风极端天气提供天然屏障。作为陆源污染物通向海洋的最后一道生态屏障，滨海湿地亦可捕获和净化污染物，充当污染物的“绿色过滤器”。因此，稳定与健康的滨海湿地生态系统对于维护我国海岸带的生态安全及保障沿海地区的可持续发展至关重要。

第一节 中国滨海湿地自然概况

一、滨海湿地分布

我国湿地分布较为广泛，受自然条件的影响，湿地类型的地理分布具有明显的区域差异。整体而言，我国湿地可划分为 7 个主要分布区：①东北湿地区，主要分布有淡水沼泽湿地；②新疆-内蒙古湿地区，主要分布有盐湖和内陆盐沼；③青海-西藏高原湿地区，主要分布有高山湖泊和沼泽湿地；④黄河中下游湿地区，主要分布有河流湿地和滨海湿地；⑤云贵高原湿地区，主要分布有亚高山湖泊；⑥长江中下游湿地区，主要分布有湖泊湿地、河流湿地和滨海湿地；⑦东南-华南湿地区，主要分布有河流湿地和滨海湿地。

根据第二次全国湿地资源调查（2009～2013年）结果，我国湿地总面积为53.60×10^6hm^2，湿地面积占国土面积的比率（即湿地率）为5.58%（https://www.forestry.gov.cn/main/65/20140128/758154.html），略低于6.0%的世界湿地率（An et al.，2007）。我国湿地主要包括滨海湿地、河流湿地、湖泊湿地、沼泽湿地和人工湿地5类34型（刘平等，2011），其中自然湿地面积为46.67×10^6hm^2，占全国湿地总面积的87.08%。与第一次全国湿地资源调查（1995～2003年）同口径比较，湿地面积减少了3.396×10^6hm^2，减少率为8.82%；其中自然湿地面积减少了 3.38×10^6hm^2，减少率为 9.33%（https://www. forestry.gov.cn/main/65/20140128/758154.html）。在自然湿地中，沼泽湿地面积为21.73×10^6hm^2、湖泊湿

地面积为 $8.59\times10^6hm^2$、河流湿地面积为 $10.55\times10^6hm^2$、滨海湿地面积为 $5.80\times10^6hm^2$，分别占自然湿地总面积的 46.56%、18.41%、22.61%和 12.42%（图 6-1A）。

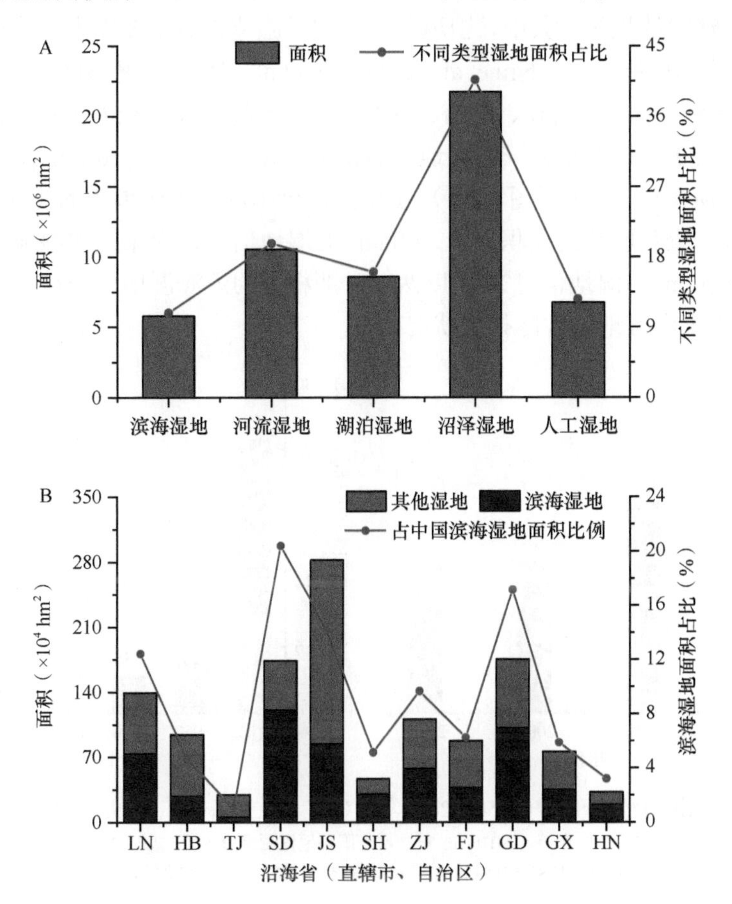

图 6-1　中国滨海湿地面积和占比（A）及不同省（自治区、直辖市）的滨海湿地面积占比（B）

数据来源：李世东等，2010；第二次全国湿地资源调查主要结果（2009～2013 年）（https://www.forestry.gov.cn/main/65/20140128/758154.html）。根据第二次全国湿地资源调查公布的数据，中国湿地面积为 $5342.06\times10^4hm^2$（包括约 $18.20\times10^4hm^2$ 的中国台湾、香港和澳门的湿地面积）。LN、HB、TJ、SD、JS、SH、ZJ、FJ、GD、GX 和 HN 分别代表辽宁、河北、天津、山东、江苏、上海、浙江、福建、广东、广西和海南

我国的滨海湿地主要分布在辽宁、河北、天津、山东、江苏、上海、浙江、福建、广东、广西和海南 11 个省（自治区、直辖市），其中山东、广东两省的滨海湿地面积占全国滨海湿地面积的 37.55%（图 6-1B）。滨海湿地大致以杭州湾为界分为两大区域。杭州湾以北除山东半岛、辽东半岛的部分地区为岩石性海滩外，其他地区多为沙质和淤泥质海滩，由环渤海滨海湿地和江苏滨海湿地组成。杭州湾以南以岩石性海滩为主，主要河口及海湾有钱塘江-杭州湾、晋江口-泉州湾、珠江口和北部湾等（Niu et al.，2009）。

二、滨海湿地现状

在过去的 70 多年中，我国滨海湿地由于沿海地区人口迅速增加及经济快速发展产生的威胁或压力而受到巨大损失。1950～2014 年，全国滨海湿地共损失 $8.01\times10^6hm^2$，

减少率为 58.0%（图 6-2A）。目前，滨海湿地受到众多因素的威胁，如人口增加及经济增长对土地的大量需求、对滨海湿地生态功能正确认知的缺乏、不正确的围填海政策及缺乏湿地保护法律法规等。其中，围填海及基础设施建设是主要因素，其对滨海湿地损失的贡献率高达 70%～82%（Niu et al.，2011；An et al.，2007）。就不同时段而言，1992～2014 年滨海湿地（涉及红树林、盐沼、海湾及河口）的损失面积为 $3.86\times10^6hm^2$，与过去 40 年间（1950～1991 年）滨海湿地的面积损失相当（$4.15\times10^6hm^2$），说明近 20 年来的滨海湿地损失正在加速（图 6-2A）。由于两次全国湿地资源调查的统计口径不同（第一次湿地资源调查获取的是面积大于 $100hm^2$ 的湿地信息，而第二次湿地资源调查获取的是面积大于 $8hm^2$ 的湿地信息），所以两个时期相近的滨海湿地面积在一定程度上掩盖了过去 10 年中滨海湿地的实际损失状况。

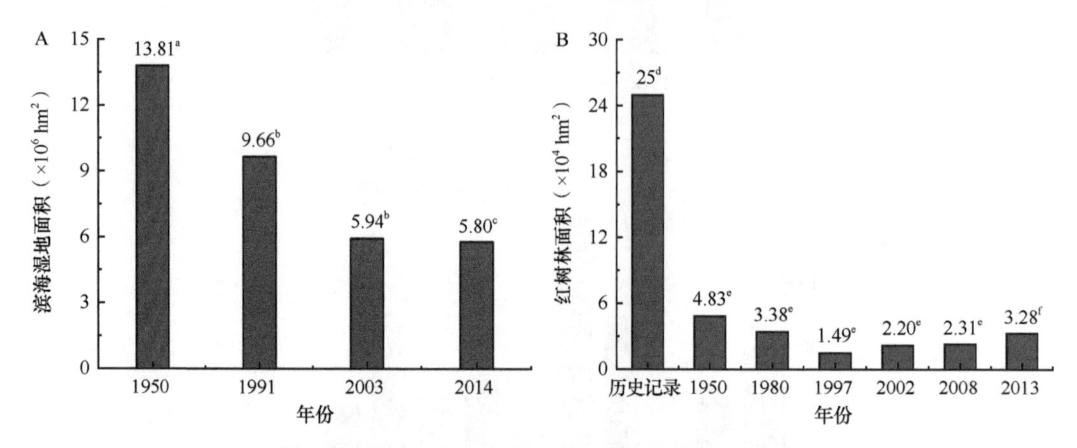

图 6-2　中国滨海湿地面积（1950～2014 年）（A）和红树林面积（1950～2013 年）（B）

数据来源：a. Qiu，2011；b. 李世东等，2010；c. 第二次全国湿地资源调查主要结果（2009～2013 年）（https://www.forestry.gov.cn/main/65/20140128/758154.html）；d. 吕彩霞，2003；e. 傅秀梅等，2009；f. 贾明明，2014

为了反映我国滨海湿地的实际损失状况，基于现有资料对沿海地区主要滨海湿地的面积变化进行了统计分析。结果显示，河北滦河口、天津滨海新区、山东莱州湾、江苏盐城、浙江杭州湾、福建闽江口、广东珠江口和广西北部湾的滨海湿地面积均呈显著降低趋势，而河北七里海、福建厦门湾、山东胶州湾和黄河三角洲的滨海湿地面积均呈缓慢降低趋势（图 6-3）。

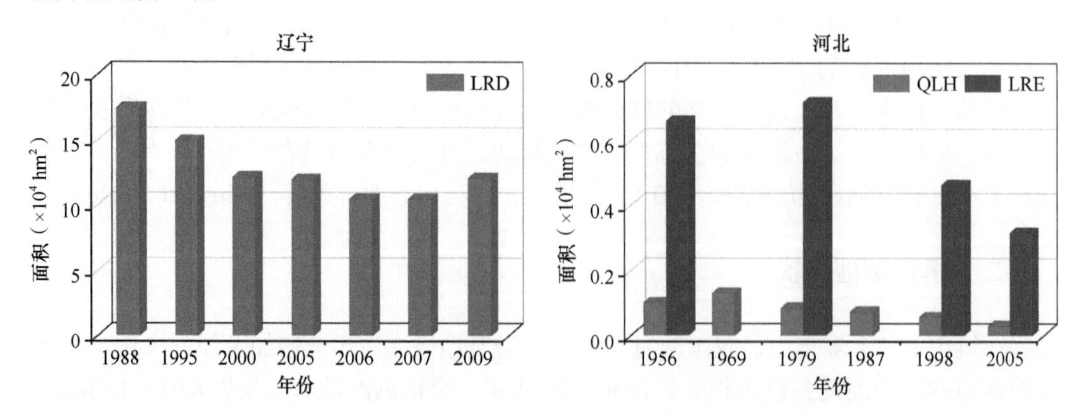

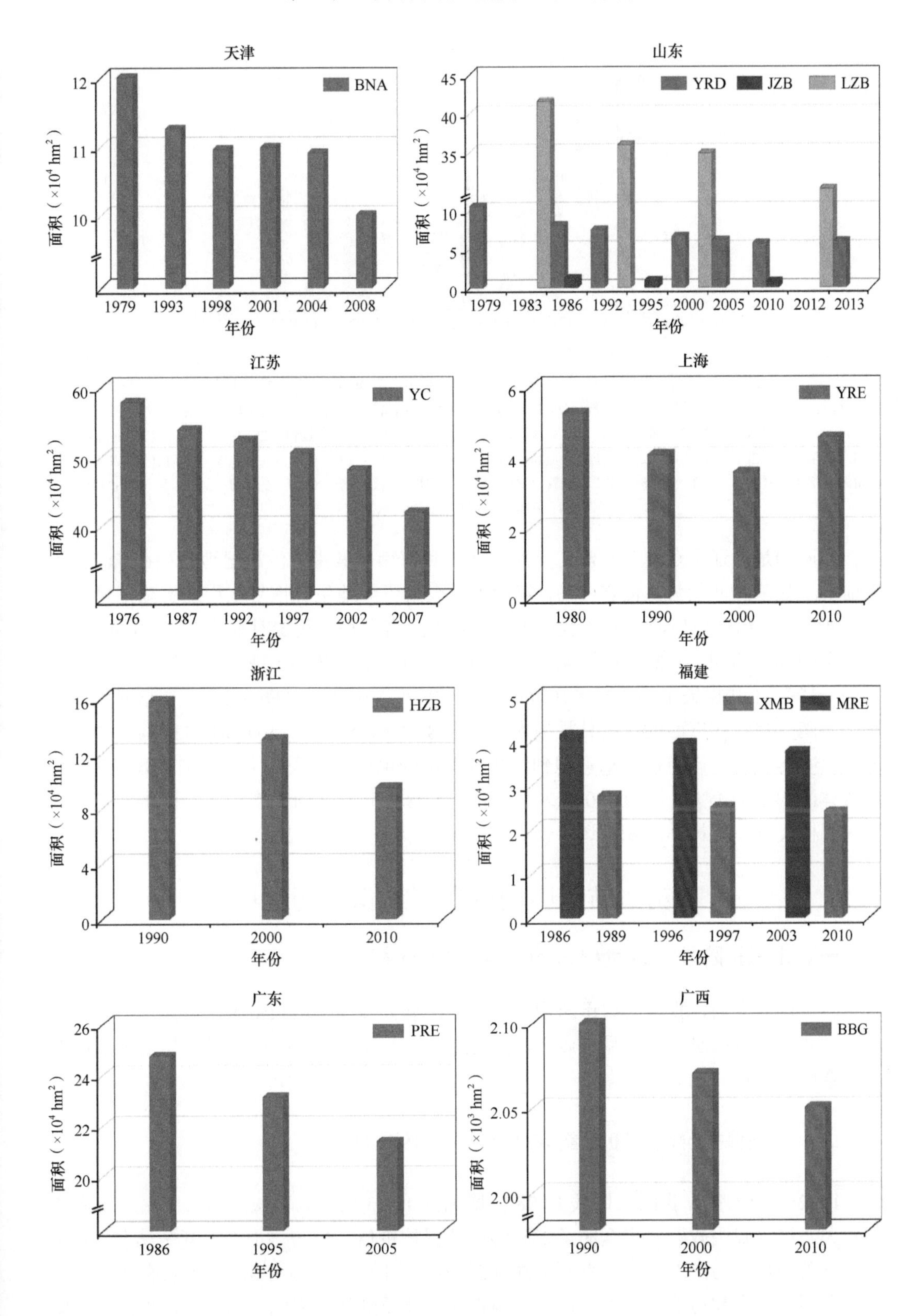
天津
BNA
面积（×10⁴ hm²）
12
11
10
1979 1993 1998 2001 2004 2008
年份
山东
YRD JZB LZB
面积（×10⁴ hm²）
45
40
35
10
5
0
1979 1983 1986 1992 1995 2000 2005 2010 2012 2013
年份
江苏
YC
面积（×10⁴ hm²）
60
50
40
1976 1987 1992 1997 2002 2007
年份
上海
YRE
面积（×10⁴ hm²）
6
4
2
0
1980 1990 2000 2010
年份
浙江
HZB
面积（×10⁴ hm²）
16
12
8
4
0
1990 2000 2010
年份
福建
XMB MRE
面积（×10⁴ hm²）
5
4
3
2
1
0
1986 1989 1996 1997 2003 2010
年份
广东
PRE
面积（×10⁴ hm²）
26
24
22
20
1986 1995 2005
年份
广西
BBG
面积（×10³ hm²）
2.10
2.05
2.00
1990 2000 2010
年份

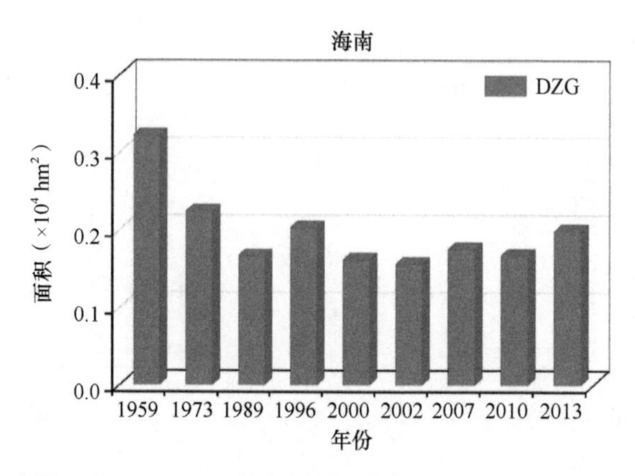

图 6-3　中国沿海地区主要滨海湿地面积的动态变化（截止到 2013 年）

数据来源：王胤等，2006；周亮进和由文辉，2007；杨会利，2008；高义等，2010；孟伟庆等，2010；张绪良等，2012；左平等，2012；韩淑梅，2012；周林飞等，2013；徐芳，2013；任璘婧等，2014；江健，2014；孙万龙，2014；陈鹏等，2014；何东艳等，2014；贾明明，2014。LRD. 辽河三角洲；QLH. 七里海；LRE. 滦河口；BNA. 滨海新区；YRD. 黄河三角洲；JZB. 胶州湾；LZB. 莱州湾；YC. 盐城；YRE. 长江口；HZB. 杭州湾；XMB. 厦门湾；MRE. 闽江口；PRE. 珠江口；BBG. 北部湾；DZG. 东寨港

不同的是，辽宁辽河三角洲、上海长江口和海南东寨港的滨海湿地面积在 2007 年之前均呈显著降低趋势，而在 2007 年后由于大规模湿地生态恢复工程的实施则呈缓慢增加变化。红树林曾广泛分布于我国的东南沿海，其面积在历史时期达 25×10^4hm^2；但在新中国成立初期，其面积降至 4.83×10^4hm^2。由于围垦和不合理利用，红树林面积在 1950～1997 年共损失了约 3.34×10^4hm^2，损失率高达 69.15%（图 6-2B）。在该时期，广东、海南、福建和广西的红树林损失率分别为 82.1%、51.6%、50.0%和 43.5%。1997～2008 年，尽管我国政府已逐渐意识到红树林保护的重要性并采取了一系列有效措施，但红树林面积增加不大，仅增加 0.82×10^4hm^2。2008 年以后，随着红树林保护与恢复工程的大规模实施，红树林面积已逐步恢复到 1980 年水平（图 6-2B）。

第二节　中国滨海湿地保护历程

一、未保护阶段（20 世纪 50 年代至 80 年代初）

新中国成立后，我国人口迅速增加。为了缓解人口快速增长带来的巨大压力，我国政府颁布了许多鼓励土地开垦的政策。但其间也相继开展了一些湿地资源与生物多样性的调查研究工作（图 6-4）。

二、一般保护阶段（20 世纪 80 年代初至 1991 年）

1982～1991 年，我国人口从 10.08 亿增加到 11.13 亿，人口快速增长产生的压力依然较大。尽管我国政府并未全面意识到湿地的保护价值，但与湿地（尤其是滨海湿地）丧失有关的环境与生态问题已受到关注（图 6-4）。1980～1986 年，我国政府开展了第一次全国海岸带和海涂资源综合调查，调查内容涉及潮间带滩涂、滨海湿地水文、水化

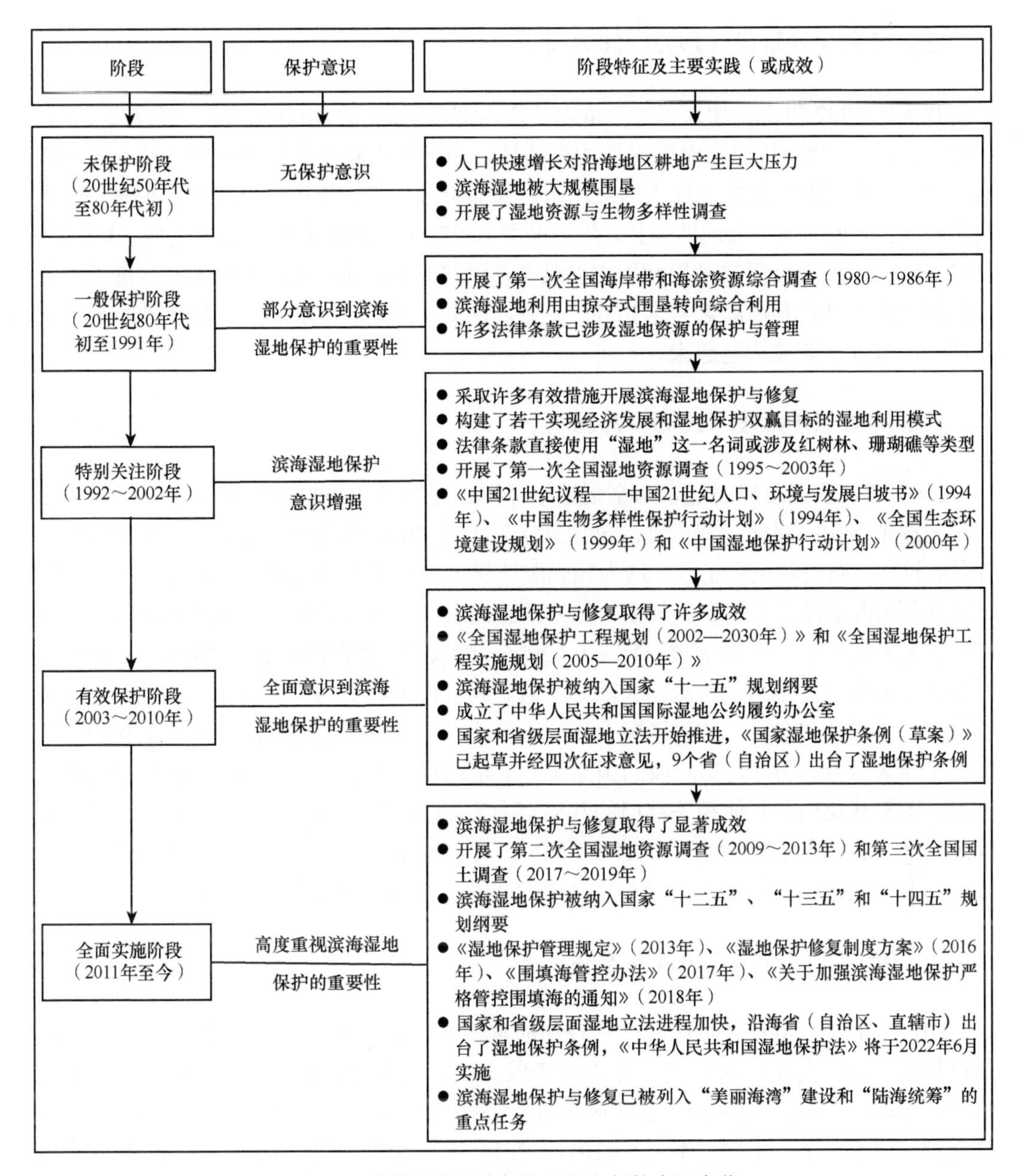

图 6-4　中国滨海湿地保护历程和保护意识变化

学、环境、气候、地质和生物等，基本上摸清了滨海湿地的"家底"。此间，湿地利用的重点已由掠夺式开垦转向湿地资源的综合利用，并逐渐涉及湿地资源的保护（孙广友，2000）。尽管许多重要法律并未直接采用"湿地"的概念，但在一些法律条款中已涉及湿地资源的保护与管理，如《中华人民共和国宪法》（1982 年）、《中华人民共和国民法通则》（1986 年）、《中华人民共和国渔业法》（1986 年）、《中华人民共和国水法》（1988 年）、《中华人民共和国野生动物保护法》（1988 年）和《中华人民共和国环境保护法》（1989 年）。

三、特别关注阶段（1992～2002 年）

我国于 1992 年正式加入《关于特别是作为水禽栖息地的国际重要湿地公约》（简称湿地公约），并全面认识到湿地保护的重要性。为了严格履行湿地公约的责任，我国政府采取了一系列有效措施（如水污染防治、渔业资源保护、新生滨海湿地保护和外来入侵物种防控）来加强对湿地的保护，并从根本上遏制了湿地丧失与退化的趋势（图 6-4）。1992 年之前，湿地资源的开发利用主要是基于经济目标而非生态保护目标，这就往往导致湿地资源的开发利用缺乏科学指导。之后，许多基于经济发展和生态保护双赢目标的湿地利用模式逐渐被构建起来。

四、有效保护阶段（2003～2010 年）

2003 年，我国政府通过了《全国湿地保护工程规划（2002—2030 年）》，并制定了一系列湿地保护的强化管理措施。该规划明确了至 2030 年全国湿地保护的指导原则、任务、目标、布局和重点工程，这为加强湿地保护奠定了长期基础。2005 年，国务院批准了《全国湿地保护工程实施规划（2005—2010 年）》，并首次将湿地保护纳入《国民经济和社会发展第十一个五年规划纲要》（2006～2010 年）。我国政府在 2005～2010 年已采取了许多有效措施（如实施相关法律法规、建立湿地保护区、恢复退化湿地、开展科学研究、重视公众参与、加强国际合作）来强化对湿地（尤其是滨海湿地）的保护，并取得了显著成效。另外，该阶段的国家湿地立法已提上日程（图 6-4）。在国务院法制办公室、国家林业局和其他相关部门的共同努力下，《国家湿地保护条例（草案）》已先后经过四次（2007 年、2008 年、2011 年和 2013 年）征求意见。基于公众和相关管理部门反馈的意见或建议，立法部门已对草案中存在的主要问题进行了多次修订。

五、全面实施阶段（2011 年至今）

2011 年以来，湿地在全国生态建设中的重要性日益受到我国政府的关注。当前，国家已将湿地保护与维持湿地健康作为保障国土生态安全与社会经济可持续发展的重要举措。此间，《全国湿地保护工程实施规划（2011—2015 年）》再次被纳入《国民经济和社会发展第十二个五年规划纲要》（2011～2015 年）。相比“十一五”规划纲要，“十二五”规划纲要中关于湿地保护与恢复的目标、任务、政策、途径、预算及保护工程等更为具体，而这更有助于湿地保护与恢复的全面实施。2009～2013 年，我国政府开展了第二次全国湿地资源调查，系统获取了单块面积大于 $8hm^2$ 湿地的类型、面积和地域分布等信息，重点明确了过去 10 年间全国湿地资源“家底”的动态变化信息，其对于下一步湿地保护与恢复工程的合理布局具有重要科学价值。2017～2019 年，我国政府开展了第三次全国国土调查（以下简称“三调”），其中湿地资源调查是“三调”的重要内容。当前，“三调”的湿地资源信息可服务于国土空间生态修复规划的编制，有助于进一步加强对湿地的保护与修复。在《国民经济和社会发展第十三个五年规划纲要》（2016～2020 年）和《国民经济和社会发展第十四个五年规划和 2035 年远景目标纲要》（2021～

2025年）中，湿地保护与恢复工作已成为生态文明建设的重要内容，尤其是滨海湿地的保护与修复已被列入“美丽海湾”建设和“陆海统筹”的重点任务（图6-4）。在该阶段，湿地保护与修复工作取得了许多显著成效，尤其是国家和省级层面的湿地立法进程加快。在省级层面，截止到2021年，有28个省（自治区、直辖市）出台了湿地保护条例。在国家层面，国家林业局于2013年制定了《湿地保护管理规定》；国务院办公厅于2016年12月发布了《湿地保护修复制度方案》；国家海洋局、国家发展和改革委员会、国土资源部于2017年印发了《围填海管控办法》；国务院于2018年印发了“史上最严”的围填海管控措施——《关于加强滨海湿地保护严格管控围填海的通知》；《中华人民共和国湿地保护法》已于2021年12月公布，并在2022年6月正式实施。下一步，我国湿地的保护进程将继续加快且措施更为有效，并将逐渐构建起较为完善的国家与地方湿地保护法律体系及有效的管理与协调机制。

第三节　中国滨海湿地保护成效

一、滨海湿地得到了有效保护与恢复

自2002年以来，我国湿地（尤其是滨海湿地）得到了有效保护。在过去的20年间，我国政府投入大量资金用于湿地的保护与恢复，并取得了显著成效。在“十一五”期间（2006～2010年），中央累计投入14亿元财政资金用于开展湿地保护工程、退化湿地恢复工程、可持续利用示范工程和管理能力建设工程。截止到2010年，全国已开展了201个湿地项目建设，其中林业系统开展了134个湿地项目，地方政府配套资金达17亿元。在“十二五”期间（2011～2015年），中央累计投入15亿元财政资金，继续用于开展湿地保护工程、湿地综合治理工程、可持续利用示范工程和管理能力建设工程，涉及湿地项目738个，地方政府配套资金达74亿元。在我国政府不断扩大湿地保护面积及持续开展退化湿地恢复的努力下，上述湿地项目实施区的生态脆弱或退化状况得到了有效改善（Niu et al.，2011）。例如，为了恢复退化滨海湿地、改善湿地生态功能、保护珍稀鸟类栖息生境，2002年以来，山东黄河三角洲国家级自然保护区大汶流管理站实施了大规模的湿地恢复工程（Cui et al.，2009）。曾经广泛分布于我国东南沿海的红树林，由于一系列红树林恢复工程的实施，其面积已由1997年的$1.49\times10^4hm^2$增加到2013年的$3.28\times10^4hm^2$（图6-2B）。其中，规模较大的红树林恢复工程已涉及泉州湾、雷州半岛、九龙江口、深圳湾、淇澳岛和东寨港等（叶功富等，2005；林子腾，2005；李蓉等，2007；廖宝文，2003；彭辉武等，2011；王仁恩，2012）。上述恢复工程的实施增加了滨海湿地面积、增强了湿地生态功能，并逐步形成了多种河口湿地或红树林湿地的恢复模式，这对于其他地区滨海湿地的保护与恢复起到了很好的示范作用。

为了加强对滨海湿地的保护与修复，保证湿地保护的财政资金渠道，我国政府于2009年在中央一号文件中提出了“启动湿地生态效益补偿试点”，同年的中央林业工作会议再次要求建立湿地生态补偿制度。2011年，财政部和国家林业局联合印发了《中央财政湿地保护补助资金管理暂行办法》，并于2010～2011年累计安排了4亿元的专项财

政资金，用于补助 27 个国际重要湿地、43 个湿地保护区和 86 个国家湿地公园，其中涉及多个滨海湿地保护区和湿地公园。2014 年，中央一号文件明确提出了关于“开展湿地生态效益补偿和退耕还湿试点”的要求。2021 年，“十四五”规划明确提出了要完善湿地生态补偿制度。近年来，各级政府相继开展了许多富有成效的生态补偿工作。

二、滨海湿地保护区的建设步伐加快

我国的自然湿地一般实行三级保护管理：湿地保护区，实行完整保护，禁止绝大部分人类活动的干扰；湿地公园，实行完整保护，但可用于发展生态旅游；风景名胜公园，实行完整保护，但可对公众开放用于休闲娱乐（An et al.，2007）。根据两次全国湿地资源调查公布的相关数据可知，1995～2013 年，有 553 个湿地保护区得以建设以用于保护湿地生境及珍稀濒危水生动植物，其中包括 125 个国家级保护区、136 个省级保护区和 292 个县级保护区。截止到 2013 年，我国的湿地保护面积已达 $2324.32\times10^4hm^2$，其在 10 多年间增加了 $525.94\times10^4hm^2$。2003～2013 年，我国的湿地保护率由 30.49%提高到 43.51%（https://www.forestry.gov.cn/main/ 65/20140128/758154.html）。此间，有 279 个湿地自然保护区和 468 个湿地公园被建立起来，另有 25 块湿地被列入湿地公约国际重要湿地名录。到 2014 年，在被列入国际重要湿地名录的 46 块湿地中，有 15 块为滨海湿地（图 6-5）。在 125 个国家级湿地保护区中，有 35 个为滨海湿地保护区，占 28.00%；35 个国家级滨海湿地保护区的面积达 $157.95\times10^4hm^2$，占滨海湿地总面积（$5.80\times10^6hm^2$）的 27.23%。2015～2021 年，我国新增 18 处国际重要湿地，其中滨海湿地有 2 处，分别为广东省的南澎列岛湿地（面积：$6.14hm^2$；主要保护对象：中华白海豚、江豚；加入时间：2015 年）和天津市的北大港湿地（面积：$3.49hm^2$；主要保护对象：丹顶鹤、大鸨；加入时间：2018 年）。截止到 2021 年，我国共有国际重要湿地 64 处，面积达 $7.32\times10^6hm^2$；发布国家级重要湿地 29 处、省级重要湿地 1001 处（https://www.forestry.gov.cn/main/6193/20220302/153916535797497.html）；建立湿地自然保护区 602 处，各类湿地公园 1600 多处，湿地保护率达到了 52.65%（https://www.forestry.gov.cn/main/216/20220111/140704236720714. html）。截止到 2023 年 6 月，我国又新增 18 处国际重要湿地，国际重要湿地数量达到 82 处（https://www.forestry.gov.cn/c/www/gsgg/507495.jhtml）。

“十三五”期间（2016～2020 年），国家层面和省级层面均加强了滨海湿地保护政策的制定与落实，各级自然保护区的建设取得显著成效。例如，国家林业局于 2017 年同意在“海南三亚东河国家湿地公园（试点）”的基础上扩大保护面积，建设“海南三亚河国家湿地公园”。为了加强对特定滨海湿地生境的保护，一批海洋公园或保护区也陆续建立。例如，国家海洋局于 2016 年批准成立青岛胶州湾国家级海洋公园。福建省政府于 2021 年同意建立福清兴化湾水鸟省级自然保护区。另外，我国滨海湿地的申遗工作也取得了重要进展。在 2019 年召开的第 43 届世界遗产大会上，中国黄（渤）海候鸟栖息地（第一期）被列入《世界遗产名录》，成为全国第 14 处世界自然遗产，填补了我国滨海湿地类型遗产的空白，开启了我国生物保护从陆地走向海洋的新境界。

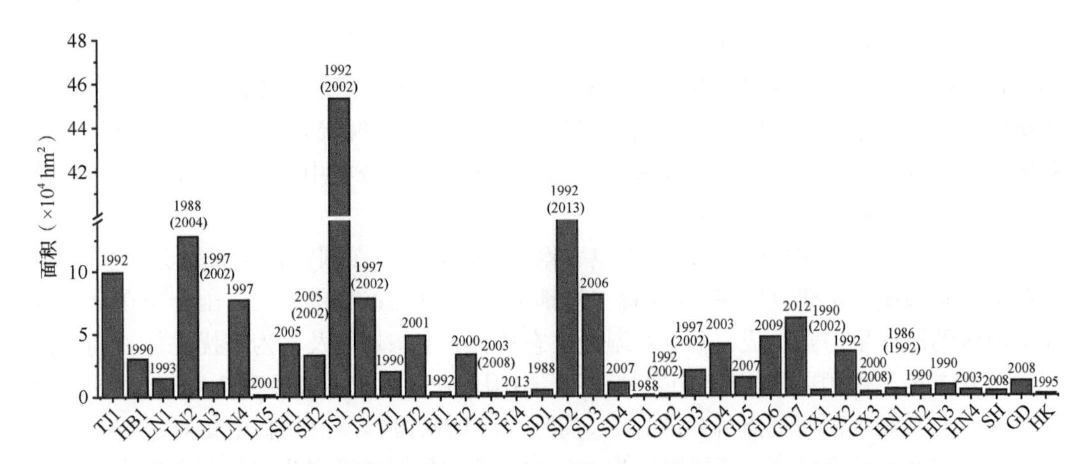

图 6-5　中国国家级滨海湿地自然保护区和国际重要湿地面积（截止到 2014 年）

滨海湿地自然保护区的名字以所在省（自治区、直辖市）的缩写及阿拉伯数字来表征。LN1、LN2、LN3、LN4 和 LN5 分别为辽宁省的蛇岛-老铁山自然保护区、双台河口自然保护区、大连斑海豹自然保护区、丹东鸭绿江口滨海湿地自然保护区和成山头海滨地貌自然保护区；HB1 为河北省的昌黎黄金海岸自然保护区；TJ1 为天津市的古海岸与湿地自然保护区；SD1、SD2、SD3 和 SD4 分别为山东省的长岛自然保护区、黄河三角洲自然保护区、滨州贝壳堤岛与湿地自然保护区和荣成大天鹅自然保护区；JS1 和 JS2 分别为江苏省的盐城沿海滩涂珍禽自然保护区和大丰麋鹿自然保护区；SH1 和 SH2 分别为上海市的九段沙湿地自然保护区和崇明东滩鸟类自然保护区；ZJ1 和 ZJ2 分别为浙江省的南麂列岛海洋自然保护区和象山韭山列岛自然保护区；FJ1、FJ2、FJ3 和 FJ4 分别为福建省的深沪湾海底古森林遗迹自然保护区、厦门珍稀海洋物种自然保护区、漳江口红树林自然保护区和闽江河口湿地自然保护区；GD1、GD2、GD3、GD4、GD5、GD6 和 GD7 分别为广东省的内伶仃岛-福田自然保护区、惠东港口海龟自然保护区、湛江红树林自然保护区、珠江口中华白海豚自然保护区、徐闻珊瑚礁自然保护区、雷州珍稀海洋生物自然保护区和南澎列岛自然保护区；GX1、GX2 和 GX3 分别为广西壮族自治区的山口红树林生态自然保护区、合浦营盘港-英罗港儒艮自然保护区和北仑河口自然保护区；HN1、HN2、HN3 和 HN4 分别为海南省的东寨港自然保护区、大洲岛海洋生态自然保护区、三亚珊瑚礁自然保护区和铜鼓岭自然保护区；SH、GD 和 HK 分别为上海市的长江口中华鲟自然保护区、广东省的海丰湿地自然保护区及香港特别行政区的米埔和内海湾湿地（湿地公园）。LN2、LN3、SD2、JS1、JS2、SH2、FJ3、GD2、GD3、GX1、GX3 和 HN1 既是国家级自然保护区也是国际重要湿地，而 SH、GD 和 HK 为国际重要湿地；除这些湿地外，其他保护区为国家级自然保护区。柱状图上方的不同年份为该保护区纳入国家级自然保护区的时间，而括号内的年份为该保护区纳入国际重要湿地名录的时间。数据来源：The Ramsar Convention on Wetlands，2014；2014 年全国自然保护区名录（https://www.mee.gov.cn/ywgz/zrstbh/zrbhdjg/201605/P020161108589922495880.pdf）

三、滨海湿地调查与监测的大规模开展

为了更好地履行湿地公约及有效保护湿地，我国于 1995～2003 年开展了第一次全国湿地资源调查工作，重点获取了单块面积大于 $100hm^2$ 的湿地基本信息，主要包括湿地类型、面积与地理分布、湿地高等植物和稀有植物区系组成与分布，以及湿地两栖动物、爬行动物、哺乳动物、鸟类和鱼类的地理分布与栖息生境（李世东等，2010）。2003 年以后，随着我国经济社会的快速发展，人类活动已对湿地生态状况产生了深刻影响。为了准确获取 10 年间湿地资源及其生态变化的信息，以及改进湿地保护与管理的政策，我国于 2009～2013 年开展了第二次全国湿地资源调查工作，主要目的是获取单块面积大于 $8hm^2$ 湿地的基本信息，包括湿地类型、面积及地理分布、湿地植被、湿地生物多样性、湿地生态状况及湿地受威胁情况等（https://www.forestry.gov.cn/main/65/20140128/758154.html）。

我国目前是全球首个完成三次全国湿地资源调查的国家。在 2017～2019 年开展的

第三次全国国土调查中，湿地是新增的一级地类，包括 7 个二级地类（https://www.mnr.gov.cn/dt/ywbb/202108/t20210826_2678337.html）。为了实现湿地资源调查与“三调”的实质性融合，国家新发布的《土地利用现状分类》（简称《现状分类》）在顶层设计上与湿地分类进行了衔接，将森林沼泽等湿地类型在土地利用分类中显化，将水田、红树林等 14 个土地利用二级类归并为湿地类。

近 20 年来，我国湿地生态站建设也取得了长足发展。在国家林业局的支持下，“中国湿地生态系统定位研究网络”（简称“湿地网络”）于 2007 年成立，由分布在全国重要湿地区的湿地生态站组成，重点对湿地生态特征、生态功能及人为干扰进行长期定位观测。2013 年，由中国科学院、国家林业局、中国农业科学院及高校联合发起，成立“中国湿地生态系统观测研究野外站联盟”（简称“湿地联盟”），旨在制定相对统一的野外监测指标体系和技术规范，开展湿地生态站的长期定位观测和多生态站联合研究。近年来，在科技部、国家林业和草原局、中国科学院、自然资源部、教育部、中国地质调查局、中国林业科学研究院和高校的共同努力下，我国陆续建设了 50 多个湿地生态站，其中有 22 个滨海湿地生态站。截止到 2021 年，辽宁盘锦站、山东胶州湾站、上海长江河口站、福建台湾海峡站、广东大亚湾站、澳门海岸带站和海南三亚站等 7 个站被纳入国家野外科学观测研究站序列。

四、滨海湿地保护的科技支撑能力不断增强

在过去的 20 年间，我国湿地保护的科技支撑能力不断增强，尤其是上述湿地网络、湿地联盟的建设及湿地生态监测的长期开展，极大地推动了我国的湿地保护与修复研究工作。2007～2010 年，许多国家级湿地专门研究机构相继成立。例如，国家林业局湿地保护管理中心（北京）、中国林业科学研究院湿地研究所（北京）、国家高原湿地研究中心（云南，依托西南林业大学）和国家湿地保护与修复技术中心（北京，依托北京大学）。这些研究机构与其他国家级或省级科研院所和大学合作，聚焦湿地与全球变化、湿地与水资源保护及湿地与生态安全等领域，启动了许多重要的研究项目。2006～2014 年，共实施了 3 项与湿地有关的国家重点基础研究发展计划（973 计划）项目，即“黄淮海地区湿地水生态过程、水环境效应及生态安全调控”（2006CB403300）、“湖泊与湿地生态系统对全球变化的响应及生态恢复对策研究”（2012CB956100）、“围填海活动对大江大河三角洲滨海湿地影响机理与生态修复”（2013CB430400），其中有 1 项专门为滨海湿地研究。与此同时，一批与滨海湿地有关的国家科技支撑计划项目也陆续实施，这为滨海湿地的保护与修复奠定了良好科技基础。

2015 年，国家将国家重点基础研究发展计划（973 计划）、国家高技术研究发展计划（863 计划）、国家科技支撑计划、国际科技合作与交流专项、产业技术研究与开发基金和公益性行业科研专项等整合为“国家重点研发计划”后，在“典型脆弱生态系统保护与修复”、“海洋环境安全保障与岛礁可持续发展”及“长江黄河等重点流域水资源与水环境综合治理”等重点专项中均布局有滨海湿地研究项目。例如，“闽三角城市群生态安全保障及海岸带生态修复技术”（2016YFC0502900）、“红树林等典型滨海湿地生态

恢复和生态功能提升技术研究与示范”（2017YFC0506100）、“长三角典型河口湿地生态恢复与产业化技术”（2017YFC0506000）、“北方典型河口湿地生态修复与产业化技术”（2017YFC0505900）、“滨海滩涂湿地生态恢复与功能提升技术”（2017YFC0506200）、“人类活动对海岸带生态影响机制及综合调控研究”（2017YFC0505800）、“海岸带和沿海地区全球变化综合风险研究”（2017YFA0604900）。此外，国家自然科学基金委员会近年来也设立了一批针对滨海湿地研究的重点项目、重大研究计划和区域创新发展联合基金项目。例如，“黄河三角洲湿地水文连通格局变化的生态效应及调控机理”（51639001）、“植物入侵对我国滨海盐沼湿地植被及其相关碳过程影响的地理格局与预测”（41630528）、“北部湾红树林潮滩响应陆海水沙变化的沉积动力过程”（41930537）、“滨海湿地鸟类监测多维协同全光计算成像技术”（61931003）、“河口红树林湿地甲烷厌氧氧化及其与碳氮硫循环的耦合机制”（91951207）、“环渤海滨海湿地硅生物地球化学循环及其碳汇效应”（41930862）、“河口海岸湿地硝化微生物自养固碳机制研究”（42030411）、“河北滨海湿地生态系统对长期气候变化与人类活动的响应”（U20A20116）、“黄河口盐沼湿地固碳关键过程、调控机理及增汇潜力研究”（U2106209）。

五、滨海湿地保护的管理水平不断提高

为了严格履行湿地公约，加大湿地保护的力度，我国政府指定国家林业局（现国家林业和草原局）成立了湿地保护专门管理机构，建立了部门协调机制。前述可知，中国国际湿地公约履约办公室于 2007 年成立，主要负责湿地保护的部门协调、国家湿地保护政策的制定、湿地资源的调查与监测、湿地保护管理与公众参与及履约和湿地保护国际合作等。在过去的 10 多年间，与湿地有关的法律法规已逐步建立健全起来。截止到 2021 年，有 28 个省（自治区、直辖市）出台了湿地保护条例。在国家层面上，国家林业局于 2013 年制定了《湿地保护管理规定》，《中华人民共和国湿地保护法》已于 2022 年 6 月正式实施。与此同时，许多与湿地资源调查、湿地保护与修复及湿地公园建设有关的政策或规定也相继出台。总之，当前国家和地方湿地立法工作的推进为加强湿地的保护与有效管理提供了坚实的法律保障。

六、滨海湿地保护的公众参与意识不断增强

在过去的 20 年间，滨海湿地保护的公众参与意识得到了进一步提升。公众可通过不同途径来了解湿地保护的相关知识或信息。根据湿地公约的要求，湿地管理部门每年都会组织开展“世界湿地日”（2 月 2 日）的宣传及公众参与活动。宣传日的组织部门通过专题征文、拍摄电视专题片、印发宣传海报和科普读物等方式，大力宣传湿地保护的重要意义。另外，公众积极参与湿地管理部门举办的各种湿地保护论坛和活动也是其了解湿地保护知识的有效途径。在湿地管理部门和广大志愿者的共同努力下，2008 年建立的“湿地中国”网站已成为我国湿地宣传方面最具影响力的门户网站之一，该网站每年发布的信息均在 2 万条以上。国家林业局与有关部门联合举办的“2010 沿海湿地万里行”活动，吸引了《人民日报》等 7 家中央媒体和 4 家部门媒体的随行采访，在滨海湿地保

护方面产生了巨大的社会影响。自 2001 年以来，国家林业局湿地保护管理中心、水利部水资源管理司、世界自然基金会（WWF）和国际湿地公约秘书处每年组织的“湿地使者行动”受到了全社会的广泛关注，广大青少年和各种学生社团积极参与活动，对湿地保护起到了很好的宣传与教育作用。

七、滨海湿地保护的国际交流与合作不断加强

自 1992 年我国政府加入湿地公约以来，湿地保护的国际交流与合作开始稳步推进。首先，通过湿地公约的国际合作机制引入了技术和资金。湿地公约为制定我国国家湿地保护宏观战略提供了技术支持，促进了我国制定湿地保护行动计划、开展湿地资源调查和编制国家湿地保护规划。通过湿地公约的国际合作机制，国际社会在 1992～2007 年无偿提供了约 5 亿元资金用于中国开展湿地生态保护示范。中国还与 WWF、IUCN、湿地国际（WI）、欧盟（EU）、联合国开发计划署（UNDP）、全球环境基金（GEF）和其他国际组织在湿地保护与修复、生物多样性保护及人员培训等方面开展了一系列国际合作（马广仁，2007）。

其次，积极开展湿地保护的国际交流与合作。自 1992 年以来，我国政府参加了历次缔约方大会，参与了公约的各项重要决策，积极推动并促进落实与公约相关的动议和决议。同时，我国政府还积极宣传湿地保护的相关工作及取得的成就，并就湿地保护的相关议题提出合理建议，为维护包括中国在内的广大发展中国家（尤其是亚洲国家）的利益作出了重要贡献。2007 年，国际湿地公约履约办公室的成立不但有助于加强国际合作，更有利于严格履行湿地公约的义务。

最后，积极发挥国际湿地公约履约办公室的协调职能，及时妥善处理国际重要湿地的敏感问题。由前述可知，某些国际重要湿地（如崇明东滩）的生态特征由于实施相关建设工程已发生了较大改变。当前，这些湿地所面临的压力或潜在威胁已引起了国内外的关注，而加强国际湿地公约履约办公室的国际交流与协调职能是解决上述敏感问题的有效途径。另外，我国政府已在加强湿地国际交流与合作方面树立了良好国际形象。在过去的 20 多年间，我国在兼顾经济社会发展与湿地生态保护方面取得了举世瞩目的成就，受到了国际社会的赞誉。目前，中国作为湿地公约的常委会成员和科技委员会主席，深度参与公约事务和规则的制定，广泛开展国际合作与交流，正在为全球生态治理贡献中国智慧和中国方案（https://www.forestry.gov.cn/main/216/20220111/140704236720714.html）。

第四节　中国滨海湿地保护存在问题与挑战

一、污染和人类活动对滨海湿地的威胁依然突出

过去的 20 年间，尽管我国政府在滨海湿地保护与修复方面取得了显著成效，但人口日益增加和经济快速发展对滨海湿地产生的威胁或压力仍将持续相当长的一段时间。根

据两次全国湿地资源调查公布的数据，威胁重点湿地生态状况的主要因子已从 10 年前的污染、围垦和非法狩猎三大因子，转变为 10 年后的污染、过度捕捞和采集、围垦、外来物种入侵及基建占用五大因子（https://www.forestry.gov.cn/main/65/20140128/758154.html），其中污染是影响滨海湿地健康的最重要因素之一。现有研究显示，我国部分河口、海湾或海岸带的污染问题较为突出，其污染源主要来自农业或工业活动、畜禽粪便或生活污水排放、海水养殖或其他海洋活动（Cao and Wong，2007）。根据 2002～2014 年中国海洋环境质量公报公布的数据，长江口和珠江口的主要污染物[化学需氧量（COD）、营养盐、石油烃、重金属和砷]总体要高于东部沿海的其他河口（图 6-6）。尽管长江口和珠江口的总污染物入海通量由于近年来全国水体污染防治工程的实施而呈降低趋势，但长江口的 COD、营养盐、石油烃和重金属入海通量及珠江口的 COD、营养盐和石油烃入海通量依然处于较高水平。此外，闽江口和钱塘江口的总污染物和 COD 入海通量整体呈增加变化或处于较高水平，而黄河口和晋江口的总污染物和 COD 入海通量均呈显著降低趋势（图 6-6）。黄河口的石油烃入海通量在 2010 年后呈较大波动变化，而闽江口、钱塘江口和晋江口的石油烃入海通量在此间均呈降低趋势。另外，闽江口、钱塘江口、黄河口和晋江口的营养盐和重金属入海通量整体亦处于较高水平，甚至呈小幅增加变化（图 6-6）。根据 2014～2016 年中国近岸海域环境质量公报、2017 年中国近岸海域生态环境质量公报及 2018～2020 年中国海洋生态环境状况公报公布的数据，我国主要海湾的富营养化状况在“美丽海湾”建设后明显改善，富营养化指数已经由 2014 年的 1.6 降至 2017 年的 0.78；全国近岸海域水质优良比也由 2014 年的 66.8%增至 2020 年的 77.4%。然而，对日排污水量大于 100m^3 的直排海污染源进行监测发现，我国近 7 年（2014～2020 年）的污水排放总量呈波动上升趋势（2018 年的排放量最大），且不同年份的综合排污口的排放量均较高（图 6-7）；对入海河流水质的监测发现高锰酸盐指数、COD、总磷、氨氮和五日生化需氧量（BOD_5）均长期超标，其中无机氮和活性磷酸盐为海湾的主要污染因子。可见，虽然我国政府在过去的 20 年间已采取有效措施对水体污染进行了治理，但河口或海湾的污染依然较为突出，由此仍将在相当长的一段时间严重威胁滨海湿地的生态状况。

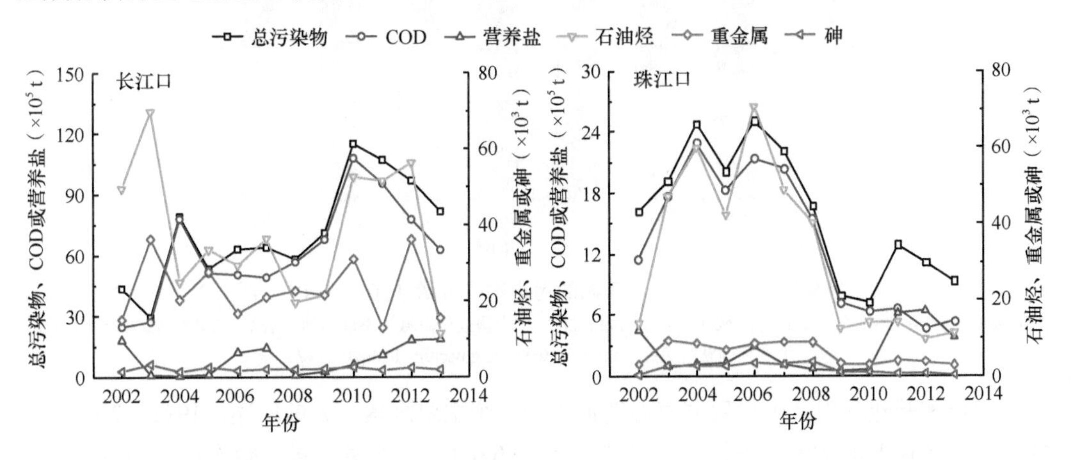

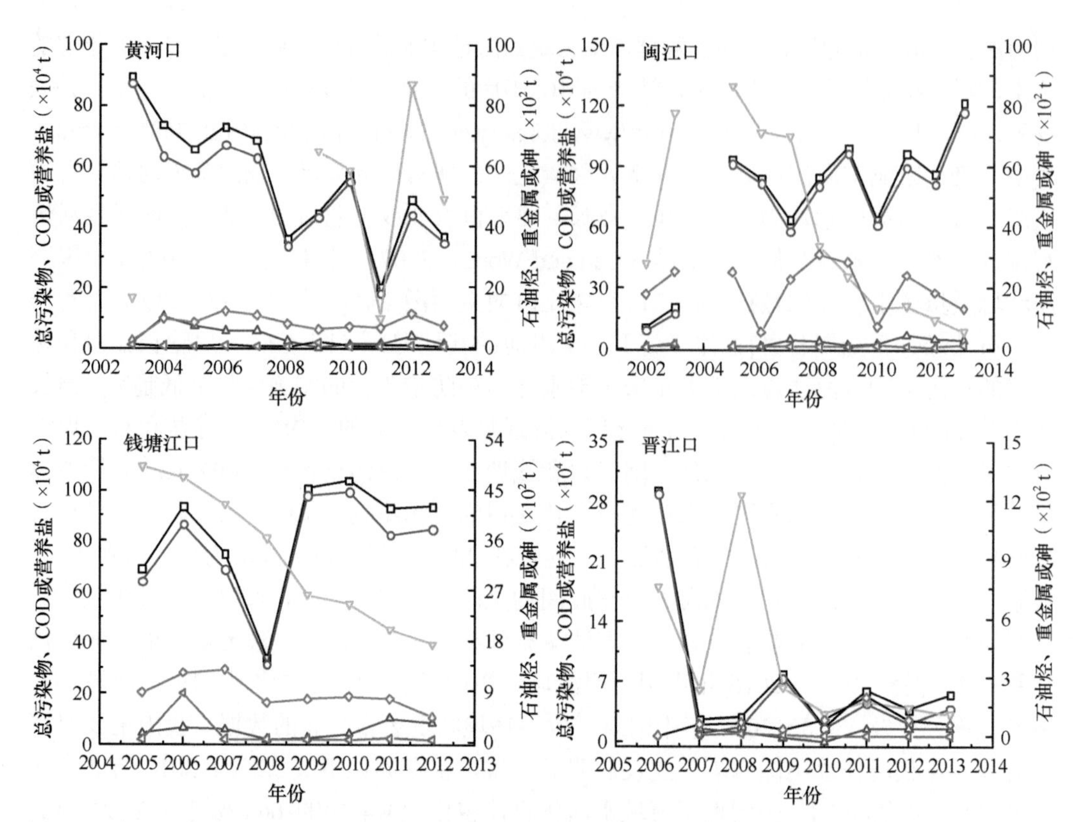

图 6-6　中国 6 条典型河流（长江、珠江、黄河、闽江、钱塘江和晋江）的主要污染物（COD、营养盐、石油烃、重金属和砷）入海通量（2002～2013 年）

数据来源：中国海洋环境质量公报（2002～2014 年）（http://www.nmdis.org.cn/hygb/zghyhjzlgb/）

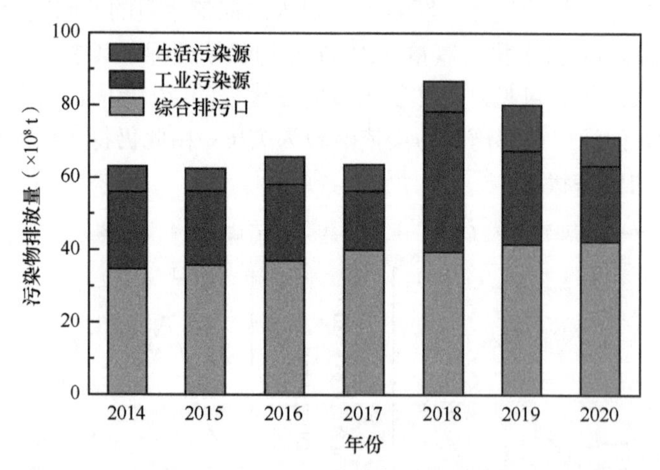

图 6-7　中国直排海污染源的污染物排放量（2014～2020 年）

数据来源：2014～2016 年中国近岸海域环境质量公报、2017 年中国近岸海域生态环境质量公报、2018～2020 年中国海洋生态环境状况公报（https://www.mee.gov.cn/hjzl/sthjzk/jagb/）

围垦和基建占用是也导致滨海湿地损失的两个主要因素。如前所述，1991～2014 年，约有 $3.86\times10^6hm^2$ 的滨海湿地被围垦或破坏（图 6-2A）。另外，过去数十年间的海岸带过度捕捞已导致了近海渔业资源的严重衰退。据统计，我国近海捕捞量在 1980～1996 年由

2.81×10^6t 增加到 11.53×10^6t，增幅为 310.32%。1994 年以后，近海捕捞量呈显著增加趋势，且已超过年最大允许捕捞量（8.00×10^6t）。1998～2012 年，我国近海捕捞量一直处于较高水平（图 6-8）。由于渔船和船舶动力的增加，我国近海捕捞量在 1980～2012 年增加了 3.51 倍，2012 年达到了 12.67×10^6t。然而，近海捕捞的渔获物已发生了显著改变，即从高价值的渔业资源向低价值的渔业资源转变。根据第二次全国湿地资源调查公布的数据，上述威胁因子的出现频次在 10 年间增加了 38.72%，且主要威胁因子的影响频次和面积也均呈增加态势（https://www.forestry.gov.cn/main/65/20140128/758154.html）。郑姚闽等（2012）对我国 23 个国家级滨海湿地/海洋自然保护区保护成效的研究表明，有 4 个保护区处于优良状态，有 3 个保护区处于良好状态，有 11 个保护区处于较差状态，三个组的面积分别为 23.17×10^4hm²、10.06×10^4hm² 和 70.64×10^4hm²，分别占总面积的 21.76%、9.45%和 66.33%。大多数滨海湿地自然保护区不尽理想的保护状况主要取决于上述威胁因子及较大的湿地保护空缺。尽管我国已经逐步建立了滨海湿地生态系统的保护体系，但许多位于国家重点生态功能区、候鸟迁徙路线、重要河口或海湾、生态脆弱区和敏感区等范围内的滨海湿地，还未被全部纳入保护体系之中。例如，黄海生态区保护的关键空缺区域和保护对象涉及黄河口湿地（整合优化现有保护地，保护黄河口生态系统）、辽河口湿地（保护湿地生态系统）、河北曹妃甸海草床（保护海草资源）、天津塘沽湿地和河北黄骅湿地（保护湿地生态系统）、胶东半岛湿地（保护湿地生态系统）、舟山群岛（保护海洋渔业资源）、斑海豹（*Phoca largha*）繁殖区及洄游通道（保护斑海豹）、江苏滨海湿地（保护珍稀濒危鸟类和湿地生态系统）（曲方圆等，2021）。总之，目前我国滨海湿地的保护空缺还较多，湿地保护任务依然艰巨。

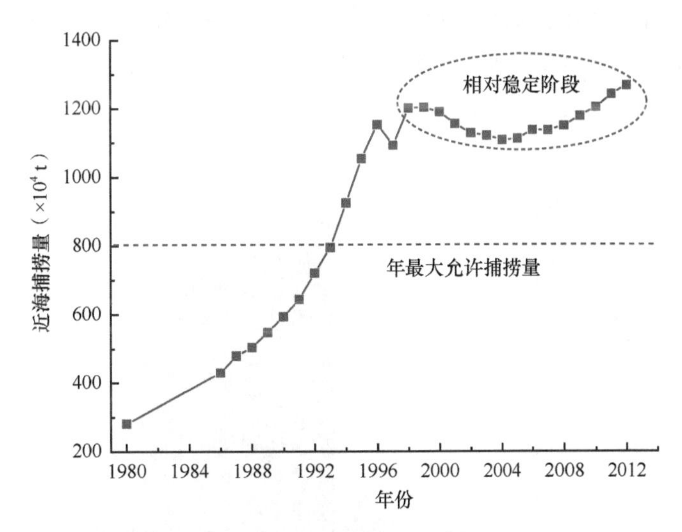

图 6-8　中国近海渔业捕捞量变化（1980～2012 年）

数据来源：卢秀容，2005；中国渔业统计年鉴（1986～2012 年）（农业部渔业局，1986-2012）

二、威胁因子对湿地产生的不利影响还在加剧

由于上述威胁因子的存在，许多重要的滨海湿地已部分或完全退化。如前所述，我

国红树林在 1950～2008 年减少了约 52.17%（图 6-2B），而这主要发生在经济发达地区（如广东省）。珊瑚礁在此间减少了 80%，这主要与人为破坏活动（如建筑材料开挖和珊瑚采集）有关（Cao and Wong，2007）。据统计，南海北部大亚湾海区的活珊瑚礁覆盖率从 1983～1984 年的 76.6%下降到 2008 年的 15.3%，退化率达 80%（陈天然等，2009）。西沙珊瑚礁的活珊瑚覆盖率从 2005～2006 年的 65%～70%下降至 2008 年的 16.84%，2009 年的活珊瑚礁覆盖率仅为 7.93%；活珊瑚种类从 2006 年的 87 种减少为 2009 年的 35 种（吴钟解等，2011）。

伴随着滨海湿地的退化或消失，许多湿地已丧失或部分丧失野生动植物栖息地和繁殖地的功能，生物多样性正在下降。据统计，我国 37 种红树植物中，有 14 种处于濒危状态，占红树植物的 37.84%（张颖等，2013）。例如，红榄李（*Lumnitzera littorea*），仅分布于海南三亚和陵水，现存数量不足 350 株；卵叶海桑（*Sonneratia ovata*），分布于海南文昌的清澜港，现存数量仅 51 株。根据两次全国湿地资源调查公布的数据，超过一半的鸟类种群数量在 10 年间出现了显著降低，已灭绝或处于濒危状态的滨海湿地物种主要包括白鱀豚（*Lipotes vexillifer*）、扬子鳄（*Alligator sinensis*）、白鲟（*Psephurus gladius*）和丹顶鹤（*Grus japonensis*）等。生物入侵也可导致滨海湿地生物多样性的显著降低。我国是世界上受生物入侵影响最为严重的国家之一，超过 400 种的入侵生物正在威胁着我国生态系统的生物多样性。据统计，我国海岸带地区正受到 26 种海洋经济物种（鱼类、贝类和虾类）和 3 种米草属植物的入侵（梁玉波和王斌，2001）。互花米草源于北美洲大西洋沿岸，1979 年为保护海堤和防治海岸侵蚀而引入我国，是目前我国东部沿海地区最为严重的入侵种之一。互花米草现在已广泛分布于辽宁、河北、天津、山东、江苏、上海、浙江、福建、广东和广西等 10 个沿海省（自治区、直辖市）的海岸带区域（左平等，2009），其中江苏、上海、浙江和福建的互花米草分布面积占其总分布面积的 94.13%（3.45×10^4hm^2）（图 6-9）。据估计，空心莲子草、凤眼莲和互花米

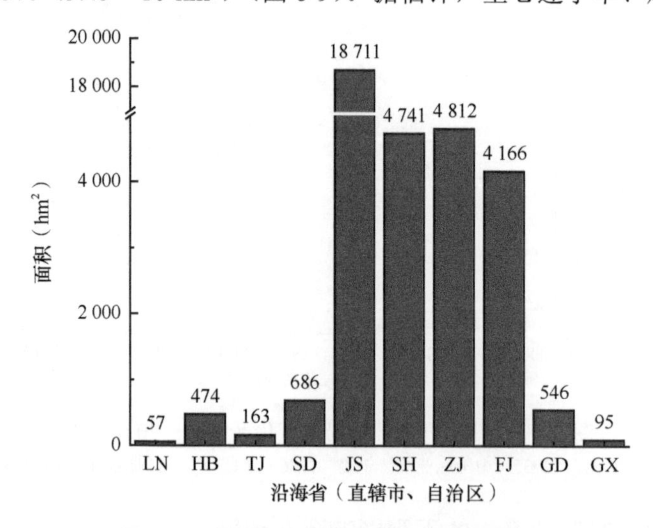

图 6-9　中国沿海地区互花米草分布面积

数据来源：左平等，2009；中国海洋环境质量公报（2003～2009 年）、中国海洋环境状况公报（2010～2014 年）（http://www.nmdis.org.cn/hygb/zghyhjzlgb/）。LN、HB、TJ、SD、JS、SH、ZJ、FJ、GD 和 GX 分别代表辽宁、河北、天津、山东、江苏、上海、浙江、福建、广东和广西

草 3 种植物每年可导致约 20 亿美元的经济损失，而导致经济损失的原因主要包括阻塞航道、生物栖息地改变导致的生物多样性降低及生态系统退化导致的经济物种大量死亡等（安树青，2003）。

三、海岸侵蚀与海平面上升的威胁正在增加

当前，我国海岸带区域约有 70%的砂质和淤泥质海岸由于自然或人为原因而处于侵蚀状态（尤其是北方海岸），其中自然因素包括河流径流和输沙量减少、潮流、风暴潮及海平面上升，而人为因素主要包括采矿及沿海基干林带的破坏。据研究，在一些海岸侵蚀非常严重且有定期监测的海岸带区域，其海岸线到 2003 年累计后退约 79.6km（Cao and Wong，2007）。在一些主要的河口三角洲，径流量和输沙量的减少通常是影响滨海湿地动态变化及生态系统稳定的主要自然因素。例如，在世界上以输沙量高而闻名的黄河，每年有数亿吨的泥沙被输送到河口并沉积在流速缓慢的入海口处，形成了辽阔的洪泛平原和特殊的河口湿地景观。根据图 6-10A 可知，黄河的年径流量和输沙量在 1976～2002 年整体呈降低趋势，但在 2003～2013 年由于调水调沙工程的长期实施而呈增加趋势。1979～2013 年，不同时期的年均输沙量变化通常与相应时期的滨海湿地面积变化同步（图 6-10B、C）。相关分析显示，黄河口滨海湿地的年均淤进/蚀退速率与年均输沙量存在显著相关关系（r=–0.834，n=6，P＜0.05），但其与年均径流量之间的相关性并不显著（P＞0.05）（图 6-10D）。上述结果表明，尽管黄河径流量的年际变化对于黄河三角洲滨海湿地的淤进/蚀退可产生一定影响，但滨海湿地的动态变化及生态系统的稳定性在很大程度上受到输沙量年际变化的显著影响。

海平面上升也是影响我国滨海湿地变化的一个重要因素。根据 IPCC（2013）第 5 次评估报告，全球海平面在 1901～2010 年增加了 0.19（0.17～0.21）m，年均上升速率为 1.7（1.5～1.9）mm/a。全球海平面的年均上升速率在 1971～2010 年及 1993～2010 年分别达到了 2.0mm/a 和 3.2mm/a，说明全球海平面长期呈上升趋势。全球海平面在 21 世纪将超过 1971～2010 年的上升均值，其在 2081～2100 年将升高 0.52～0.98m，年均上升速率达 8～16mm/a（IPCC，2013）。吴涛等（2006）研究显示，全球海平面平均上

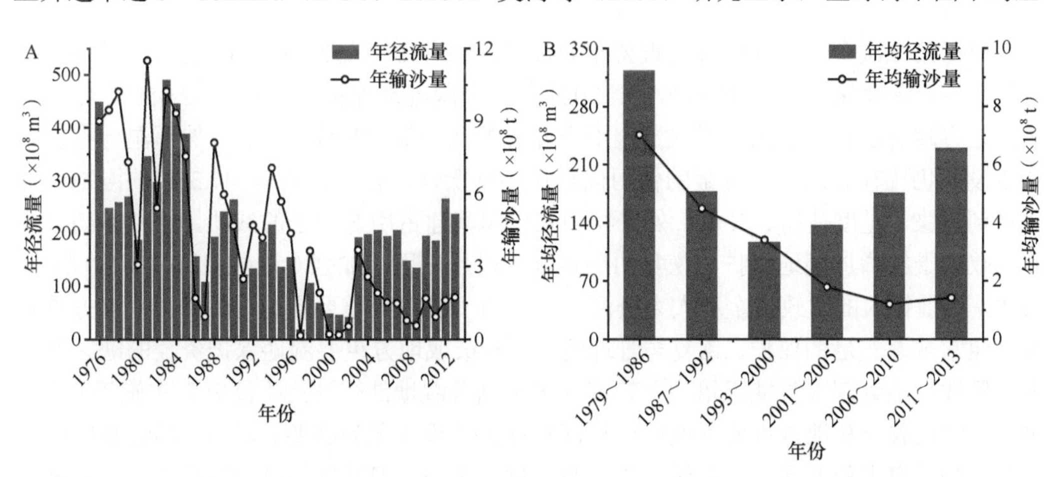

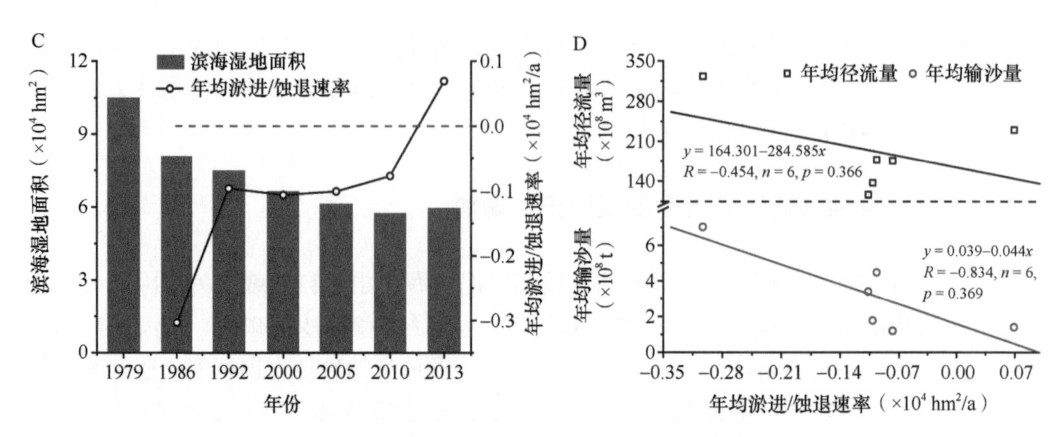

图 6-10　1976～2013 年黄河年径流量和输沙量（A）、不同时期年均径流量和输沙量（B）、1979～2013 年黄河三角洲滨海湿地面积与年均淤进/蚀退速率（C）及年均径流量或输沙量与年均淤进/蚀退速率的关系（D）

数据来源：孙万龙，2014；1977～2015 年中国河流泥沙公报（http://xxzx.mwr.gov.cn/xxgk/gbjb/zghlnsgb/）

升速率在 1993～2003 年达到了 2.8mm/a±0.4mm/a，而在 1990～2090 年的年均上升速率可能介于 1.1～7.7mm/a。综合上述分析可知，全球海平面在 2010～2080 年可能会上升 0.19～0.52m，年均上升速率可能介于 3.2～8.0mm/a。根据杨桂山和施雅风（1999）和蔡锋等（2008）的相关研究，到 2050 年，我国海平面将上升 20～70cm（上升速率达 3.1～11.5mm/a），远高于全球海平面上升均值（19～52cm），表明我国海岸带地区的海平面上升可能导致大面积的滨海湿地被淹没。

据估算，我国主要沿海平原（未包括我国台湾地区西部的沿海平原）的可能淹没面积将达到 14.3～21.2×10⁴hm²，占当前滨海湿地总面积的 2.47%～3.66%。另外，我国沿海地区的海平面上升也会导致近海海洋灾害发生频次的增加及海岸侵蚀的加剧，进而显著影响滨海湿地生态系统的稳定性（杨桂山和施雅风，1999）。可见，在应对海平面上升对滨海湿地产生的可能威胁方面，我们依然面临着艰巨的任务。

四、湿地保护与恢复的资金投入还不够充足

根据第二次全国湿地资源调查公布的数据，约有 $2324.32\times10^4\text{hm}^2$ 的自然湿地得到有效保护，湿地保护率为 43.51%。至 2021 年，全国湿地保护率达到了 52.65%。尽管中央及地方政府已投入了大量财政资金用于开展湿地的保护与恢复工作，然而湿地保护的资金投入仍比较有限，且资金的使用尚存在不均衡性。首先，仍有 47.35%的湿地目前正受到污染、过度捕捞、开垦、外来物种入侵和基建占用等因子的威胁，这就迫切需要我国政府继续增加湿地保护与恢复的财政资金投入以用于加强对这些湿地的有效保护。其次，当前投入的财政资金和人力资源通常倾斜于国家级重要湿地，而省级或地方重要湿地通常缺乏充足的保护、恢复与管理资金。省级或地方重要湿地保护资金的缺乏通常还会导致湿地管理人员缺乏培训、管理水平不高及湿地法律法规不能有效实施等问题。可见，增加省级和地方重要湿地保护与恢复资金的投入尤为必要。最后，尽管我国政府已在一些沿海省份开展了滨海湿地生态补偿试点工作，但补偿标准急需提高，尤其是多

元化的补偿模式急需建立。因此，如何增加滨海湿地保护资金和补偿资金的投入、如何充分利用好和平衡好有限资金以用于各级重要滨海湿地（特别是省级和地方重要湿地）的保护与恢复，是我国政府目前所面临的一个重要挑战。

五、滨海湿地保护法律体系与管理机制仍不健全

尽管我国现行的法律法规对于防止湿地围垦或免受污染发挥了重要作用，但这些法律法规因相关条款存在冲突尚不能解决湿地保护中存在的关键问题。例如，《中华人民共和国海域使用管理法》（2002 年）第十六条规定，"单位和个人可以向县级以上人民政府海洋行政主管部门申请使用海域"，说明从海洋赚取收入的权利受到法律的保护，任何单位或个人不可侵犯该项权利。然而，《自然保护区条例》（1994 年）第二十五条则规定，在自然保护区内的单位、居民和经批准进入自然保护区的人员，必须遵守自然保护区的各项管理制度，接受自然保护区管理机构的管理。这就可能产生这样一个冲突，即单位或个人合法获得使用权的海域与保护区的保护范围存在一定的重叠。因此，加强现有相关法律法规的协调至关重要。截止到 2021 年，有 28 个省（自治区、直辖市）出台了湿地保护条例，《中华人民共和国湿地保护法》已于 2022 年 6 月正式实施。下一步，一套专门、完善和协调的国家及地方湿地保护法律法规体系急需建立。尽管国际湿地公约履约办公室的建立推动了不同政府部门在国家层面的管理与协调，但省级和地方政府尚未建立起类似的协调机构，由此使得其管理与协调能力依然不高。

六、滨海湿地教育、科研及国际合作还需加强

过去的 20 年间，尽管我国关于滨海湿地保护的教育、科研和国际合作已逐步加强，但仍然存在一些问题急需解决。首先，滨海湿地保护的公众参与意识仍需提高。一些地区，特别是欠发达沿海地区的公众依然不了解滨海湿地的相关知识；部分管理者，尤其是基层管理者依然缺乏对滨海湿地生态功能的正确认知，这就导致这些地区的滨海湿地保护状况较差。其次，由于科研资金受限，滨海湿地的长期监测研究急需加强。尽管当前我国已建立起服务于湿地保护研究的"中国湿地生态系统定位研究网络"、"中国湿地生态系统观测研究野外站联盟"及服务于提升沿海湿地保护与管理整体效能的"中国沿海湿地保护网络"，但尚未建立起专门的、完善的滨海湿地监测与共享网络，由此使得滨海湿地的管理水平依然不高，而基于长期监测数据的模型构建与预测研究依然较弱。最后，尽管我国在过去 20 年间已对许多退化滨海湿地进行了恢复，但"重实践轻理论"的恢复现状，使得现有技术难以满足对一些退化或受损严重滨海湿地恢复的需要。因此，探索先进的恢复技术（如物种改良与生态工程技术）用于重度退化滨海湿地的恢复尤为关键，而关于退化滨海湿地恢复过程或恢复后的生态状况评估也应该系统开展。另外，滨海湿地国际合作仍有待进一步深化，尤其是应通过国际合作加大对湿地保护与恢复先进理念及先进技术的引进力度。总之，当前湿地教育、科研及国际合作的上述不足在一定程度上减缓了我国现阶段滨海湿地保护的进程。

第五节　中国滨海湿地保护的应对策略

过去的数十年中，我国政府已经意识到健康的滨海湿地生态系统在维护国土生态安全及保障海岸带地区可持续发展方面发挥着不可替代的作用。尽管我国已在滨海湿地保护与恢复方面取得了许多显著成效，但基于上述问题的识别，其在法律体系、管理效能、资金投入、公众参与、科学研究及国际合作方面依然面临着诸多挑战。为应对这些挑战，下一步我国滨海湿地保护应主要采取以下有效策略。

一、探索应对滨海湿地所受威胁的有效措施

由于污染、人类活动、生物入侵、海岸侵蚀和海平面上升是影响滨海湿地稳定与健康的主要威胁因子，所以未来应积极探索有助于减缓或消除这些威胁的有效措施。首先，全国范围的滨海湿地污染监测网络急需建立，尤其是聚焦于点源与非点源污染控制、污水净化和生态修复的一系列行动计划急需实施。其次，为防止滨海湿地丧失及生态功能退化，有效控制人为活动对滨海湿地的影响，国家层面、省级层面和地方层面的滨海湿地保护生态红线的划定工作急需推进，而在红线范围内，围垦、基建占用和过度捕捞等活动应严令禁止。最后，为减缓或消除外来物种（如互花米草）入侵对滨海湿地产生的不利影响，急需采取物理-化学-生物-人工相结合的综合治理措施。另外，一系列工程措施（如海岸加固及堤坝修建）也急需实施以应对未来海平面上升对滨海湿地产生的可能威胁。

二、逐步完善滨海湿地保护与生态补偿机制

首先，现有的涉及湿地保护区、湿地公园和风景名胜公园的三级保护管理体系急需完善。由于目前滨海湿地的保护空缺较大，加之人为活动的频繁干扰，许多位于候鸟迁徙路线、重要河口或海湾及生态脆弱区和敏感区的滨海湿地还未被全部纳入保护体系之中。下一步，应加强空缺区域的滨海湿地保护，尤其是要优先考虑位于国家重点生态功能区及候鸟迁徙路线范围内的滨海湿地。另外，应依据国土“三调”最新确认的湿地斑块及其现状信息，结合主体功能区规划、国土空间规划、湿地保护规划等开展滨海湿地保护区的划界工作，实施滨海湿地资源的分类管理与保护，改变我国滨海湿地保护区建设不完善的现状。其次，滨海湿地的生态补偿机制急需建立和完善。一方面，湿地生态补偿试点需进一步扩大，补偿标准需进一步提高，多元化的补偿模式也急需建立；另一方面，涉及国家、省级和地方三个层面的湿地生态补偿体系急需建立，尤其是涉及产权制度、补偿标准和生态系统服务价值评估的框架体系需进一步完善，而保护单位（或个人）及受益单位（或个人）的权责也需进一步明晰。

三、健全滨海湿地保护的法律与管理体系

滨海湿地保护的有效开展需要完善的法律体系、科学的管理规章及有效的协调机制。首先，急需基于当前沿海省（自治区、直辖市）出台的湿地保护条例及已实施的《湿

地保护法》等，建立起一套专门、完善和协调的国家及地方滨海湿地保护法律法规体系。同时，还要积极推动湿地生态补偿和湿地生态修复等方面的法律体系建设。其次，涉及国家、省级和地方三个层面的滨海湿地保护与管理的长效协调机制急需建立，现有法律法规中的冲突条款也急需协调一致。同时，国家及地方法律法规的执行力急需加强。最后，湿地保护与管理人员的培训急需加强，湿地管理的技术咨询与科学决策机制也急需建立。为了减少湿地的人为干扰，解决周边居民生计与湿地保护之间的冲突，一系列切实可行的新政策或法规急需出台。为了解决湿地保护过程中存在的地方保护主义、专项资金使用不当及管理效能不高等问题，急需建立一套针对法律法规、政策实施及财政资金使用等方面的在线监管与评价系统。

四、增加滨海湿地保护与研发资金的投入

为了实现《全国湿地保护工程规划（2002—2030 年）》的预期目标，我国政府应持续增加对湿地保护资金的投入，尤其是应将相当一部分财政资金投入省级或地方重要湿地的保护与修复中。为了缓解财政资金压力，各级政府应鼓励并引导民间资本的投入，以解决湿地保护过程中资金不足的问题。国家及地方政府还应持续加大对滨海湿地研究经费的投入，且投入的科研资金应聚焦于以下 4 方面的研究：一是基础研究，重点研究滨海湿地对于人类活动、生物入侵、海岸侵蚀及海平面上升的响应，探讨全球变化背景下维持滨海湿地稳定与健康的有效应对措施；二是技术研究，重点研发适合推广的先进滨海湿地保护与恢复技术，探索有效的湿地生态恢复效果评估技术；三是监测网络，重点加快滨海湿地实验站建设，构建起实时在线观测、监测项目齐全、监测技术先进的全国滨海湿地监测与共享网络；四是示范模式，重点探讨适合于不同沿海省份或地区的滨海湿地保护与可持续利用“双赢”模式，探索沿海地区经济发展与滨海湿地保护之间的平衡点。基于一系列的模式示范，辐射带动较大区域尺度上滨海湿地的保护与修复。

五、继续加强滨海湿地教育与国际合作

滨海湿地的保护成效在一定程度上取决于教育、宣传及公众参与的作用。下一步，我国政府应持续加强对公众的教育，通过多种渠道提高公众的湿地保护意识。首先，为了创造良好的公众教育平台，国家及地方各级政府应加大对湿地教育的资金投入。其次，为了提升公众参与的效果，国家及地方各级政府应采取更为生动的宣传方式以加强对公众的湿地教育，并应采取鼓励措施动员湿地专家参与到公众教育或保护活动中。湿地保护的国际交流与合作也应该进一步加强。一方面，通过国际合作引进国外先进的湿地保护理念和技术；另一方面，通过国际合作加强与有关国际组织的沟通，继续发挥国际湿地公约履约办公室的协调职能，有效解决一些国际重要湿地保护中出现的敏感问题。

尽管目前我国滨海湿地的保护依然面临着诸多压力和威胁，但未来的保护工作将更为有效，因为我国政府已经认识到海岸带地区的可持续发展需要全新的态度、完善的法规及政府与公众的共同努力。

参考文献

安树青. 2003. 湿地生态工程. 北京: 化学工业出版社.

蔡锋, 苏贤泽, 刘建辉, 等. 2008. 全球气候变化背景下我国海岸侵蚀问题及防范对策. 自然科学进展, 18(10): 1093-1103.

陈彬, 俞炜炜, 陈光程, 等. 2019. 滨海湿地生态修复若干问题探讨. 应用海洋学学报, 38(4): 464-473.

陈程浩, 吕意华, 李伟巍, 等. 2020. 三亚红塘湾珊瑚礁生态状况研究. 海洋湖沼通报, 4: 138-146.

陈鹏, 傅世锋, 文超祥, 等. 2014. 1989～2010 年间厦门湾滨海湿地人为干扰影响评价及景观响应. 应用海洋学学报, 33(2): 167-174.

陈天然, 余克服, 施祺, 等. 2009. 大亚湾石珊瑚群落近25年的变化及其对2008年极端低温事件的响应. 科学通报, 54(6): 812-820.

傅秀梅, 王亚楠, 邵长伦, 等. 2009. 中国红树林资源状况及其药用研究调查Ⅱ. 资源现状、保护与管理. 中国海洋大学学报(自然科学版), 39(4): 705-711.

高义, 苏奋振, 孙晓宇, 等. 2010. 珠江口滨海湿地景观格局变化分析. 热带地理, 30(3): 215-226.

韩淑梅. 2012. 海南东寨港红树林景观格局动态及其驱动力研究. 北京林业大学博士学位论文.

何东艳, 卢远, 黎宁. 2014. 近 20 年广西北部湾滨海湿地时空格局变化研究. 湿地科学与管理, 10(1): 37-41.

贾明明. 2014. 1973～2013 年中国红树林动态变化遥感分析. 中国科学院大学博士学位论文.

江健. 2014. 基于遥感的杭州湾湿地动态监测与分析. 上海师范大学硕士学位论文.

李蓉, 叶勇, 陈光程, 等. 2007. 九龙江口桐花树红树林恢复对大型底栖动物的影响. 厦门大学学报(自然科学版), 46(1): 109-114.

李世东, 陈幸良, 马凡强, 等. 2010. 中国生态状况报告 2009: 新中国生态演变 60 年. 北京: 科学出版社.

梁晨, 穆泳林, 智烈慧, 等. 2021. 珠江流域湿地保护优先格局构建与保护空缺识别. 北京师范大学学报(自然科学版), 57(1): 142-150.

梁玉波, 王斌. 2001. 中国外来海洋生物及其影响. 生物多样性, 9(4): 458-465.

廖宝文. 2003. 深圳湾红树林恢复技术的研究. 中国林业科学研究院硕士学位论文.

林子腾. 2005. 雷州半岛红树林湿地生态保护与恢复技术研究. 南京林业大学硕士学位论文.

刘平, 关蕾, 吕偲, 等. 2011. 中国第二次湿地资源调查的技术特点和成果应用前景. 湿地科学, 9(3): 284-289.

卢秀容. 2005. 中国海洋渔业资源可持续利用和有效管理研究. 华中农业大学硕士学位论文.

骆永明. 2016. 中国海岸带可持续发展中的生态环境问题与海岸科学发展. 中国科学院院刊, 31(10): 1133-1142.

吕彩霞. 2003. 中国海岸带湿地保护行动计划. 北京: 海洋出版社.

马广仁. 2007. 履约和国际合作推动中国湿地保护. 中国绿色时报(A2). http://www.greentimes.com/greentimepaper/html/2007-05/17/content_175.htm[2022-4-29].

孟伟庆, 李洪远, 郝翠, 等. 2010. 近 30 年天津滨海新区湿地景观格局遥感监测分析. 地球信息科学学报, 12(3): 436-443.

农业部渔业局. 1986-2012. 中国渔业统计年鉴(1986-2012). 北京: 中国农业出版社.

彭辉武, 郑松发, 朱宏伟. 2011. 珠海市淇澳岛红树林恢复的实践. 湿地科学, 9(1): 97-100.

曲方圆, 李淑芸, 赵林林, 等. 2021. 黄海生态区保护空缺分析. 生物多样性, 29(3): 385-393.

任璘婧, 郭文永, 李秀珍, 等. 2014. 长江口滩涂湿地景观变化对 N、P 营养物质净化潜力的影响. 生态与农村环境学报, 30(2): 220-227.

孙广友. 2000. 中国湿地科学的进展与展望. 地球科学进展, 15(6): 666-672.

孙万龙. 2014. 黄河三角洲潮滩湿地系统碳排放时空格局与碳收支评估. 中国科学院烟台海岸带研究所

硕士学位论文.
孙有方, 雷新明, 练健生, 等. 2018. 三亚珊瑚礁保护区珊瑚礁生态系统现状及其健康状况评价. 生物多样性, 26(3): 258-265.
王法明, 唐剑武, 叶思源, 等. 2021. 中国滨海湿地的蓝色碳汇功能及碳中和对策. 中国科学院院刊, 36(3): 241-251.
王仁恩. 2012. 海南东寨港几种人工红树生态功能恢复的研究. 海南大学硕士学位论文.
王胤, 左平, 黄仲琪, 等. 2006. 海南东寨港红树林湿地面积变化及其驱动力分析. 四川环境, 25(3): 44-49.
吴涛, 康建成, 王芳, 等. 2006. 全球海平面变化研究新进展. 地球科学进展, 21(7): 730-737.
吴钟解, 王道儒, 涂志刚, 等. 2011. 西沙生态监控区造礁石珊瑚退化原因分析. 海洋学报, 33(4): 140-146.
夏江宝, 谢文军, 孙景宽, 等. 2011. 造纸废水灌溉对芦苇生长及其土壤改良效应. 水土保持学报, 25(1): 110-113, 118.
徐芳. 2013. 近年来莱州湾湿地面积变化及其演变机制. 中国海洋大学硕士学位论文.
杨桂山, 施雅风. 1999. 中国海岸地带面临的重大环境变化与灾害及其防御对策. 自然灾害学报, 8(2): 13-20.
杨会利. 2008. 河北省典型滨海湿地演变与退化状况研究. 河北师范大学硕士学位论文.
叶功富, 范少辉, 刘荣成, 等. 2005. 泉州湾红树林湿地人工生态恢复的研究. 湿地科学, 3(1): 8-12.
张绪良, 张朝晖, 徐宗军, 等. 2012. 胶州湾滨海湿地的景观格局变化及环境效应. 地质论评, 58(1): 190-200.
张颖, 钟才荣, 李诗川, 等. 2013. 濒危红树植物红榄李. 林业资源管理, 5: 103-107, 151.
郑姚闽, 张海英, 牛振国, 等. 2012. 中国国家级湿地自然保护区保护成效初步评估. 科学通报, 57(4): 207-230.
周亮进, 由文辉. 2007. 闽江河口湿地景观格局动态及其驱动力. 华东师范大学学报(自然科学版), 6: 77-87.
周林飞, 李成明, 王英敏. 2013. 辽河三角洲湿地景观破碎化分析. 辽宁工程技术大学学报(自然科学版), 32(1): 97-101.
左平, 李云, 赵书河, 等. 2012. 1976 年以来江苏盐城滨海湿地景观变化及驱动力分析. 海洋学报(中文版), 34(1): 101-108.
左平, 刘长安, 赵书河, 等. 2009. 米草属植物在中国海岸带的分布现状. 海洋学报, 31(5): 101-111.
An S Q, Li H B, Guan B H, et al. 2007. China's natural wetlands: past problems, current status, and future challenges. AMBIO, 36(4): 335-342.
Cao W Z, Wong M H. 2007. Current status of coastal zone issues and management in China: a review. Environment International, 33: 985-992.
Cui B S, Yang Q C, Yang Z F, et al. 2009. Evaluating the ecological performance of wetland restoration in the Yellow River Delta, China. Ecological Engineering, 35: 1090-1103.
IPCC. 2013. Climate Change: The Physical Science Basis. Contribution of Working Group Ⅰ to the Fifth Assessment Report of the Intergovernmental Panel on Climate Change. Cambridge: Cambridge University Press.
Niu Z G, Gong P, Cheng X, et al. 2009. Geographical characteristics of China's wetlands derived from remotely sensed data. Science in China Series D: Earth Sciences, 52(6): 723-738.
Niu Z G, Zhang H Y, Gong P. 2011. More protection for China's wetlands. Nature, 471: 205.
Qiu J. 2011. China faces up to 'terrible' state of its ecosystem. Nature, 471: 19.
The Ramsar Convention on Wetlands. 2014. The Ramsar List of Wetlands of International Importance. http://www.ramsar.org/cda/en/ramsar-documents-list/main/ramsar/1-31-218_4000_0[2022-4-29].

第七章　典型干扰对滨海湿地结构与功能的影响

国外许多国家早在 20 世纪就开始意识到湿地的重要性，并立法保护湿地资源，如美国联邦政府和州政府在 20 世纪 60 年代就开始立法保护湿地，日本和澳大利亚也实施对湿地资源的保护政策，我国国务院也曾下发《国务院办公厅关于加强湿地保护管理的通知》，在湿地保护方面也开始试行各种政策。从 20 世纪六七十年代开始，欧美一些国家就开始研究滨海湿地修复并付诸实践，早期以理化修复方式为主，由于该方式对生态环境有负面影响，在此之后，又开展关于湿地修复生态途径的探索，取得了重大突破，我国在相关领域也取得一系列重要成果。本章重点对滨海湿地的保护政策与修复方式及其局限性进行了分析，并对滨海湿地未来的发展趋势做了展望。

第一节　滨海湿地的结构特征

一、滨海湿地植被类型与空间分布格局

（一）滨海湿地植被类型

湿地植被是滨海湿地生态系统的重要组成部分，对滨海湿地生态功能的发挥起着重要作用。根据中国滨海湿地植被分类系统的分类原则（牟晓杰等，2015），湿地植被可以被分为植被型组、植被型和群系 3 个等级。植被型组是根据湿地群落建群种的生活型所表现出来的外貌状况和生境差异而命名的，如盐沼、沼泽、红树林湿地等；植被型是根据群落的优势种的生活型而命名的，如森林沼泽、灌丛沼泽、草本沼泽等；群系是由建群种或优势种相同的群丛或群丛组而命名的，如碱蓬湿地、芦苇湿地等。

中国滨海湿地植被可以分为盐沼、沼泽湿地、浅水植物湿地、红树林湿地、海草湿地 5 个植被型组 10 个植被型和若干群系。滨海盐沼型组可分为草本盐沼和灌丛盐沼 2 个植被型；滨海沼泽湿地型组可以分为草丛沼泽、灌丛沼泽和森林沼泽 3 个植被型，草丛沼泽以芦苇沼泽最具代表性；浅水植物湿地型组可以分为漂浮型湿地、浮叶型湿地和沉水型湿地 3 个植被型。中国的重要滨海湿地主要分布在辽宁、河北、山东、江苏、上海、浙江、广东和广西。

（二）滨海湿地植被空间分布格局

滨海湿地植被在地理空间上具有成带分布现象，并且因为地方的局部小气候、地形地势和土壤质地等特点的不同，形成了各式各样的植被群落地理空间分布格局，进而形成了十分复杂的植被地理空间分布格局。植被地带性分布的最为主要的因素是气候，在热量条件差异上，主要体现在植被从赤道到两极的地域分异规律（沈泽昊和卢绮妍，2009）。在宏观上，盐生植被的地理空间分布主要表现为随着距离海洋的远近不同和海

拔的高低变化，呈现出明显的带状分布。在微域上，由于受土壤盐渍化程度及土壤含盐量多少的影响，表现出一定的斑块状镶嵌规律（宋创业等，2008）。

二、滨海湿地植被演替趋势

植被演替是滨海湿地形成和演替的重要标志，研究植被演替特征对于认识滨海湿地的演变机理及趋势具有重要意义（郑云云等，2013）。我国典型滨海湿地植被演替包括红树林群落演替、河口三角洲群落演替、潮滩湿地群落演替、外来物种群落演替。

（一）红树林群落的演替

红树林（mangrove）是生长在热带、亚热带静水河口海滩沼泽土的一类木本植物群落，主要分布在江河入海口及沿海岸线的海湾内。根据我国广东境内红树林的典型演替过程，先锋群落往往由适应能力强、抗风浪、耐贫瘠的非红树科植物海榄雌（*Avicennia marina*）、桐花树（*Aegiceras corniculatum*）和红树科秋茄树（*Kandelia candel*）构成；随之红树属（*Rhizophora*）、角果木属（*Ceriops*）及秋茄树属（*Kandelia*）等迅速占据优势地位，形成典型的红树林群落；随着脱沼泽化和脱盐渍化过程的发展，木榄（*Bruguiera gymnorrhiza*）、海莲（*Bruguiera sexangula*）及海漆（*Excoecaria agallocha*）等取得最终优势，成为演替后期的优势群落类型（黎植权等，2002）。

（二）河口三角洲群落演替

河口三角洲因土壤盐分及土壤水分等在时空分布上的差异性，植被发生演替并呈地带性分布，如辽河口湿地是亚洲最大的暖温带滨海湿地，植被群落演替从海滩裸地开始，最早出现硅藻（Bacillariophyta）和高度耐盐的翅碱蓬（*Suaeda heteroptera*）群落；随地表植被覆盖度、枯落物增加和盐度降低，出现小果白刺（*Nitraria sibirica*）、獐茅-芦苇（*Aeluropus sinensis-Phragmites australis*）复合群落；因地势逐渐抬高，地下水位降低，土壤盐分淋失，最终形成非地带性顶极群落——柽柳（*Tamarix chinensis*）群落和罗布麻群落（*Apocynum lancifolium*）（董厚德等，1995）。

（三）潮滩湿地群落演替

在气候、地形、地貌和水文等环境因子的共同作用下，潮滩湿地植被呈水平地带性分布。以杭州湾滩涂湿地为例，演替从盐生植被海三棱藨草（*Scirpus* × *mariqueter*）开始，随着海岸滩涂的抬升，土壤含盐量下降，芦苇等多年生湿生植物入侵，所产生的枯枝落叶加快了土壤脱盐进程，出现耐盐、喜湿的木本植物柽柳，土壤进一步中生化，中生性植物旱柳（*Salix matsudana*）和白茅（*Imperata cylindrica*）出现并成为优势群落（吴统贵等，2008）。由于地下水深度、土壤含盐量、降水量等环境因子的差别，潮滩湿地植被演替呈多极化发展。

（四）外来物种群落演替

互花米草也是一种适宜生长在温带、亚热带海滩高潮带下部至中潮带上部的广阔滩面上的耐盐耐淹的多年生盐沼植物。它的抗逆性强，植株可达 100cm 以上，根系发达，群落盖度高达 90%以上。主要分布在小潮高潮位以上，常以先锋群落形式出现在盐地碱蓬群落的向海一侧与光滩之间，米草促淤效果显著，当滩面淤积增高、潮间带外移后，逐渐被盐地碱蓬及芦苇群落所演替。

滨海湿地植被群落演替表明，无论何种类型的滨海湿地，其植被演替都是从适应能力强、耐盐、耐淹、耐贫瘠的先锋物种开始的，先锋群落形成定居后，在生物与非生物因素的共同作用下，立地条件逐渐稳定，为不耐盐、中生性物种的定居提供了条件，最终形成多样的、稳定的生态系统（郑云云等，2013）。

第二节　气候变化对滨海湿地的影响

湿地与海洋、森林一起并称为全球三大生态系统，湿地生态系统拥有不可替代的生态功能。其中，滨海湿地是非常重要的类型，是介于陆地和海洋生态系统之间过渡地带的自然综合体，是地球上生产力最高、生物多样性最为丰富的生态系统之一。滨海湿地拥有丰富的物种资源，还是重要的碳汇和氮汇，对全球碳氮循环起着至关重要的作用，而且为人类社会发展提供多种生态服务功能，如供给功能、气体调节功能、干扰调节功能、保护生物多样性功能等（吴绍洪和赵宗慈，2009）。近年来，全球气候变化和人类活动对滨海湿地的影响越来越显著，全球约 80%的滨海湿地资源丧失或退化，严重影响了滨海湿地生态功能的发挥。有研究表明，气候变化是导致湿地面积减少、资源丧失和生态系统退化的主要因素（欧英娟等，2012）。

全球气候变化是由温室气体排放和天体运动等因素使得全球气候发生明显变化的现象，主要表现在气温升高、降水变化、海平面上升和一些极端事件（如高温天气、强降水、热带气旋强风等）发生的频率增加。全球气候变化不但会破坏湿地生态系统的结构、功能，还会影响物质循环、能量循环，改变湿地动植物和湿地面积的时空分布，全球气候变化对滨海湿地的影响有三个方面。

一、气候变化对滨海湿地水文的影响

气候变化对滨海湿地水文的影响包括：①气候变化改变了水文循环和大气环流过程，这一变化不仅导致降水总量发生变化，更严重的是降水强度和频率及降水量时空分布不均，使自然灾害频发，对湿地物质、能量循环和水资源收支平衡产生影响，进而影响湿地水文过程和水循环；②气温升高，相应的蒸发量增大，导致干旱大面积出现，各方面用水需求增大，间接减少了湿地水文补给，从而改变湿地的蒸散、水位、周期等水文过程。

二、气候变化对滨海湿地土壤的影响

湿地土壤中碳的变化在湿地生态系统碳循环中起着关键性作用，但随着全球变暖，气温和大气中 CO_2 浓度升高，导致土壤温度升高，加速了土壤中植物残体的分解速率，

使产生的 CO_2 或 CH_4 释放到大气中，破坏了湿地土壤中碳对 CO_2、CH_4 等温室气体的固定和释放作用（崔巍等，2011）。

此外，滨海湿地受气候变化的影响，其生物、化学过程及物质循环也明显发生改变，这些环境因子的变化对土壤呼吸产生强烈的影响（江长胜等，2010）。相关研究表明，原生沼泽湿地退化为草甸的过程中，土壤有机质含量显著降低，这是由于退化过程中土壤通气性增强，泥炭化、潜育化过程减弱，加速了有机质的分解过程。经估算，湿地退化为草甸的过程中有机氮和碳的 79.67%、89.40%主要通过硝化作用以 CO_2、N_2O 等温室气体的形式释放到大气中，温室效应加剧，导致全球出现持续变暖的趋势（黄易，2009）。

三、气候变化对滨海湿地生物多样性的影响

滨海湿地由于其生态功能的复杂性，为多种动植物包括一些濒临灭绝的生物提供栖息和繁衍的场所，是有着丰富的生物多样性的重点区域。气候变化使滨海湿地生态环境恶化，导致生长和栖息于湿地中的生物生境发生改变，湿地生物多样性受到严重威胁。

气候变化对滨海湿地植物的影响，主要表现在：①影响植物的正常生长过程，气温过高使一些水生杂草和水中其他水生植物进行氧气等养分的争夺，影响其他水生植物的生长和繁殖，同时杂草的疯长会挡住阳光照射到水下，使水下植物不能充分地接受光照进行光合作用而死亡；②全球气候变化影响植物群落和种群数量，影响不同植物种群生长，改变种群竞争的相互作用过程。

同湿地植物一样，湿地动物也会受到全球气候变化的影响，一些珍贵的湿地动物因受到气候变化的影响，变得稀有甚至濒临灭绝。

第三节　围填海对潮滩湿地的影响

围填海是通过人工修筑堤坝、填埋土石等工程措施将天然海域空间改变成陆地以拓展社会经济发展空间的人类活动（张明慧等，2012）。围填海对海岸带最直接的影响就是造成近海海域生态系统崩溃、渔业资源衰退、滨海湿地景观消失、滨海地形地貌改变等。围填海对潮滩湿地的影响主要表现在以下三个方面。

一、围填海对潮滩湿地生态系统的影响

围填海工程之后，潮滩湿地的生态格局与景观会发生改变，造成湿地景观斑块化、破碎化加剧，自然形态属性下降或消失，湿地呈现孤立态势和减少趋势（马志远等，2009）。潮滩湿地自然形态属性下降或消失改变了生物的生存环境，直接影响生物的生存。造成生物多样性丧失和物种灭绝的最主要原因之一是景观斑块化及破碎化加剧。围填海活动造成景观破碎化，导致种群的生境面积减少或消失，以及生态系统内部物质流、信息流、能量流被隔断（王景伟和王海泽，2006；傅伯杰和陈利顶，1996；Saunders et al.，1991）。

潮滩湿地兼有海陆过渡特征，生态环境复杂、生物种类丰富、生产力高（杨桂山等，2002）。湿地中的生物在围填海活动之后失去生存空间，潮滩湿地生态系统被破坏，失

去生态系统生产力，近海岸的渔业生产受到影响，湿地经济价值下降。潮滩湿地作为迁徙鸟类的越冬地及迁徙地，一旦遭到破坏，对于迁徙鸟类来说，失去生存的环境将造成鸟类种类和数量的锐减甚至消失（丁智，2014）。

围填海工程造成潮滩生态系统生物量损失，引起生态损失，导致生态系统的服务包括供给服务（食品供给、原料生产）、调节服务（气体调节、水质净化、干扰调节）、支持服务（营养物质循环、生物多样性循环）、文化服务（休闲娱乐、文化科研等）功能的损失。

二、围填海对潮滩湿地地形地貌的影响

围填海工程对潮滩湿地地形地貌的影响主要有两个方面：一是围填海造地直接影响岸线和地形；二是间接改变水动力环境，形成新沉积型地形地貌。

围填海造地直接改变海岸线长度与形状，将天然的曲折蜿蜒的海岸线改造成平直的人造海岸线，这样会造成海岸线的削洪减波、防灾减灾能力减弱，海岸侵蚀加重（丁智，2014）。围填海使近海海岛、海坝等自然形态消失，破坏岛上生境，生态环境消失，被人为景观替代。采取海底泥沙吹填的方式造地，会改变海底地形，破坏海底沉积地形的平衡，造成海岸塌陷，影响滨海潮滩湿地（张明慧等，2012）。

海底地形的改变同时会改变海底水动力环境，引起新的海底沉积和侵蚀状况，改变海岸形态，同时也影响水中 C、N、P 等营养盐的分布，影响潮滩湿地的生长和分布及湿地生态系统的结构与功能。围填海之后，陆地河流入海方式改变，携带的泥沙及营养盐等物质在近海的沉积方式和位置改变，对潮滩湿地的地形地貌有长期的影响（张明慧等，2012）。

三、围填海对潮滩湿地水环境的影响

潮滩湿地中的生物种类丰富，对湿地乃至近海海域的水环境净化有着重要的作用。潮滩湿地面积减少或消失，导致湿地水质净化能力下降，湿地水域更容易受到污染（宋红丽和刘兴土，2013）。除了环境污染容载量下降，围填海工程之后，人类活动对潮滩湿地越来越大的干扰也使湿地水域及近海海域水环境污染更加严重（聂红涛和陶建华，2008），如人工开发的虾池等养殖池。潮滩湿地是海陆过渡带，拥有其特殊的水环境，围填海工程破坏了地形地貌，也改变了生态系统中的水环境，改变其营养盐成分及含量，进而影响整个生态系统。

第四节 滨海湿地修复

早期滨海湿地修复方式是理化修复，这种方式会对环境产生负面影响，Lamers 等（2006）在对河流冲积平原湿地植被生态修复的研究中，也提到理化修复方式在恢复湿地的过程中存在许多的限制和后续治理的缺陷。经过几十年的发展，滨海湿地生态修复技术取得了重大突破，特别是利用高等植物消除重金属污染和解决富营养化、微生物降

解等方面（宋红丽和刘兴土，2013；窦勇等，2012；王静等，2009；杨桂山等，2002）。

一、植物修复

植物修复是用植物特有的生理功能吸附、挥发、降解和富集污染物的治理污染的一种技术。目前，植物修复技术在滨海湿地的治理中取得了显著的效果，处理的对象包括无机污染物和有机污染物。

水体和土壤中的重金属及过量营养盐是滨海湿地环境中的主要无机污染物，修复过程主要针对这两类污染物。研究表明，湿地中很多植物对重金属具有吸收、累积和代谢的作用。国内学者孙黎等（2009）进行了相关统计，结果显示不同科属的湿地对重金属的富集能力不同。高云芳等（2010）对滨海湿地生态系统中的几种沼泽植物芦苇、香蒲、互花米草进行研究后发现，这些植物不同程度地对水体和土壤中的重金属（Cu、Cd、Cr、Hg 等）和营养盐（TP、TN）有富集、转移作用。王卫红等（2007）研究了耐盐性沉水植物川蔓藻对海滨再生水景观河道的富营养化控制，结果表明，川蔓藻在高盐环境下对 N、P 均有较高的去除率，这显示了川蔓藻在重建滨海湿地、控制水体富营养化方面的巨大潜力。

目前植物对有机污染物修复技术中，实践研究最多的是超积累植物优选，其利用的是植物对吸收物质累积的生理功能。刘亚云等（2009）在滨海红树林湿地生态系统中进行红树植物秋茄树对两种多氯联苯（PCB155、PCB47）累积作用的研究，结果表明，栽种了秋茄树的沉积物中 PCB 的残留浓度降低，并且秋茄树的生长未受影响。国外学者 Dowty 等（2001）发现空心莲子草、天竺草、慈姑、芦苇这 4 种维管植物均可有效去除水中的原油污染，其主要清除方式是组织截留和富集。

二、微生物修复

利用微生物手段对滨海湿地环境进行修复，对环境中的石油烃类、有机污染物和重金属有很好的处理效果。石油烃类是当前威胁湿地生态的主要污染物之一，湿地环境中广泛存在着降解这类有机物的微生物，但是在自然条件下微生物的降解效率很低，所以需要人为干预提高微生物降解效率。1989 年美国阿拉斯加 Exxon Valdez 溢油事故的处理，成为微生物修复有机污染物的典型案例，在这次事故中，美国环保署（USEPA）成功利用石油烃降解菌群并且使用亲油性肥料 EAP22 和缓释材料 Customblen 作为微生物强化剂对受到污染的 120km 基岩海岸进行了清理。

有机污染物中主要研究方向是农药和持久性有机污染物（POP）。随着工农业的发展，大量的农药等污染物进入湿地生态系统，对生态系统的功能与结构造成严重的影响。这些污染物结构、性质稳定，常规的理化方法很难清除，并且对环境有负面作用。近年来，利用微生物降解农药残留和其他有机污染物成为生态系统修复领域的热点。国内学者喻龙等（2002）在其综述中提到大量湿地土著微生物具有农药降解能力，认为这些菌群可以广泛地应用于生态修复中。张松柏等（2009）在实验中筛选出一株光合菌红假单胞菌（*Rhodopseudomonas* sp.），经过研究发现，其在培养条件下，15 天对高浓度联苯菊酯、氯氰菊酯降解率非常高，如果加入微量 Fe^{2+}可以提高菌群对两种农药的降解。

环境中 POP 可以通过实地中一些微生物的特殊代谢途径降解，这种方式是将 POP 作为代谢底物加以利用。研究发现，木糖氧化无色杆菌（*Achromobacter xylosoxidans*）Ns 可以耐受高浓度的硝基酚胁迫并在 168h 内将其完全降解（赵曦等，2007）。Braeckevelt 等（2007）采用 ^{13}C 放射性同位素标记技术，从湿地底泥中鉴定出一系列细菌，这类细菌可以降解氯苯并将其转化为自身脂肪酸。

环境中有一些微生物对重金属有较强的忍受力，它们有的可以对重金属进行转化降低其毒性，有的可以吸附和富集重金属，而一些人为的干预手段可以增强这些能力。Anna 等（2006）发现一些菌群通过"吸附-解吸附-再吸附"的循环对环境中的重金属（Zn、Hg 和 Cd）进行富集，并且富集能力随着重金属含量增加而提高。另有学者研究了微生物对 Pb^{2+}、Cu^{2+}的吸附效应发现，菌体吸附重金属受不同处理方式（烘干研磨、湿热灭菌、化学处理）的影响，同时，同一种方式下，不同菌种对重金属的吸附能力不同（孙嘉龙等，2007）。

三、栖息地修复

栖息地修复在滨海湿地的治理中是一种基于生物视角的现代循证方法，其基本思路是根据地带性规律、生态演替及生态位原理选择适宜的湿地指示生物，构造种群适宜的栖息地系统，对水文、植被与生物进行同步修复，最终将生态系统修复到一定的功能水平。

栖息地修复的目标是"建造一个由特定的植物物种组成，且能够为特定的动物物种提供生境的湿地"（Keddy，2012）。设计师通过研究场地特征及周边类似区域内的动植物物种，确定期望重新引入的物种，包括关键物种。但是，由于待修复的湿地往往是生态退化型湿地，因而以修复目标和场地的历史资料或周边的健康湿地案例为参照。在多数情况下，难以在短期内完全修复到历史或自然状态，比较现实的修复目标是建立一个具备自然系统要素的过渡生态系统，再通过自然演替逐渐修复至近自然的生态系统（张莉和张杰龙，2020）。

第五节　典型干扰对滨海湿地影响模拟实例研究

一、莱州湾滨海湿地基本特征

莱州湾位于渤海南部，山东半岛北部，为渤海最大的半封闭性海湾，区域范围北纬 36°25′～37°47′、东经 118°17′～120°44′，是渤海三大海湾之一，西起黄河口，东至龙口的屺姆角，环海湾海岸线长 319km，总面积 6966km^2。

（一）地形地貌

莱州湾地区的地形地貌大体上以莱州市虎头崖为界，可分为东西两段。西段黄河口至虎头崖，受潍河、胶莱河、白浪河、弥河，特别是黄河大量携入泥沙的影响，地势低平，坡度平缓，土层深厚。此段滨海地带，是由海陆相沉积物及以上几条较大河流的冲、洪积物叠盖而成的滨海平原，海拔一般在 10m 以下。与滨海平原相接的南侧是河流形成的山前洪积、冲积平原。湾岸属淤泥质平原海岸，岸线顺直，多沙土浅滩。

（二）植被特征

根据山东省植被分类和分区，莱州湾沿岸属于南暖温带落叶阔叶林亚带，该地区水分条件良好，植被比较茂盛。莱州湾主要植被类型有盐生植被、砂生植被，部分拥有沼泽植被及水生植被。主要植物种类有碱蓬、柽柳、獐毛、中华补血草、茅草、芦苇、香蒲等。

根据莱州湾实地考察，对山东昌邑国家级海洋生态特别保护区附近原生滨海湿地植被的调查发现，此处为莱州湾典型原生滨海湿地，经过样方调查，该地的主要植物类型为：碱蓬、盐地碱蓬、二色补血草、獐毛、柽柳、芦苇、狗尾草、青蒿、猪毛菜、鹅绒藤、长裂苦苣菜、灰绿藜、藜、小苦荬等。植被群落特征表现为：层次分化不明显，结构明显；群落外貌整齐、低矮；季相变化明显。

（三）气候特征

莱州湾地区位于暖温带半湿润大陆性季风气候区，雨热同期，光热充足，四季分明，夏季高温多雨，冬季低温干燥，春秋短促。全年平均气温在 11.5～13℃，降水多年平均 612.5～660.1mm。气温年内差异较大，最冷月和最热月分别是 1 月和 7 月，1 月平均气温为–3.8～–2.8℃，7 月平均气温为 25.9～26.4℃，两者气温相差 28℃左右。降水年内分配不均，主要集中在夏季 7 月、8 月，占全年降水量的 50.2%～54.2%，冬季降水较少，降水空间分布不均，中部较大，东西部较小。

（四）水文特征

1. 海洋水文概况

由于莱州湾海域面积较大，经纬度跨度较大，水温与盐度受多变而复杂的因素影响，如气象条件、河流径流、海洋水动力等。冬季近岸表层水温低于 0℃，有冰冻出现，离海岸较远处表层水温 0.3～3℃。受河流补给影响，冬季莱州湾近海岸表层海水盐度均小于 29.0，底层主要受外海海水的盐度补偿影响，盐度增大。

2. 陆地水文概况

莱州湾地区河流多以独流的形式入海，地形坡度大，河流湍急。东段低山丘陵海岸区主要入海河流有龙口市的黄水河、中村河、北马河、八里沙河，招远市的界河及诸流河，莱州市的朱桥河、王河等，其中除黄水河流域面积达千余平方千米并有区外客水汇入外，其余多为区内产水河流，流域面积在数百或数十平方千米以内。西段平原海岸区主要河流有莱州市的白沙河，平度市的胶莱河，昌邑市的潍河、堤河，寒亭区的虞河、白浪河，寿光市的弥河，广饶县的小清河、支脉河等，其中除白沙河、堤河为流域面积较小的区内产水河流外，其余河流流域面积多在千余平方千米以上，并有区外客水汇入。

二、典型干扰对昌邑潮滩湿地影响分析与模拟

（一）潮滩湿地特征分析

潮滩是指位于高低潮位之间、滩面向海洋和缓倾斜，在潮汐、波浪的作用下，入海河流挟带的泥沙在河口、港湾及其相邻的海岸地段发生堆积，并逐渐淤高和不断向海延伸而形成的滩地。潮滩湿地兼有海陆过渡相特征，生物种类丰富、生物量极高，具有重要的环境调节功能和经济价值，同时它又属于脆弱的生态敏感区（Nicholis，2004）。

1. 兼有海陆过渡性质，生境独特且复杂

潮滩特殊的海陆交互作用形成方式，决定了潮滩的海陆过渡性质，形成独特潮滩湿地景观（Nicholis，2004）。入海河流携带泥沙和 C、N、P 等营养盐物质融入海水中，海水中的 C、N、P 等营养盐与之交互，造就了独特的潮滩湿地生境。海水中的电解质与河水中的电解质相互作用，产生沉淀，逐渐淤积，不断发展，同时海水侵蚀作用带走一部分沉积物质，形成一个平衡的沉积环境。

2. 初级生产力高

初级生产力（primary productivity）是初级生产者通过同化作用将无机物转化为有机物的能力。潮滩湿地内生长的植物以盐生植被、砂生植被、水生植被为主，并形成具有很高初级生产力的水生植被、湿生植被。

3. 生态环境脆弱

潮滩湿地处于海洋、淡水、陆地间的过渡地带，作为人类活动与自然活动交互作用强烈的区域，属于典型的生态脆弱区域。潮滩湿地在海洋生态系统和陆地生态系统的交互作用下，容易受到自然因素和人为因素的干扰，生态系统表现出不稳定性和脆弱性，季节性变化对潮滩湿地影响明显。

4. 社会经济价值高

潮滩湿地拥有其特殊的生态环境，独特的生态景观，是一个很重要的旅游资源，合理的开发将创造较高的社会经济价值。潮滩湿地是多种贝类、鱼类优良的生长环境，在潮滩进行养殖活动会产生较高收益。

（二）水动力变化特征分析

根据国内学者的研究，围填海工程对海湾水动力环境的影响主要表现在纳潮量减小、潮流场改变及水体交换能力减弱等方面（宋红丽和刘兴土，2013）。

1. 纳潮量

由于海洋的潮汐现象，把从低潮到高潮海湾所能容纳海水的量称为纳潮量。海湾与外海的交换程度直接受到纳潮量大小的影响，纳潮量同时也影响海湾的自净能力，因此纳潮量对维持海湾的良好生态环境至关重要。围填海工程使自然岸线的长度减小，如果

不实施港池疏浚工程，海湾深度会变浅，水域面积减小会引起海湾纳潮量减小，减小的程度与海湾形状、围填海工程的强度和方式等有关。

2. 潮流场

海湾海流流速和流向在围填海工程前后会发生改变，流速在工程后呈现减小的趋势，流向改变根据不同的研究区域和选取的特征点不同而不同。

由于海湾在围填海工程之后水动力环境发生改变，海湾潮流场发生改变。潮流场的改变具体与研究区域、季节、工程过后海湾地形等有关。

3. 水体交换能力

水体交换能力是水体环境容量重要的指标，通常用水体交换时间来表征，指水体全部或部分更新所需要的时间，水体交换时间越长，水体交换能力越弱，反之亦然。海洋水体交换能力表征着海湾水体物理自净能力，是评价和预测海湾环境质量的重要指标和手段。水体的物理自净能力不涉及污染物质的生化降解，只与水体对流运输和扩散等物理过程相关，海湾内的污染物通过此过程与周围水体混合，污染物质浓度降低，水质得到改善。根据陈金瑞和陈学恩（2012）对胶州湾水动力变化的数值模拟研究的结果，围填海工程之后，胶州湾的水交换能力总体趋弱；曾相明等（2011）在象山港多年围填海工程对水动力影响的累积效应研究中，利用溶解物质输运模型，对象山港水交换过程进行数值模拟，发现围填海工程之后象山港水体交换速度由快变慢。通过相关研究可以发现，围填海工程会使海湾的水体交换能力减弱，水体交换时间加长，对海湾水质产生负面影响。

（三）模型模拟研究

1. 湿地模型概念

湿地生态模型一般分为实体模型和抽象模型，其中抽象模型的基本类型为概念模型、模拟模型和数学模型：概念模型是对湿地系统的一种简化定型描述，表示系统组成和相互关系，是抽象模型中最基本的模型；模拟模型是用一组便于控制的条件代表真实湿地的特征，通过模仿性实验研究湿地变化的规律；数学模型是采用数学语言对湿地进行定量描述（崔保山和杨志峰，2001）。湿地模型还有多种分类方法，从不同方面对模型进行分类，可更好地了解湿地模型（表 7-1）。

表 7-1　湿地模型不同分类类型

分类标准	湿地模型分类
湿地动力过程	湿地生态过程模型、湿地化学模型和湿地形态变化模型
湿地功能过程	物质循环（C、H、O、N、P 等）模型、能量流动模型
湿地结构	湿地水文模型、植物生长模型及空间生态模型等
时间变化	湿地静态模型和动态模型

由于湿地生态系统对气候、地貌和植被等耦合形成的生境湿度的依赖性，在地貌-

水文-植被耦合关系的水文生态学基础上，构建水文生态模型，有助于对湿地植物生态模式的充分了解、研究及预测湿地水文过程及湿地结构、功能特征变化可能引起的生态后果，为湿地水文生态过程的维护与修复提供理论依据（周德民等，2007；Venterink and Wassen，1997）。近年来，3S 技术的发展为湿地植被特征提取及模型的空间特征耦合、空间异质性和尺度问题的解决提供了强有力的技术支持（浦瑞良和宫鹏，2000）。

结合系统动力学构建开放源代码式的湿地动力学水文生态模型是研究湿地结构和特征的重要方法。van der Peijl 等（2000）利用 STELLA 软件构建了河滨湿地的 C、N、P 动力学和它们之间相互关系的模型，并成功模拟了河滨湿地生态系统中 C、N、P 的分布、转换，为河滨湿地和河流水质的保护、开发、管理提供了重要的理论指导。

2. 模型构建

模型研究区域为昌邑海洋生态特别保护区内防潮堤坝外部潮滩湿地和光滩区域，光滩区域介于海水与潮滩湿地之间，潮汐涨落影响两个区域，两个区域所受潮汐影响不同，其主要原因是由于两个区域的高程、坡度和植物生长存在差异（图 7-1）。

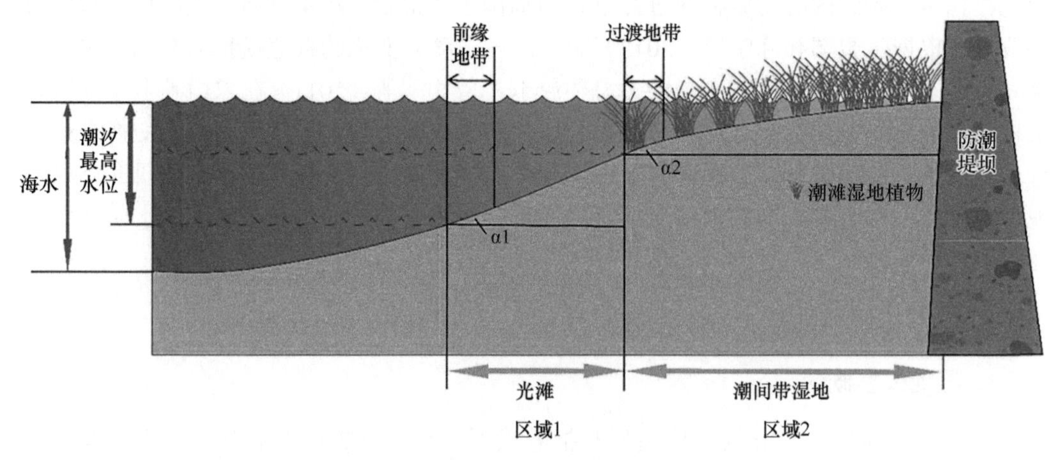

图 7-1　模拟区域基本情况示意图

α1、α2 为海水与沉积表面形成的夹角

（1）潮汐模型构建

昌邑海洋生态特别保护区位于渤海莱州湾南岸，莱州湾潮汐属于正规半日潮，即一天内有两次潮汐高潮、低潮，两次高低潮有大小之分，时间上每天的高潮、低潮出现时间都比前一天早 0.8h，即 48min。

根据实际情况下对某一点潮汐的观测，受地形影响，其潮汐曲线很复杂，但潮汐若受到周期性引潮力影响，在长时间尺度范围内存在很强的规律性（赵晓亮等，2010）。由于潮汐的规律性，Mecca 等（2004）在构建基于 STELLA 软件的污染冲刷模型时，简化潮汐高度变化为式（7-1）。Marius 等（2004）构建南卡罗来纳州盐沼湿地的水流、沉积和生物量模型时，为简化模型运行过程，提高模型运行效率，运用正弦曲线随时间变化模拟研究区域潮汐高度变化。结合前者的研究，通过分析昌邑海洋生态特别保护区潮汐规律，确定模型中模拟潮汐高度函数，见式（7-2）。

$$h_{ij}(t)=h_{\text{mean}}+TH\cos\frac{2\pi t}{T} \tag{7-1}$$

式中，$h_{ij}(t)$代表位置为 i、j 坐标的区域随时间函数变化的水位；h_{mean}代表平均高水位和平均低水位的中间值；TH 为振幅或潮高最大值；T 为潮汐周期；t 为时间函数。

$$h(t)=H\sin\frac{2\pi t}{T}+H \tag{7-2}$$

式中，$h(t)$代表研究区域内随时间 t 变化的潮汐高度；H 代表模拟区域最高潮位；T 代表模拟区域潮汐周期；t 为时间。

潮汐模块使用 STELLA 软件中内置时间函数 TIME 和 SIN 函数进行构建，模拟结果为一天之内分别有两次高潮、低潮；低潮位为 0m，高潮位为 0.8m。

（2）植物生长模型构建

昌邑海洋生态特别保护区堤坝外部潮滩湿地植物物种丰富度较低，多为耐盐植物物种，根据实际调查情况，植物生长模块选择使用当地优势物种——盐地碱蓬分析其生长规律，并进行模型构建。

盐地碱蓬是一年生藜科植物，拥有极强的耐盐性，在昌邑海洋生态特别保护区堤坝外部潮滩湿地生长旺盛。盐地碱蓬通过种子进行繁殖，根据野外观察和实验研究发现，盐地碱蓬物候期主要是：萌发期、营养生长期、孕蕾期、开花期和果实期，生活史约 200 多天（宋百敏，2002）。盐地碱蓬在 4 月初生长初期，光合作用较弱，生长较弱，地上生物量增长缓慢，到 5 月、6 月开始快速增长，至 7 月和 8 月地上生物量达到最大值（研究区实测值为 403.37g/m^2），在生长时期，盐地碱蓬地上现存生物量变化趋势呈“S”形。盐地碱蓬地下生物量在 3 月开始生长，与地上现存生物量增长趋势相似并有延迟，因为生长期盐地碱蓬营养物质器官分配规律，将大部分营养物质输入至叶片和茎地上部分，地下现存生物量在 8 月达到最大值（研究区实测值为 251.89g/m^2）。

盐地碱蓬死亡后，枯枝落叶在未来的一段时间内将发生分解，分解速率与温度、初始重量和分解时间相关，本研究采用的是 Olson 在 1963 年提出的枯落物分解指数衰减模型（Olson，1963），其表达式为

$$\frac{M_t}{M_0}=\mathrm{e}^{-kt} \tag{7-3}$$

式中，M_t 为植物枯落物在时间 t 时的质量；M_0 为植物枯落物初始质量；k 为枯落物分解速率常数；t 为分解时间。

模型中盐地碱蓬枯落物水解速率使用的公式为

$$R=\mathrm{e}^{-k\cdot Tep\cdot t} \tag{7-4}$$

式中，R 为盐地碱蓬枯落物水解速率；Tep 为温度函数；其余参数与式（7-3）中一致。

使用昌邑市多年月平均气温进行函数拟合，得到年内昌邑市气温变化函数，函数表达式为

$$Tep=15\cdot\sin\left(\frac{2\pi}{T}\left(\frac{t}{30}-4\right)\right)+12 \tag{7-5}$$

式中，T 为周期，此处取 12，代表一年内的 12 个月份；t 为时间函数，以天（d）为单

位，默认每个月天数为 30 天，在时间尺度上与月份衔接；式（7-5）的拟合度高（R^2=0.995，P=0.000）。

（3）滩涂沉积模型构建

构建滩涂沉积模块时，将模拟区域分为两个部分：滩涂前缘部分，无植物生长的光滩，简称区域 1（A1）；滩涂植物生长区域，简称区域 2（A2）（图 7-1）。进行模拟时，假设两个区域为理想的斜坡，中间无明显凹凸区域，且均匀渐变。

区域 1 高程低于区域 2，区域 1 高程较低的边缘与海水相接，较高高程边缘与区域 2 相接，潮汐涨落变化时，假设区域 1 和区域 2 之间无明显差异，受到潮汐的影响一致。区域 2 受到潮汐的影响与区域 1 不同，区域 1 被潮流淹没时，区域 2 可能还未受到潮汐影响，如何判断区域 2 何时受到影响，受到什么影响，模型中采用判断语句进行处理。当潮汐低于区域 1 最高高程，即区域 2 最低高程时，则区域 2 未受潮汐影响，潮汐水位为 0m；当潮汐水位高于区域 1 最高高程，区域 2 潮汐水位为最低潮海岸线潮位减去区域 1 最高高程，判断语句见式（7-6）。

$$\begin{aligned} H(t)_{A2} &= 0, \quad h(t) < h_{A1} \\ H(t)_{A2} &= h(t) - h_{A1}, \quad h(t) > h_{A1} \end{aligned} \tag{7-6}$$

式中，h_{A1} 为区域 1 最高高程，即与区域 2 界线处的高程；$h(t)_{A2}$ 为区域 2 随时间函数变化的潮汐水位变化。

模拟区域两个分区表层状况有明显差异，区域 1 是无植物生长的光滩，区域 2 是以盐地碱蓬为优势种的植物群落。模拟区域高程和面积变化受到潮汐水流挟沙沉积等物理过程影响，同时受到生物过程影响，生物过程影响主要表现在植物对泥沙的截留作用和植物有机沉积。由于植物生长受潮汐影响，如果潮汐水位过高，淹没时间过长，植物无法进行光合作用和呼吸作用，将会无法生存而死亡，植物生长区域将转换成区域 1。潮汐水文和淹没时间与模拟区域高程相关，通过高程判断该区域是否适合植物生长，使用判断语句：

$$\begin{aligned} &A_{A2\_to\_A1}, h_{A1} < h_{plant} \\ &A_{A1\_to\_A2}, h_{A1} > h_{plant} \end{aligned} \tag{7-7}$$

式中，h_{plant} 代表植物可能生长的最低高度，超过该高度植物可以生长，低于该高度植物受到潮汐淹没不能生长，该高度通过实地观察测量得到；$A_{A2\_to\_A1}$ 为由于植物死亡，区域 2 退化成为光滩区域 1 的面积；$A_{A1\_to\_A2}$ 代表区域 1 开始有植物生长成为区域 2 的面积。

区域 1 面积和高程变化主要受沉积、侵蚀、区域 2 植物死亡后转换面积和潮汐淹没面积影响。随着时间变化，区域 1 面积受到面积输入和面积输出的影响，区域 1 面积输入和输出函数详见式（7-8）和式（7-9）。区域 2 面积变化的影响因素与区域 1 相同，受到面积输入与输出的影响，其具体输入与输出内容不同，详见式（7-10）和式（7-11）。

$$A_{dep\_1} = A_{sand\_sed\_1} + A_{A2\_to\_A1} \tag{7-8}$$

$$A_{ero\_1} = A_{sand\_ero\_1} + A_{flood} \tag{7-9}$$

$$A_{dep\_2} = A_{sand\_sed\_2} + A_{A1\_to\_A2} + A_{trap} + A_{org} \tag{7-10}$$

$$A_{ero\_2} = A_{sand\_ero\_2} + A_{A2\_to\_A1} + A_{died} \tag{7-11}$$

式中，A_{dep_1}代表区域 1 面积输入；$A_{sand_sed_1}$代表区域 1 面积输入中由自然状态下泥沙的沉积而增加的面积；A_{ero_1}代表区域 1 面积输出；$A_{sand_ero_1}$代表自然状态下由于潮汐侵蚀减少的区域 1 面积；A_{flood}为海水淹没面积；A_{dep_2}代表区域 2 面积输入；$A_{sand_sed_2}$代表区域2面积输入中由自然状态下泥沙的沉积引起的面积增加；A_{ero_2}代表区域2面积输出；$A_{sand_ero_2}$代表自然状态下由于潮汐侵蚀减少的区域 2 面积；A_{died}为由其他因素引起植物死亡变成光滩的面积。

区域 1 和区域 2 两个区域之间面积存在相互联系，两者在外界因素的影响下互相转换，模型中暂时只考虑了潮汐淹没作用，其余可能对植物生长造成影响的因素，模型中进行了简化，A_{died}为其他因素引起的植物死亡面积。A_{flood}在区域 1 中为被海水淹没的面积，区域 1 在演替过程中，部分区域被升高的潮水淹没，并未褪去，光滩变成水下部分，造成区域 1 面积减少。

（4）模型耦合

潮汐模块模拟潮汐水位随时间函数的周期性涨落，潮汐水位是水位高度，其单位是米（m）。潮汐模块通过单位面积和时间内潮汐流量与沉积模块相关联，即单位时间内流速。单位时间内潮汐所携带的悬浮物总量与潮汐流速和悬浮物浓度相关。

$$V_{tidal} = h(t) \times 1 \tag{7-12}$$

$$M_{SS} = C_{SS} \times V_{tidal} \tag{7-13}$$

式中，V_{tidal}为潮汐单位时间内流速（m^3/d）；1 代表单位面积（m^2）；M_{ss}代表单位时间内潮汐所携带悬浮物总质量（g）；C_{ss}为潮水中悬浮物浓度（g/m^3）。

植物对泥沙的截留作用与研究区域植物生物量、区域高程和水流中悬浮物浓度相关。并得到植物截留作用与生物量和高程之间相关关系的拟合函数（Li and Yang，2009）。植物引起的有机沉积对湿地形态有一定的影响，有机沉积量与湿地生长植物的地上生物量呈线性相关（Marius et al.，2004）。植物生长模块与沉积模块通过植物泥沙截留作用和植物有机沉积相关联。

$$y=0.0725a-156.6b-422.7\ (r=0.836,\ P=0.0003) \tag{7-14}$$

$$M_{org\_dep}=k_b \times a \tag{7-15}$$

式中，y 代表单位面积上植物截留的泥沙重量（g）；a 为单位面积上的植物生物量（g/m^2）；b 为研究区域高程（m）；M_{org_dep}为单位面积上植物有机沉积质量（g/m^2）；k_b为线性相关方程系数。

植物截留作用和有机沉积的量化在单位上为 g，需要转换为面积数据进行模型参数的输入和输出，先将重量数据通过土壤容重转换为体积数据，以植物有机沉积质量为例：

$$V_{org\_dep} = M_{org\_dep} / W_b \tag{7-16}$$

式中，V_{org_dep}为植物有机沉积引起的体积变化（m^3）；W_b为模拟区域土壤容重，为实测数据（g/m^3）。

经过转换得到单位面积上的体积变化，假设这部分体积在空间上沿一定坡度和一个方向向外延展，空间上增加的高度转换为斜坡上增长的长度，投射至垂直平面上即平面上增加的长度，乘以单位长度，得到平面上增加的面积，此处依旧以有机沉积造成的面积变化为例：

$$\Delta A_{\text{org\_dep}} = \left(\frac{V_{\text{org\_dep}}}{1}\right) / \tan\alpha \times 1 \tag{7-17}$$

式中，$\Delta A_{\text{org_dep}}$为植物有机沉积造成的面积增减（$m^2$）；$\alpha$为模拟区域斜坡坡度（弧度）；第一个1为单位面积（$m^2$）；第二个1为单位长度（m）。

滨海湿地植物生长和滩涂沉积模型结构基于潮汐、植物生长和滩涂沉积情况构建，通过三者之间的联系耦合成为完整的模型。

3. 自然和人为干扰的模拟结果

（1）模拟升温对滨海湿地盐地碱蓬生物量及其枯落物分解的影响

盐地碱蓬年内地上、地下生物量总体变化趋势相近：生长初期缓慢，68～75天开始生长，150～200天生物量开始急剧增加，地上生物量在230～235天达到最大值（427.48g/m^2），而地下生物量在260～265天达到最大值（225.79g/m^2），300天以后地上和地下生物量开始急速下降，在348天和338天时，地上生物量和地下生物量分别降至0。

地上和地下枯落物（初始值分别为200g/m^2和100g/m^2）变化趋势总体一致：0～136天枯落物地上和地下生物量不断减少并且达到最低值（分别为0.71g/m^2和0.92g/m^2）；137～338天地上枯落物生物量变化趋势与地上生物量相似，即先增加再减少；并且在320天达到最大值（371.19g/m^2），而地下枯落物生物量逐步上升并在338天达到最大值（206.89g/m^2）；地上和地下枯落物生物量在339～365天开始快速减少，并且在365天分别减少至127.69g/m^2和79.06g/m^2。

盐地碱蓬地上生长率高于地下生长率并且呈现先增长再减少相似趋势。地上生长率在68天时开始从0增长，168天达到最大值（6.97g/m^2），然后开始减少，并在333天时降至0。地下生长率在35天开始从0增长，在167～200天达到最大（2g/m^2），然后开始下降并在333天降为0。地上和地下部分死亡率变化趋势相似：由134天开始，地上和地下部分死亡率逐渐增加，并在365天分别达到最大值（10g/m^2和8g/m^2）。

当温度提高2.5℃及5℃后，地上和地下枯落物生物量变化趋势与升温前相似即先减少后增加然后再减少的趋势；升温期间（0～220天），地上和地下枯落物生物量几乎无显著差别，而从220天开始，随着温度的升高，地上和地下枯落物生物量显著增加。在365天时，升温2.5℃的地上和地下枯落物生物量分别为194.05g/m^2和91.67g/m^2，而升温5℃的地上和地下枯落物生物量分别为271.06g/m^2和105.31g/m^2。

盐地碱蓬地上分解速率与地下分解速率总体呈先减少后增加的相似趋势。随着温度升高，不同温度下地上分解速率大小关系为：未升温＞升温2.5℃＞升温5℃，地下部分分解速率也存在相同现象。

盐地碱蓬属于稀盐盐生植物，在高盐度、水文干扰强度大的滨海滩涂区域，具有显著的生长优势（宋百敏，2002；刘雪华，2016）。一些研究表明，在盐地碱蓬生长过程中，盐度和水文干扰对种群初级生产力及种间密度等具有明显影响（李洪山等，2009），而且水文干扰主要降低了盐地碱蓬种内竞争强度，导致一些较弱的个体死亡（李洪山等，2009）和种内密度减小，并且这种现象将伴随着盐地碱蓬整个生长过程。因此，在我们模型中，死亡率是逐渐增加的。由于土壤增温慢，盐地碱蓬幼苗前期生长缓慢，随着气温和地温升高，植株营养生长急剧增加（王建良等，2017），种群生物量不断增长（钱兵等，2000；左明等，2014），而在 7～8 月花果期以繁殖生长为主，种群生物量几乎维持不变（Olson，1963；左明等，2014；毛培利等，2011）。随着生长率下降，盐地碱蓬植株开始枯萎，生物量降低，死亡率增长，枯落物生物量增加，并且 11 月底全部死亡（Olson，1963；李洪山等，2009）。本研究的模型充分体现了这些过程。一些研究还发现，生长于潮间带滩涂的盐地碱蓬，会减少根系生物量分配，发展以叶、花为主的地上生物量，以获得更多的资源和繁殖机会（陈婷等，2016），本研究的模型也充分体现该特征，即盐地碱蓬地上生物量远高于地下生物量。

枯落物分解一般受到其基质质量、植被类型、温度和水分等因素影响（张绪良等，2009）。由于研究区域受到周期性潮汐影响（周俊丽等，2006），可以假设水分特征全年一致，并且植被类型为单一的盐地碱蓬群落，因此，在模型中仅研究基质质量与温度的影响效果，与相关研究考虑因素基本一致，而且枯落物在一年时间内自然水解的量为枯落物量的一半（Liu et al.，2015）。因此，本研究模拟初始值取动态变化过程中最大值的一半，经过一年分解后，剩余生物量大致与初始值相同，符合已有研究中植物枯落物分解规律。研究表明，植物地上和地下部分枯落物分解速率变化规律相似，分解初期，植物还未萌发，主要分解前一年剩余枯落物生物量（刘莹等，2018），随着时间的推移、温度的增加，分解率缓慢提升，没有大量枯落物补充，分解率逐步下降，进入 9 月后，随着盐地碱蓬枯落物生物量的增加，分解基质质量增加，分解速率加快，盐地碱蓬枯落物生物量开始减少。本研究模拟的分解过程充分体现了枯落物分解规律。

如果模拟温度上升 2.5℃和 5℃，本研究的模拟结果显示地上和地下分解率下降，枯落物生物量减少较慢。原因可能是温度过高不利于各层土壤微生物活动。一些研究发现，含碳养分分解的最大速率在一定的温度之间，在最适点范围（一般为 5～30℃）内，随温度的升高，微生物活性增加，加速有机物的分解。本研究中，模型升温后，月平均最高温达 29.5℃和 32℃，超过了最适温度范围。剩余枯落物生物量随着温度的升高而增加，枯落物中更多有机质未分解，碳释放量减少，在全球变暖的大环境下滨海湿地将从碳源转变为碳汇（曹磊，2014）。

综上所述，STELLA 动力学软件能够有效模拟盐地碱蓬种群动态变化特征，并且研究结果揭示了在全球气候变暖条件下，滨海湿地植物生长过程及其枯落物分解过程的产物对碳源及碳汇的影响程度。

（2）模拟泥沙含量和防潮堤对湿地面积的影响

根据图 7-2，光滩（区域 1）和相邻的盐地碱蓬盐沼（区域 2）的沉积物堆积高度与潮汐水流中悬浮物浓度（10～25g/m^3）相关，潮汐引起的沉积与侵蚀高度变化规律相似。侵蚀和高度变化产生的潮汐水相似。然而，在本研究模型中，植物捕获引起的沉积几乎没有随悬浮物浓度变化而变化。2020～2040 年模拟期间，在三种悬浮物浓度情况下，光滩（区域 1）潮汐引起的沉积和侵蚀的高度明显高于盐沼（区域 2），这可能是由于区域 1 的潮汐流大于区域 2，以及盐沼植物促进沉积和减轻侵蚀方面的缓冲作用。在区域 1，潮汐引起的侵蚀高度大于沉积，而在区域 2 恰好相反，说明区域 1 以侵蚀为主，区域 2

以沉积为主。在悬浮物浓度为 10g/m^3 和 17g/m^3 时，盐沼植物捕获的沉积物高度高于潮汐侵蚀引起的沉积物高度。当悬浮物浓度为 25g/m^3 时，潮汐侵蚀引起的泥沙高度高于植物截留的高度。这说明盐地碱蓬可以在一定程度上减轻潮汐侵蚀的影响，促进潮间带湿地泥沙沉积。

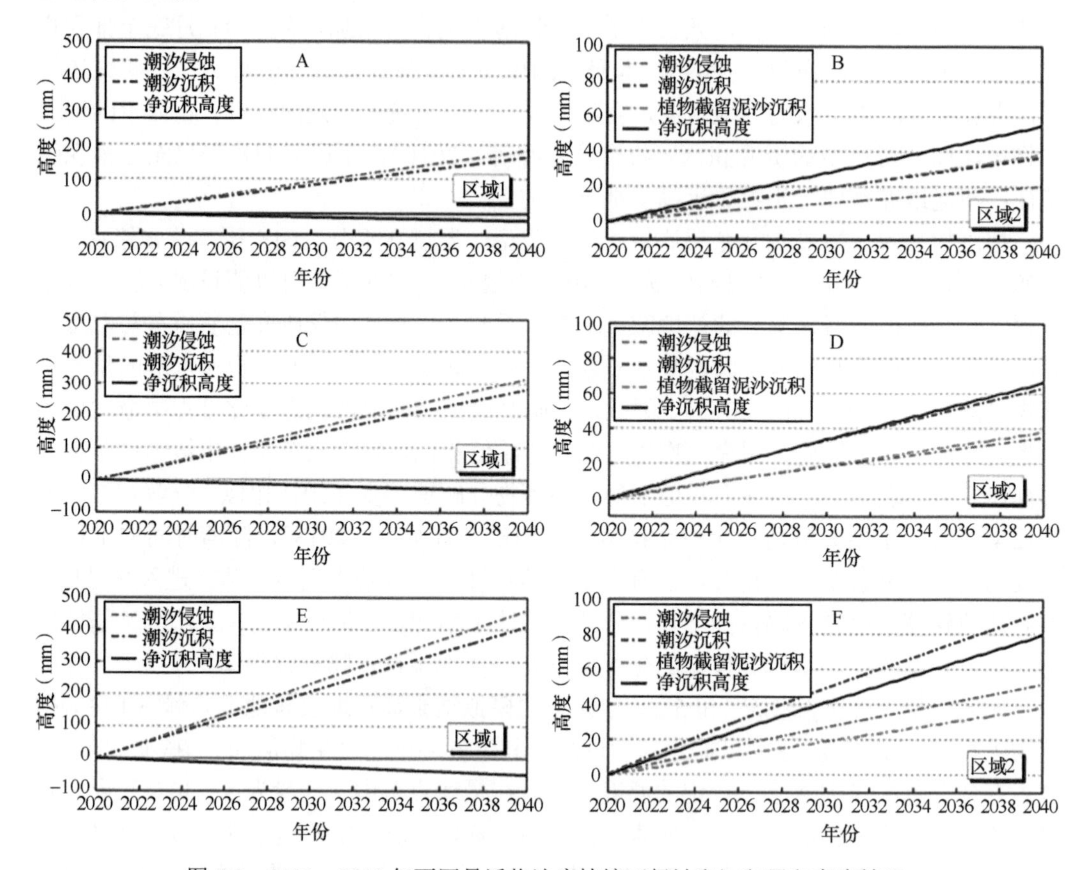

图 7-2　2020～2040 年不同悬浮物浓度情境下侵蚀和沉积累积高度情况

A 和 B 悬浮物浓度为 10g/m^3；C 和 D 悬浮物浓度为 17g/m^3；E 和 F 悬浮物浓度为 25g/m^3；净泥沙高度为沉积与侵蚀的差值

光滩（区域 1）面积从 2020 年到 2029 年逐渐增加，最终达到最大面积（88.73hm^2），2029 年后悬浮物浓度为 10g/m^3 时保持不变。三个悬浮物浓度情况下，区域 1 的面积会达到相同的最大值，达到最大值前，区域 1 面积斜率随着悬浮物浓度增加而减小。结果表明，区域 1 面积存在一个最大动态平衡面积，而且随着悬浮浓度的增加，达到最大平衡面积的时间越来越晚。对于任意悬浮物浓度，区域 2 的面积随时间增加而减小，这些面积变化可分为两个阶段：前一阶段对于不同悬浮物浓度斜率不同，后一阶段对于所有悬浮物浓度斜率相似（图 7-3）。这些结果表明，区域 2 的面积减少速度随着悬浮物浓度的增加而减慢。2020～2040 年，湿地总面积（区域 1+区域 2）在所有悬浮物浓度情景下将从 145.44hm^2 减少到 142.03hm^2，表明湿地总面积变化受侵蚀过程的影响最大。区域 1 和区域 2 的面积变化表明，未来盐沼总面积将持续减少，且这种现象主要发生在盐地碱蓬盐沼区（区域 2）。

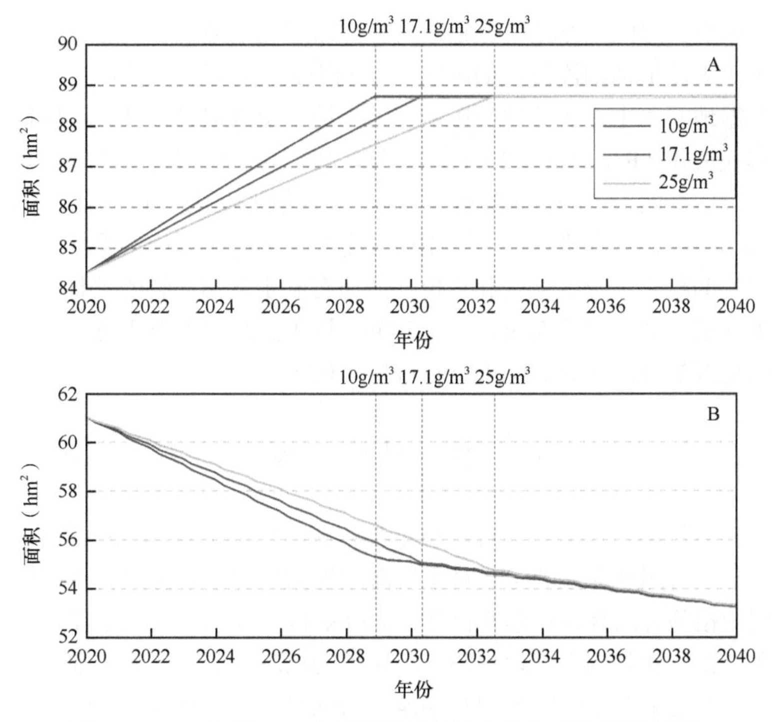

图 7-3　2020 年至 2040 年不同悬浮物浓度情况下模拟湿地面积

A. 区域 1；B. 区域 2

近几十年来，由于全球气候变暖、海平面上升和人为干扰，全球滨海湿地面积不断减少（Chu et al.，2019；Schuerch et al.，2018）。滨海湿地的水平适应性是由内陆湿地迁移和人为屏障之间的相互作用决定的，而它们的垂直适应性是由湿地增生和海平面上升之间的生物物理反馈决定的（Schuerch et al.，2018），而潮汐泥滩的强烈压力来自海平面上升，海岸侵蚀、河流沉积物通量减少，以及海岸沉积物沉降和压实（Murray et al.，2018）。基于遥感数据，2005～2018 年盐沼湿地面积呈下降趋势，基于模型预测，2020～2040 年盐沼湿地面积也呈下降趋势。在潮滩区域有一个轻微的增加，直到一个稳定的值。堤坝位于盐沼湿地边缘，这影响了盐沼湿地的水平适应性。

海岸沉积在盐沼湿地的退化和演替中发挥着非常重要的作用，受潮汐波、海平面、径流等多种因素的影响，其中沼泽植物的诱捕效应被证明对海岸沉积有显著影响（Mikhailov and Mikhailova，2010；Tang et al.，2020；Wang et al.，2013）。盐地碱蓬是中国沿海湿地潮间带盐沼的优势先锋植物，并且研究还发现，植被覆盖的地表面积增加速率和淤积高度变化相关，说明植被在保持沼泽地表高度及适应海平面上升速度方面的重要性（Baustian et al.，2012）。在这个模型中，植物捕获泥沙作用对湿地面积变化十分重要。

本研究的结果表明，昌邑潮滩湿地是一个典型的侵蚀性潮汐沼泽湿地，即泥沼地不断侵蚀和消退的潮汐滩涂。如果没有堤坝，盐沼就会向陆地越界以保持其稳定性（Craft et al.，2009；Rogers et al.，2012；Wang et al.，2013），而本研究中的盐沼面积减少，是因为盐沼无法向内陆迁移。盐沼只向海洋扩展，这种扩展潜力小于潮汐侵蚀能力，导致盐沼面积不断减少。因此，受堤坝等硬物限制的盐沼向陆地迁移会影响盐沼的扩张，加速盐沼的减少，无法抵消潮汐侵蚀的影响，不利于天然盐沼的安全。

昌邑滨海湿地基本上受到盐井的影响，因为地下盐水被过度开采，导致地下水位上升和次生土壤盐渍化（Fan et al.，2011）。此外，滨海湿地植物的植被分布和种类主要受土壤盐分和水位的影响，这会限制植物的生长，导致植被退化（Liu et al.，2015；Xi et al.，2016；Xie et al.，2011）。本研究中，悬浮物浓度的增加将减缓盐沼的减少。这可能是由于盐沼中沉积物的积累会影响盐度和水位，从而有利于盐沼植物的生长。因此，增加泥沙输入是缓解盐沼湿地流失（Yang et al.，2006）和在自然和人类活动的巨大压力下保护潮间带植被的更好的方法（van Regteren et al.，2020）。

第六节　结语与展望

滨海湿地在自然环境和社会经济环境中都占有重要的地位，滨海湿地的现状不容乐观，保护和修复滨海湿地非常急迫。对于滨海湿地的保护，根据国家相关法律或政策规定，实施不同的措施分级保护：建立自然生态保护区，提高公众湿地保护意识，建立滨海湿地的相关立法，并且健全管理机制。在保护的同时，采取一些技术方法对湿地进行恢复及修复，让湿地生态系统的结构和功能尽快恢复，理化技术修复成本高且对环境有负面作用，利用植物和微生物对滨海湿地生态系统进行修复，可以有效地降解、吸收、富集及累积有机污染物和重金属并且有利于栖息地的重构，而且具有成本低、效率高的优势。

在滨海湿地保护方面，全球化、全社会化、法制化是未来的发展方向。同时，滨海湿地修复技术如今已经取得巨大的成就，在植物和微生物方面有很大的发展潜力，但是在进行滨海湿地修复的同时，要考虑实施修复措施后的发展，如物种入侵问题等，要考虑到长期的修复过程监管，不要破坏滨海湿地环境，特别是要加强修复后的模拟预测，为滨海湿地的保护提供精准防控。

参考文献

曹磊. 2014. 山东半岛北部典型滨海湿地碳的沉积与埋藏. 中国科学院大学硕士学位论文.

陈金瑞, 陈学恩. 2012. 近 70 年胶州湾水动力变化的数值模拟研究. 海洋学报, 34(6): 30-41.

陈婷, 郗敏, 孔范龙, 等. 2016. 枯落物分解及其影响因素. 生态学杂志, 35(7): 1927-1935.

崔保山, 杨志峰. 2001. 湿地生态系统模型研究进展. 地球科学进展, 16(3): 352-358.

崔巍, 李伟, 张曼胤, 等. 2011. 湿地土壤生态功能研究概述. 中国农学通报, 27(20): 203-207.

丁智. 2014. 围填海对渤海湾海岸带景观格局演变的遥感研究. 中国科学院大学硕士学位论文.

董厚德, 全奎国, 邵成, 等. 1995. 辽河河口湿地自然保护区植物群落生态的研究. 应用生态学报, 6(20): 190-195.

董文渊, 王逸之. 2015. 生态保护红线划定对云南生物多样性保护影响研究. 环境科学导刊, (6): 18-21.

窦勇, 唐学玺, 王悠. 2012. 滨海湿地生态修复研究进展. 海洋环境科学, 31(4): 616-619.

段晓男, 王效科, 逯非, 等. 2008. 中国湿地生态系统固碳现状和潜力. 生态学报, 28(2): 463-469.

傅伯杰, 陈利顶. 1996. 景观多样性的类型及其生态意义. 地理学报, 51(5): 454-461.

高云芳, 李秀启, 董贯仓, 等. 2010. 黄河口几种盐沼植物对滨海湿地净化作用的研究. 安徽农业科学,

38(34): 19499-19501.
黄易. 2009. 纳帕海湿地退化对碳氮积累影响的研究. 安徽农业科学, 7(13): 6095-6097.
江长胜, 郝庆菊, 宋长春, 等. 2010. 垦殖对沼泽湿地土壤呼吸速率的影响. 生态学报, 30(17): 4539-4548.
黎植权, 林中大, 薛春泉. 2002. 广东省红树林植物群落分布与演替分析. 广东林业科技, 18(2): 52-55.
李洪山, 李慈厚, 申玉香, 等. 2009. 滩涂盐地碱蓬生态分布特点与生长竞争性研究. 江苏农业科学, 37(2): 296-298.
刘雪华. 2016. 盐分和水文干扰对盐地碱蓬个体及种群的影响. 山东师范大学硕士学位论文.
刘亚云, 孙红斌, 陈桂珠, 等. 2009. 红树植物秋茄对 PCBs 污染沉积物的修复. 生态学报, 29(11): 6002-6009.
刘莹, 姜锡仁, 王兴, 等. 2018. 莱州湾南岸海水入侵变化趋势及成因分析. 海洋科学, 42(2): 108-117.
马志远, 陈彬, 俞炜炜, 等. 2009. 福建兴化湾围填海湿地景观生态影响研究. 台湾海峡, 28(2): 169-175.
毛培利, 成文连, 刘玉虹, 等. 2011. 滨海不同生境下盐地碱蓬生物量分配特征研究. 生态环境学报, 20(8-9): 1214-1220.
牟晓杰, 刘兴土, 阎百兴, 等. 2015. 中国滨海湿地分类系统. 湿地科学, 13(1): 19-26.
聂红涛, 陶建华. 2008. 渤海湾海岸开发对近海水环境影响分析. 海洋工程, 26(3): 44-50.
欧英娟, 彭晓春, 周健, 等. 2012. 气候变化对生态系统脆弱性的影响及其对措施. 环境科学与管理, 37(12): 136-141.
浦瑞良, 宫鹏. 2000. 高光谱遥感及其应用. 北京: 高等教育出版社.
钱兵, 顾克余, 赫明涛, 等. 2000. 盐地碱蓬的生态生物学特性及栽培技术. 中国野生植物资源, 19(6): 62-63.
宋百敏. 2002. 黄河三角洲盐地碱蓬(*Suaeda salsa*)种群生态学研究. 山东大学硕士学位论文.
宋创业, 刘高焕, 刘庆生, 等. 2008. 黄河三角洲植物群落分布格局及其影响因素. 生态学杂志, 27(12): 2042-2048.
宋红丽, 刘兴土. 2013. 围填海活动对我国河口三角洲湿地的影响. 湿地科学, 11(2): 297-304.
孙嘉龙, 李梅, 曾德华. 2007. 微生物对重金属的吸附、转化作用. 贵州农业科学, 5: 147-150.
孙黎, 余李新, 王思麒, 等. 2009. 湿地植物对去除重金属污染的研究. 北方园艺, 12: 125-129.
王建良, 赵成章, 张伟涛, 等. 2017. 秦王川湿地盐角草和盐地碱蓬种群的空间格局及其关联性. 生态学杂志, 36(9): 2494-2500.
王景伟, 王海泽. 2006. 景观指数在景观格局描述中的应用: 以鞍山大麦科湿地自然保护区为例. 水土保持研究, 13(2): 230-233.
王静, 徐敏, 张益民, 等. 2009. 围填海的滨海湿地生态服务功能价值损失的评估: 以海门市滨海新区围填海为例. 南京师大学报(自然科学版), 32(4): 134-138.
王卫红, 季民, 薛玉伟, 等. 2007. 利用耐盐沉水植物控制滨海再生水景观河道的富营养化研究. 海洋通报, 26(1): 73-77.
吴绍洪, 赵宗慈. 2009. 气候变化和水的最新科学认知. 气候变化研究进展, 5(3): 125-133.
吴统贵, 吴明, 萧江华. 2008. 杭州湾滩涂湿地植被群落演替与物种多样性动态. 生态学杂志, 27(8): 1284-1289.
杨桂山, 施雅风, 张琛. 2002. 江苏滨海潮滩湿地对潮位变化的生态响应. 地理学报, 57(3): 325-332.
喻龙, 龙江平, 李建军, 等. 2002. 生物修复技术研究进展及在滨海湿地中的应用. 海洋科学进展, 20(4): 99-108.
曾相明, 管卫兵, 潘冲. 2011. 象山港多年围填海工程对水动力影响的累积效应. 海洋学研究, 29(1): 73-83.
张莉, 张杰龙. 2020. 以栖息地修复为导向的湿地公园设计方法: 以云南省保山市青华湿地为例. 景观设计学, 8(3): 90-101.

张明慧, 陈昌平, 索安宁, 等. 2012. 围填海的海洋环境影响国内外研究进展. 生态环境学报, 21(8): 1509-1513.

张松柏, 张德咏, 刘勇, 等. 2009. 一株菊酯类农药降解菌的分离鉴定及其降解酶基因的克隆. 微生物学报, 49(11): 1520-1526.

张绪良, 张朝晖, 徐宗军, 等. 2009. 莱州湾南岸滨海湿地的景观格局变化及其原因分析. 科技导报, 27(4): 65-70.

赵曦, 黄艺, 敖晓兰. 2007. 持久性有机污染物(POPs)的生物降解与外生菌根真菌对 POPs 的降解作用. 应用与环境生物学报, 1: 140-144.

赵晓亮, 郭鹏, 辛欣, 等. 2010. 基于潮汐变化的潮滩淹没模型构建. 测绘工程, 19(5): 16-19.

郑云云, 胡泓, 邵志芳. 2013. 典型滨海湿地植被演替研究进展. 湿地科学与管理, 9(4): 56-60.

周德民, 宫辉力, 胡金明, 等. 2007. 湿地水文生态学模型的理论与方法. 生态学杂志, 26(1): 108-114.

周俊丽, 吴莹, 张经, 等. 2006. 长江口潮滩先锋植物藨草腐烂分解过程研究. 海洋科学进展, 24(1): 44-50.

左明, 张士华, 刘志国, 等. 2014. 莱州湾西岸盐渍土中耐盐景观植物生长规律及脱盐效果研究. 北方园艺, (11): 59-62.

Anna R S, Chiara A, Lia S, et al. 2006. Investigating heavy metal resistance, bioaccumulation and metabolic profile of a metallophile microbial consortium native to an abandoned mine. Science of the Total Environment, 366: 649-658.

Baustian J J, Mendelssohn I A, Hester M W. 2012, Vegetation's importance in regulating surface elevation in a coastal salt marsh facing elevated rates of sea level rise. Global Change Biology, 18(11): 1-6.

Braeckevelt M, Rokadia H, Imfeld G, et al. 2007. Assessment of *in situ* biodegradation of monochlorobenzene in contaminated groundwater treated in a constructed wetland. Environmental Pollution, 148: 428-437.

Brevik E C, Homburg J A. 2004. A 5000 year record of carbon sequestration from a coastal lagoon and wetland complex, southern California, USA. Science, 57: 221-232.

Chu X, Han G, Xing Q, et al. 2019. Changes in plant biomass induced by soil moisture variability drive interannual variation in the net ecosystem CO_2 exchange over a reclaimed coastal wetland. Agricultural and Forest Meteorology, 264: 138-148.

Craft C, Clough J, Ehman J, et al. 2009. Forecasting the effects of accelerated sea-level rise on tidal marsh ecosystem services. Frontiers in Ecology and the Environment, 7(2): 73-78.

Dowty R A, Shaffer G P, Hester M W, et al. 2001. Phytoremediation of small-scale oil spills in fresh marsh environments: a mesocosm simulation. Marine Environmental Research, 52(3): 195-211.

Fan X M, Bas P, Liu G H, et al. 2011. Potential plant species distribution in the Yellow River Delta under the influence of groundwater level and soil Salinity. Ecohydrology, 4(6): 744-756.

Keddy P A. 2012. Wetland Ecology: Principles and Conservation (Second Edition). New York: Cambridge University Press.

Lamers L P M, Loeb R, Anthenisse A M, et al. 2006. Biogeochemical constraints on the ecological rehabilitation of wetland vegetation in river floodplains. Hydrobiologia, 565: 165-186.

Li H, Yang S L. 2009. Trapping effect of tidal marsh vegetation on suspended sediment, Yangtze Delta. Journal of Coastal Research, 25(4): 915-924.

Liu Y, Wang L, Liu H, et al. 2015. Comparison of carbon sequestration ability and effect of elevation in fenced wetland plant communities of the Xilin River floodplains: a model case study. River Research & Applications, 31(7): 858-866.

Marius M S, Sergio F, Morris J T, et al. 2004. Flow, sedimentation, and biomass production on a vegetated salt marsh in south Carolina: toward a predictive model of marsh, morphologic and ecologic evolution. Ecogeomorphology of Tidal Marshes, 59: 165-188.

Mecca S, Severino C, Barber R. 2004. Pollution flushing models in Stella//Latini G, Passerini G, Brebbia C A. Development and Application of Computer Techniques to Environmental Studies Ⅹ. Southampton: WIT Press.

Mikhailov V N, Mikhailova M V. 2010. Delta formation processes at the Mississippi River mouth. Water Resources, 37(5): 595-610.

Murray N J, Phinn S R, DeWitt M, et al. 2018. The global distribution and trajectory of tidal flats. Nature, 565(7738): 222-225.

Nicholis R J. 2004. Coastal flooding and wetland loss in the 21st century: changes under the SRES climate and socio-economic scenarios. Global Environmental Change, 14: 69-86.

Olson J S. 1963. Energy storage and the balance of producers and decomposers in ecological systems. Ecology, 44(2): 322-331.

Prince R C. 1997. Bioremediation of marine oil spills. Trends in Biotechnology, 15(5): 158-160.

Rachel D O, Michel C, Achouak E A, et al. 2010. Influence of initial pesticide concentrations and plant population density on dimethomorph toxicity and removal by two duckweed species. Science of the Total Environment, 408: 2254-2259.

Rogers K, Saintilan N, Copeland C. 2012. Modelling wetland surface elevation dynamics and its application to forecasting the effects of sea-level rise on estuarine wetlands. Ecological Modelling, 244: 148-157.

Saunders D A, Hobbs R J, Margules C R. 1991. Biological consequences of ecosystem fragmentation: a review. Conservation Biology, 5(1): 18-32.

Schuerch M, Spencer T, Temmerman S, et al. 2018. Future response of global coastal wetlands to sea-level rise. Nature, 561(7722): 231-234.

Tang H, Xin P, Ge Z, et al. 2020. Response of a salt marsh plant to sediment deposition disturbance. Estuarine, Coastal and Shelf Science, 237: 106695.

van der Peijl M J, van Oorschot M M P, Verhoven J T A. 2000. Simulation of the effects of nutrient enrichment on nutrient and carbon dynamics in a river marginal wetland. Ecological Modeling, 134: 169-184.

van Regteren M, Amptmeijer D, de Groot A V, et al. 2020. Where does the salt marsh start? Field-based evidence for the lack of a transitional area between a gradually sloping intertidal flat and salt Marsh. Estuarine, Coastal and Shelf Science, 243: 106909.

Venterink H O, Wassen M J. 1997. A comparison of six models predicting vegetation response to hydrological habitat change. Ecological Modelling, 101(2): 347-361.

Wang Q, Jørgensen S E, Lu J, et al. 2013. A model of vegetation dynamics of *Spartina alterniflora* and *Phragmites australis* in an expanding estuarine wetland: biological interactions and sedimentary effects. Ecological Modelling, 250: 195-204.

Xi H, Qi F, Lu Z, et al. 2016. Effects of water and salinity on plant species composition and community succession in Ejina Desert Oasis, Northwest China. Environmental Earth Sciences, 75: 138.

Xie T, Liu X, Sun T. 2011. The effects of groundwater table and flood irrigation strategies on soil water and salt dynamics and reed water use in the Yellow River delta, China. Ecological Modelling, 222(2): 241-252.

Yang S L, Li M, Dai S B, et al. 2006. Drastic decrease in sediment supply from the Yangtze River and its challenge to coastal wetland management. Geophysical Research Letters, 33(6): L06408.

第八章　自然保护区建设对滨海湿地的保护作用研究与展望

海岸带是资源丰富、区位优势突出、生态薄弱和灾害频发的地域之一，是社会经济发展的重要区域，是海洋生态系统与陆生生态系统之间的过渡地带，具有水陆生态系统的特点，是一种特殊的自然综合体。21 世纪以来，海岸带地区面临很多挑战和压力，如城镇化建设、全球变暖、海平面上升、淡水资源匮乏、海岸侵蚀、港口建设及渔业资源衰减，很大程度上限制了海岸带湿地的自然发展，因此加强自然保护区的建设是沿海自然生态保护的有效方法和途径。

第一节　中国海岸带自然保护区现状

一、各级别海岸带自然保护区数量和面积

我国海岸带自然保护区根据批准建立自然保护区的人民政府行政级别，大致分为国家级海岸带自然保护区和地方级海岸带自然保护区，对于级别的划分主要取决于保护对象，国家级海岸带自然保护区的保护对象往往具有典型意义，在科学研究上有重大的国际影响或有特殊的科学研究意义，而地方级海岸带自然保护区的保护对象代表该地区自然资源和自然环境情况，其根据不同行政级别分为省（自治区、直辖市）级、市级（州级）和县级（旗级）三个等级海岸带自然保护区，到 2016 年 6 月，我国已经建立地方级海岸带自然保护区共 117 个，面积为 501.96 万 hm^2，其中省级 31 个，所占面积为 276.92 万 hm^2；市级 39 个，所占面积 18.54 万 hm^2；县级 47 个，所占面积 206.50 万 hm^2。国家级海岸带自然保护区 27 个，面积 174.04 万 hm^2，分别占海岸带自然保护区总数的 18.7%，占海岸带自然保护区总面积的 25.7%。

二、海洋海岸带自然保护区类型

出于对海洋海岸自然环境、资源和生态的保护，自 20 世纪 70 年代，美国率先在阿拉斯加州、北卡罗来纳州等沿海部分地区推行海岸带综合管理计划，全世界各国纷纷效法，陆续建立了各种海岸带自然保护类型保护区域，约有 3600 个。由于保护对象、管理目标和管理级别的不同，各国海岸带保护区类型五花八门，初步统计有 44 种。1978 年为解决保护区各不相同的问题，世界自然保护联盟（IUCN）提出将全球的海洋海岸带自然保护区划分成两大类和 6 种类型，两大类指的是严格意义的保护区和荒野区，保护区可细分成 6 种类型。

中国的海岸带自然保护区类型是在海岸带保护区逐步发展的过程中建立的，最早建

立的蛇岛-老铁山、东寨港等海岸带自然保护区都是以野生动物为保护对象，随着海岸带自然保护区数量的增多，保护区的保护对象由最初的野生动物类型慢慢扩大到野生植物、生态系统、地质遗迹等。野生动植物类型自然保护区以典型、独有和特殊的动植物类型为主要保护对象，如湛江红树林、龙海九龙江口红树林、北江特有珍稀鱼类等。生态系统类型海岸带自然保护区是对各类较为完整的自然生态系统及其生物、非生物资源进行全面的保护，面积较大、结构较为复杂、功能较为完整，如西沙群岛、南沙群岛、中沙群岛、南澎列岛、南麂列岛海岸带自然保护区等，但是也包括一些已经遭到破坏的海岸带生态系统或亟待恢复的海岸带生态系统。地质遗迹类型海岸带自然保护区指的是因自然原因形成，有着特殊价值需要采取保护措施的非生物资源地区，如黄骅古贝壳堤、天津古海岸和湿地海岸带自然保护区等，据统计，野生动、植物类型海岸带自然保护区的数量分别为 36 个和 77 个，生态系统类型和自然、地质、人文遗迹类型海岸带自然保护区的数量分别为 13 个和 85 个。

随着海洋海岸带自然保护区保护事业的发展，海岸带保护区保护对象的类型进一步细化，生态系统类型海洋海岸自然保护区可划分为海岸滩涂生态系统、河口生态系统、湿地生态系统、海岛生态系统、红树林生态系统、上升流生态系统、珊瑚礁生态系统、大洋生态系统、岛屿生态系统九大类型，这些生态系统之间大多数是相互共存的。

三、海岸带自然保护区结构和功能

海岸带保护区的内部结构主要取决于所保护自然资源和自然环境的特点，我国海岸带自然保护区的类型、面积和规模的不同，造成海岸带保护区的内部结构有所不同，一般面积中等（1000～200 000hm^2），物种丰富度较大。生态系统相对稳定的海岸带自然保护区一般可分为三层，分别是核心区、缓冲区和实验区：核心区是需严格保护，禁止任何单位和个人进入，可进行科学观测，核心区内保存完好的天然状态的生态系统是珍稀、濒危动植物的集中分布区，核心区的面积一般不小于自然保护区面积的 1/3；缓冲区是为保护、防止和减缓对核心区造成的影响和干扰所划出的区域，可进行非破坏性的科学研究活动；实验区是在保护好海岸带物种资源和自然景观的前提下进行多种科学实验的地区。

四、海岸带自然保护区面积结构

海岸带保护区面积的大小，反映了海岸带自然保护区内的稳定程度，面积较大的海岸带自然保护区更不容易受到外界的干扰，同时反映了种群的单位面积的可容性和今后种群的繁衍能力及发展的数量。我国海岸带自然保护区根据其面积大小可被分为小型（≤100hm^2）、中小型（100～1000hm^2）、中型（1000～10 000hm^2）、中大型（1 万～10 万 hm^2）、大型（10 万～100 万 hm^2）、特大型（100 万 hm^2 以上）6 个等级。

目前，我国面积最大的海岸海洋类型自然保护区是西沙群岛、南沙群岛、中沙群岛，达 240 万 hm^2；其次是徐闻大黄鱼幼鱼海岸带自然保护区（196.51 万 hm^2）；面积最小的是平海海滩岩、沙丘岩海洋海岸带保护区，仅为 20hm^2，其以海滩岩、沙丘岩这样的地质遗迹为主要保护对象。

五、中国海岸带自然保护区受威胁现状

随着沿海经济的快速发展，海岸带自然保护区面临着各种各样的威胁和问题。根据中国自然保护区受威胁和存在问题的统计研究，目前保护区主要的威胁有 12 类，存在问题的有 5 类，有半数以上的海岸带自然保护区面临着各种威胁，以偷猎、偷砍和偷挖各种动植物最为显著，对保护区资源造成无法估量的损失和破坏，其中以红树林的乱砍滥伐和珊瑚礁乱挖乱采最为严重。特别是近 10 年来，由于各种人为因素及渔业活动，红树林的覆盖面积减少了 2.74 万 hm^2，造成南方部分地区发生大规模赤潮。珊瑚礁的开采更为严重，如海南省文昌市年挖采量达 6000t，珊瑚礁的大量开采无疑造成了海岸的严重侵蚀，给沿海地区居民的生命财产安全带来巨大的隐患，同时也造成海岸带生境的破坏，近海珊瑚礁鱼类、贝类资源的锐减。这些活动主要是由经济、生产原因造成的，其他还有不合理开发、资源经营不合理和当地的旅游压力等因素威胁，同时海岸带保护区自身也存在诸多问题，主要包括保护区的经费不足，保护区与周围群众关系的处理和管理权属不明。

第二节　海岸带自然保护区保护管理研究：以山东荣成大天鹅国家级自然保护区为例

一、山东荣成大天鹅国家级自然保护区概况

荣成天鹅湖，又名月湖，位于山东省荣成市成山镇，北纬 36°43′～37°27′、东经 122°09′～122°42′，是由于泥沙淤积逐渐形成的一个半封闭的天然潟湖。天鹅湖的西、北、南方向是陆地，天鹅湖东部是荣成湾沙坝，从而和外海相隔离，在天鹅湖的南部有一潮汐通道，与外海相通。通过潮流通道，潮汐携带了大量泥沙进入湖内，从而形成了湖内泥沙堆积的特征。

天鹅湖的湖区面积大约 6km^2，平均水深 2m，最深不超过 3m。天鹅湖附近的年平均气温在 12℃左右，年平均日照时数大约 2600h，年平均降水量约为 800mm，属于季风型湿润气候区。天鹅湖附近空气质量优良，近海海域的水质能够达到国家标准 2 类以上。这里是世界著名的天鹅越冬栖息地，也是亚洲最大的冬季天鹅栖息地，被国务院批准设为荣成大天鹅国家级自然保护区，是国家级风景名胜区——山东半岛滨海风景区的重要组成部分，享有“中国大天鹅之乡”的赞誉，冬季的生态环境景观独特而美丽。

二、人为干扰对保护区大天鹅和生态环境的影响

（一）不同栖息地对大天鹅数量的影响

大天鹅经常呈现家族式分布和聚集，常常几十只，甚至数百只聚集在一起。在天鹅

湖湖区，大天鹅主要分布在 4 种生境中，分别是咸水潟湖、河口、滩涂和养殖池（图 8-1）。其中，滩涂、潟湖及河口是大天鹅主要集中分布区。不同越冬阶段，大天鹅的分布也有一定变化。在越冬前期，河口的大天鹅数量不断增加，在越冬中期达到稳定状态，在越冬末期，大天鹅的数量迅速下降。在整个越冬阶段，保护区潟湖中的大天鹅数量不断减少，保护区滩涂的大天鹅保持在 400 只左右。只有在越冬中期，养殖池有大天鹅的分布。

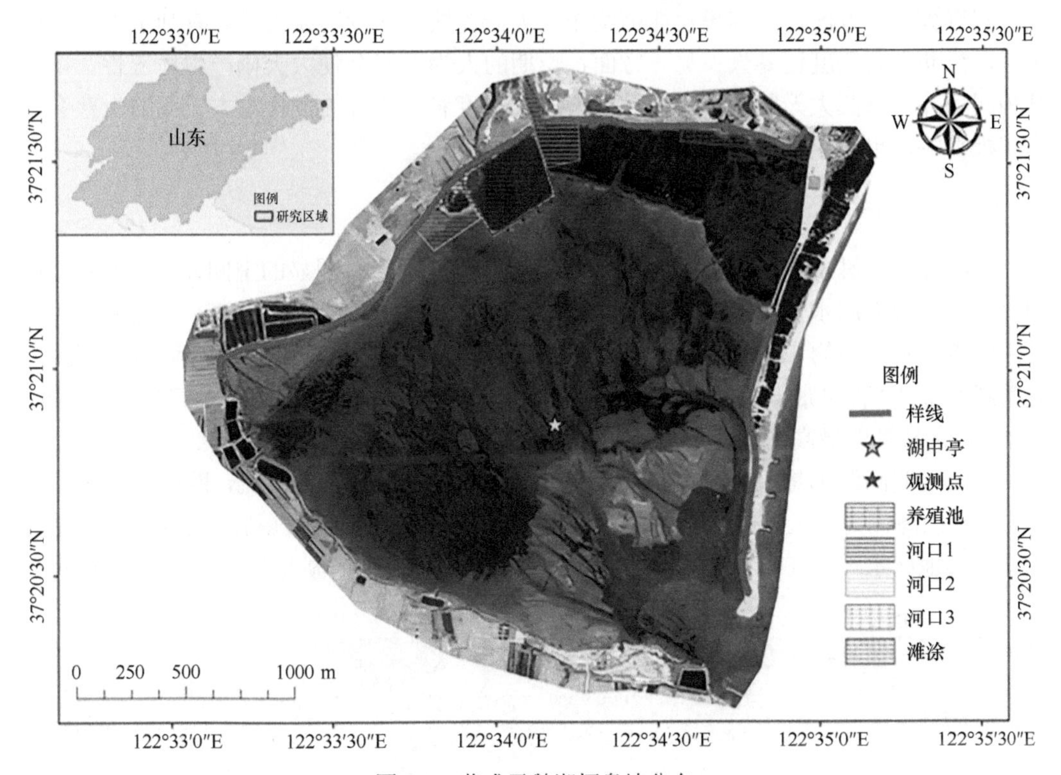

图 8-1　荣成天鹅湖栖息地分布

影响水鸟分布的因素有很多，通常有温度、栖息地类型、食物、干扰水平、隐蔽程度等。不同越冬阶段，水鸟的分布变化体现了湿地栖息地环境的变化。湿地对水鸟的作用主要体现在觅食和繁殖两个方面，荣成天鹅湖大天鹅栖息在天鹅湖中主要受到食物的影响。保护区滩涂的大天鹅数量稳定，这主要是由于人为干扰大，游客能够给予大天鹅食物，使大天鹅在较短的时间内获得充足的食物。

（二）人工投食对大天鹅的影响

荣成天鹅湖是国家 3A 级景区，大天鹅在荣成天鹅湖越冬吸引了大量的游客。在景区中大天鹅受到的影响主要为游客投食。因此，通过人工模拟投食能够进一步探究游客投食对大天鹅的影响并分析投食对大天鹅的影响程度及结果。

随着投食量不断增加，大天鹅的觅食强度不断减少，并且随着投食量的增加，大天鹅的数量也不断增加并达到一个稳定的状态。因此，大天鹅的数量受人为投食的影响比较显著。通过配对样本 T 检验发现，投食吸引的大天鹅数量与觅食强度具有显著差异性

（P=0.009，t=–6.004），并且通过 Spearman 相关性检验发现吸引的大天鹅数量与大天鹅的觅食强度呈现显著负相关（r=–0.963，P=0.037），随着投食量的增加，吸引的大天鹅数量缓慢增加并达到一个稳定的状态，大天鹅的觅食强度也不断减小。因此，当投食量小时，大天鹅的觅食强度会增加，种间争斗也不断增加，游客的少量投食对大天鹅会产生不利的影响。长期的人为干扰同样会使动物产生适应性，游客投食给大天鹅带来的影响有利有弊：一方面，游客投食能够给予大天鹅食物，在食物缺乏时，有利于大天鹅的生存，帮助大天鹅度过冬天；另一方面，长期的人为干扰会使大天鹅产生适应性，增加其种间争斗，降低大天鹅的警惕性。从长远的角度看，游客的投食对大天鹅的生存会产生积极影响，也一定程度缓解天鹅湖湿地的承载压力。

（三）河流对湖泊水质的影响

从图 8-2 和图 8-3 中可以看出，荣成天鹅湖 TN 和 TP 有明显的空间差异。不同区域相比，荣成天鹅湖水体中 TN 含量西部和西北部含量最高，其次是北部、东部和涨潮三角洲地带，湖中心的 TN 含量最小。湖水 TP 含量西部含量最高，其次是西北部、北部，天鹅湖南部 TP 含量最低。从西北到东南，水体 TN 含量呈现最高-最低-高的变化趋势，水体 TP 含量呈现最高-高-低-最低-低的变化趋势。

荣成天鹅湖西部是天鹅湖最大的河口，也是天鹅湖最大入海河流，四周分布了虾池和农田，向海侧是大天鹅最主要栖息地。河流上游排污及下游虾池排放的养殖废水是天鹅湖西部地区水体中 TN 和 TP 含量高的主要因素之一。天鹅湖北部是天鹅湖公园和天

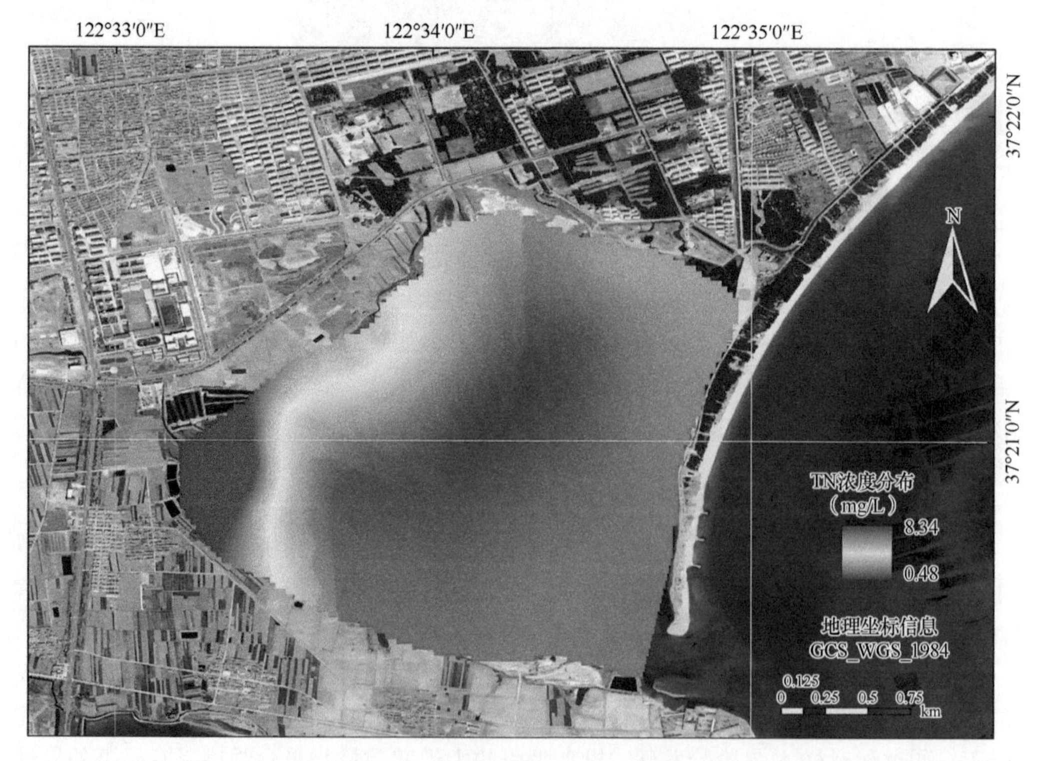

图 8-2　荣成天鹅湖 TN 空间分布

图 8-3　荣成天鹅湖 TP 空间分布

鹅小区，东部是景区及养殖水域，TN 和 TP 含量仅次于西部，天鹅湖湖中心的 TN 和 TP 含量最低。湖中心 TN 和 TP 含量低主要是湖中心生长着沉水植物大叶藻，大叶藻能够吸收湖水中的氮和磷，另外湖中心人为干扰小，所以含量相对较低。

三、以天鹅保护为核心的保护区管理措施研究

（一）天鹅湖水环境质量对大天鹅数量承载能力的预估

1. 天鹅排泄营养物质估算

大天鹅造成水体营养负荷的估算基于三个因素：大天鹅数量、粪便产生率及大天鹅粪便营养物含量。

大天鹅粪便造成的日营养负荷为

$$BL=Cr\times N\times DW\times NC \qquad (8\text{-}1)$$

式中，BL 是营养负荷率（kg/d）；N 是大天鹅数量；DW 是每只天鹅每天粪便的干重（kg/d）；NC 是以干重百分比（%）计的粪便的营养物含量；Cr 是粪便进入目标水体的概率。

研究发现，大天鹅的平均体重为 8～12kg。Sanderson 和 Anderson（1978）根据水禽胃肠道解剖结构和代谢过程的相似性，假定所有水禽粪便的干重为体重的 2.25%。在这项研究中，选择 Huang 和 Isobe（2012）测得的营养物含量的值来估算大天鹅粪便造成的营养负荷，即大天鹅粪便的氮含量占粪便干重的 10.7%，磷含量占粪便干重的 4.4%。

因为鸟类粪便可能会进入水中也可能掉入沿岸陆地上，引入概率因子解释粪便进入

目标水体的概率。经观察发现，大天鹅待在水中或沿岸陆地每天 7～8h，假定粪便进入目标水体的概率与利用水体的时间呈正比，则 Cr 在这项研究中被设定为 1/3。

基于式（8-1），估算出 2018 年荣成天鹅湖保护区由大天鹅粪便产生的水体总氮和总磷日营养负荷分别约为 9.44kg/d 和 3.88kg/d。

2. 天鹅湖大天鹅数量承载能力预估

湖中总磷浓度的变化可以通过以下简单的质量平衡给出（Huang and Isobe，2012）：

$$\frac{\mathrm{d}TP}{\mathrm{d}t}=\frac{\left(TP_{\mathrm{in}}-TP\right)}{T_{\mathrm{r}}}-kTP \tag{8-2}$$

式中，TP 是湖泊中的总磷浓度（g/m^3）；TP_{in} 是进水的总磷浓度（g/m^3）；T_{r} 是水力停留时间（=容量/排放量，日）；k 是一阶损失或生产率（/日）。对于稳定条件，模型可变成：

$$TP=TP_{\mathrm{in}}\frac{1}{1+kT_{\mathrm{r}}} \tag{8-3}$$

其中，$k=1/\sqrt{T_{\mathrm{r}}}$，由式（8-3）可得：

$$TP=TP_{\mathrm{in}}\frac{1}{1+\sqrt{T_{\mathrm{r}}}} \tag{8-4}$$

如果大天鹅对磷的贡献被视为一个外源负荷并且考虑质量平衡，由式（8-5）可给出质量平衡方程：

$$\frac{\mathrm{d}TP}{\mathrm{d}t}=\frac{\left(TP_{\mathrm{in}}-TP\right)}{T_{\mathrm{r}}}-\frac{BI-BO}{H} \tag{8-5}$$

式中，H 是平均湖深（m）；BI 是由于大天鹅每单位面积每单位时间造成的磷负荷通量[g/(m^2·d)]；BO 是流出或丢失的通量[g/(m^2·d)]。平衡时产生：

$$TP=TP_{\mathrm{in}}+\frac{(BI-BO)T_{\mathrm{r}}}{H} \tag{8-6}$$

由沉降引起的水柱的颗粒损失率与水柱中沉降速度相关，BO 可表示为 $BO=sTP$，其中 s 是沉降速度。从而：

$$TP=TP_{\mathrm{in}}+\frac{BIT_{\mathrm{r}}}{H}-\frac{sTPT_{\mathrm{r}}}{H} \tag{8-7}$$

因此，

$$TP=\frac{TP_{\mathrm{in}}+BI\dfrac{T_{\mathrm{r}}}{H}}{1+s\dfrac{T_{\mathrm{r}}}{H}} \tag{8-8}$$

式（8-8）表明大天鹅贡献的相对重要性取决于 $BI\times T_{\mathrm{r}}/(H\times TP_{\mathrm{in}})$的比率。在没有大天鹅贡献的条件下，$TP_{\mathrm{in}}$ 可表示为：

$$TP_{\mathrm{in}}=TP^{*}(1+\sqrt{T_{\mathrm{r}}}) \tag{8-9}$$

式中，TP^*是湖泊中没有受到大天鹅显著影响的总磷浓度。当大天鹅的影响忽略不计时变为：

$$\frac{BI\dfrac{T_r}{H}}{TP^*(1+\sqrt{T_r})}<1 \quad 或 \quad BI<\frac{TP^*H(1+\sqrt{T_r})}{T_r} \tag{8-10}$$

在这项研究中，临界值被设定为：

$$BI=\frac{TP^*H(1+\sqrt{T_r})}{T_r} \tag{8-11}$$

临界值取决于水力停留时间、水深和湖中磷浓度。$BI=BL/A$，其中 BL 是由大天鹅造成的磷的日负荷，A 是湖泊表面积。式（8-1）和式（8-11）的结合可以用来推导水禽的最大允许数量。

根据湖泊富营养化磷浓度是 0.01～0.02mg/L，如果将天鹅湖的水质改善目标设定为 TP^*＜0.01mg/L，将平均水深（2m）、水力停留时间[2.7 天，潟湖入海口宽 86m（王峰等，2014），流速取 0.3m/s]和湖泊表面积（6km²）代入式（8-11），得出由大天鹅造成的磷的最大日负荷为 117.47kg/d，从而获得荣成天鹅湖大天鹅的最大允许承载数量：N＜35 598 只。根据这次调查结果，大天鹅的实际数量远小于荣成天鹅湖对其的承载能力。

（二）人为干扰、鸟类数量和湿地健康关系评估

1. 投食对大天鹅数量的影响分析

通过投食实验可看出，随着投食量的增加，吸引的大天鹅数量呈增加趋势，在投食量 7.5kg 时，吸引的大天鹅数量基本保持不变，因此游客投食量会有一个阈值，当超出阈值时，投食吸引的天鹅数量不增加，达到一个饱和的状态。

2. 游客行为对大天鹅的影响分析

荣成天鹅湖的游客主要的行为是行走（57.40%）、拍照（36.09%）、投食（6.36%）和奔跑（0.15%）。游客中对大天鹅产生干扰的人数约占总游客的 49%，未干扰的人数约占 51%，说明荣成天鹅湖的人为干扰强度相对较大。

通过最小接近距离可确定大天鹅对游客行为的敏感性和耐受程度。游客投食时与大天鹅的距离最近，平均为 3.58m；游客奔跑时与大天鹅的最小接近距离约为 11.86m。研究发现大天鹅对游客奔跑的敏感性最高，其次是拍照、行走和投食。这主要是由于大天鹅为一种胆小的鸟类，对环境变化敏感。投食的距离最小，这很可能是食物对大天鹅的吸引力巨大，使大天鹅放松了警惕，缩短了接近距离；游客奔跑对大天鹅造成了干扰，大天鹅不敢接近游客，奔跑的行为强度使大天鹅产生了较强的警惕性；其次是游客拍照，干扰性仅次于游客的奔跑行为，这很可能是由于游客拍照时产生的光线及快门声对大天鹅形成了干扰；游客行走强度较小，频率小，可以给大天鹅充足的反应时间，危险性较小。

3. 模拟分析人为干扰、鸟类数量和湿地健康的关系

大天鹅在 10 月底 11 月初开始飞至荣成天鹅湖，前期数量增加较快，在 1～2 月达到最大数量后维持不变，在 2 月底至 3 月开始试飞，逐渐飞离荣成天鹅湖，到 4 月左右大天鹅全部飞离天鹅湖。

荣成天鹅湖大天鹅的越冬期可分为 3 个阶段：越冬前期（11～12 月）、越冬中期（1～2 月）、越冬末期（3～4 月）。大天鹅的数量在越冬前期（0～9 周）迅速增加；在越冬中期（9～17 周）大天鹅的数量进一步增加并达到稳定状态；在越冬末期（17～24 周），大天鹅的数量开始减少并逐步降至 0。通过对比分析，模型模拟的结果与实际观测相符合。游客的数量曲线与大天鹅的数量曲线类似，在越冬前期数量迅速增加，在越冬中期达到一个饱和状态，在越冬末期开始减少。游客的数量规律与大天鹅的规律相似，这主要是由于荣成天鹅湖景区旅游结构单一，只能以大天鹅吸引游客，模型模拟的结果与实际观测相符合。

对 11 月至次年 4 月大天鹅食物状况的模拟结果显示，冬小麦、大叶藻和游客投食的玉米量随着时间的推移逐渐下降。由于当地冬季气温较低，进入冬季后，大多植物生长停滞，所以除了游客投食的玉米，其他大天鹅食物的输入为 0。随着大天鹅数量的增加，其消耗的食物将不断增加，冬小麦在这段时间现存量减少了 7.21%，大叶藻的现存量减少了 8.56%，游客投食量减少 8.7%。

冬季的荣成天鹅湖景区引起游客参观的主要是大天鹅等鸟类在此越冬的场景，随着天鹅数量的增加，参观游客的数量迅速增加，高峰时期，一周游客可达到 6500 人左右，前期和后期大天鹅数量较少，游客较少。随着游客数量的变化，游客投喂的玉米量也发生变化，是大天鹅有效的食物来源。

有研究发现，温度较高时大天鹅觅食湖中的大叶藻；温度较低时大天鹅会聚集在滩涂，取食游客和保护区投放的玉米。由于玉米的能量高且易获取，因此不需要消耗大量的能量去觅食，大天鹅聚集在滩涂上的数量最多。根据董翠玲等（2007）的研究，大天鹅在越冬期间最主要的食物是小麦和大叶藻，因此，玉米、小麦和大叶藻是大天鹅的主要食物，但是大天鹅对上述 3 种食物的觅食强度和喜爱度有待进一步研究，如何权衡三者之间的关系是大天鹅保护的有效途径同时也是大叶藻的有效保护途径。

第三节　我国海岸带自然保护区的经营和管理

我国的海岸带自然保护区的经营和管理经历了法律保护阶段、保护阶段、保护和发展阶段，现在处于保护和社会发展要求相结合阶段，海岸带的经营管理不再仅限于保护区的内部，需要将其经营管理与社会发展相结合，海岸带自然保护区能产生相应的自然保护生态经济效益，这为海岸带自然保护区的长远和可持续发展提供了可靠的保证，如将海岸带保护区经营规划中一些政策与各级政府社会经济规划有机地结合在一起，使保护区的经营活动直接为各级政府服务，这是今后海岸带自然保护区的发展方向，也是保护区建立的主要目的。保护区的经营活动为各级政府服务，主要是保护区给当地政府、当地单位、社区群众、科研机构等所带来的生态效益、社会效益、经济效益，这样既提高了当地对保护区的保护积极性，又促进了保护区的建设和发展。

保护区所带来的生态效益主要表现在如下几个方面：

（1）保护野生生物物种和生物群落的规模和发展；

（2）涵养水源和调节气候；

（3）减少土壤侵蚀和水土流失面积；

（4）促进生态演替的顺利进行；

（5）提高生物资源和自然环境价值；

（6）推进生物丰富度的保存与增加率。

社会效益表现在如下几个方面：

（1）展示自然界丰富多彩的变化和存在；

（2）展示人与自然界的共存关系，为人类了解大自然提供良好的场所；

（3）提供研究环境、生物和生命三者之间特点和发展关系的展示场所；

（4）反映世界各国在海岸带保护领域上所取得的成果、技术水平及对交流合作进行展示。

经济效应表现如下几个方面：

（1）增加农副产品和水产品的产量；

（2）涵养水源、减少海水侵蚀的危害；

（3）促进环境、生物及医药等方向高新科技产品的产生和发展；

（4）促进种植和养殖业发展与利用；

（5）增加当地的旅游和其他服务性收入；

（6）支撑潜在的生命科学研究；

（7）促进优质无污染和绿色食品的研究与生产。

基于海岸带保护区与社会和谐发展的管理模式，未来海岸带保护区在加强自身建设的同时，还要发挥自身的生态、社会和经济价值促进社会的发展，进而通过社会的反哺模式，提高保护区的长远建设和发展。

第四节　结语和展望

对我国海岸带自然保护区的基本现状、发展历程、科学评价和管理模式的研究，是在气候变化和人为活动共同作用下我国海岸带自然保护区生态系统恢复的重要途径，对海岸带保护区的正常经营和管理具有指导意义，为我国海岸带自然保护区的效益提供科学依据，对于海岸带自然保护区内的科研活动的展开具有指导意义，为我国海岸带自然保护区的生态效益正常发挥提供科学依据。

参考文献

董翠玲, 齐晓丽, 刘建. 2007. 荣成天鹅湖湿地越冬大天鹅食性分析. 动物学杂志, 42(6): 53-56.

王峰, 周毅, 杨红生. 2014. 荣成天鹅湖越冬大天鹅粪便的重金属水平. 海洋科学, 38(6): 1-4.

Huang G, Isobe M. 2012. Carrying capacity of wetlands for massive migratory waterfowl. Hydrobiologia, 697: 5-14.

Sanderson G G, Anderson W L. 1978. Waterfowl studies at Lake Sangchris. Illinois Natural History Survey Bulletin, 32(4): 656-690.

第九章 滨海湿地面积变化驱动因素的整合分析研究

第一节 研究背景

滨海湿地处于陆海交界地带，受到陆海共同作用，是生态敏感区、脆弱区，同时也是人口集聚区、经济发达地区。随着人口的不断增长，由人类生产、生活而导致滨海湿地面积减少的情况越来越严重。因此，探讨滨海湿地变化的驱动因素，认识人为因素对滨海湿地的影响，对滨海湿地合理开发利用及管理保护等具有重要意义。

滨海湿地变化包括湿地面积及景观类型的变化，由于滨海湿地是高度动态、复杂且脆弱的生态区域，传统野外调查方法存在一定局限（刘润红等，2017），因此3S技术，即遥感（remote sensing，RS）、全球定位系统（global positioning system，GPS）、地理信息系统（geographic information system，GIS）被广泛应用在滨海湿地变化的研究中。利用遥感技术，通过Landsat、SPOT等系列卫星影像提取研究区域内的湿地变化情况，重点集中于小尺度区域内各类型湿地之间的相互转化及湿地面积的动态实时监测（陈鹏，2005；林洁贞和金辉，2014；刘甲红等，2018）。当前此类研究主要集中于辽河三角洲（蒋卫国等，2005；万剑华等，2012；王方雄等，2014）、黄河三角洲（陈琳等，2017；栗云召等，2011；刘艳芬等，2010）及盐城滨海湿地（刘力维等，2015；张东方等，2018；左平等，2012）。由于不同地理环境下的湿地复杂多样迥异，在有限的时间、精力和条件下，对全国各地区的滨海湿地开展调查是非常困难的；加之单一研究因地理、社会等因素差异，无法得到有效的综合性结论，因此大尺度范围滨海湿地的演变及驱动机制研究较为薄弱。基于上述情况，整合分析（meta-analysis）的方法逐渐被应用到滨海湿地的相关研究中。

目前在湿地变化、土地利用变化驱动力的相关研究中，通常将驱动因素分为两大类：自然驱动因素和人为驱动因素。其中自然因素一般在大时间尺度的影响效果较为明显，一般分为气候（van Asselen et al.，2013）、水文及生物过程（Pearsell and Mulamoottil，1994）。与自然因素不同，人为因素在小时间尺度的影响效果较为明显（何英彬等，2013），包括人口、技术、政经体制、政策及文化等因素（傅伯杰等，2011；Turner et al.，2007），也包括一些土地利用、环境污染、经济增长等因素（吕金霞等，2018；孙才志和闫晓露，2014；魏强等，2014）。

现阶段对湿地变化的驱动因素研究大多是定性描述，定量分析以经验统计模型为主（董婷婷和王秋兵，2006；高义等，2010；周娟等，2011）。在驱动因素的定量研究方法中，应用较多的是主成分分析法（韩淑梅，2012；任丽燕，2009；吴美琼和陈秀贵，2014；张敏等，2016），部分学者结合meta-analysis和主成分分析法对驱动因素进行简化（van Asselen et al.，2013）。此外，综合矩阵分析法（赵志楠等，2014）、空间回归模型（李洪等，2012；王雯等，2017）、灰色关联度法（赵锐锋等，2013）和相关分析方法（肖庆聪等，2012）也在驱动因素定量分析中有所应用。

总体来说，目前国内对于滨海湿地研究主要集中在小尺度范围内的景观分类、面积、分布及类型转化等方面，主要利用遥感技术和地理信息系统，以遥感影像解译数据为信息源，研究探讨湿地景观格局的演变。在湿地面积变化的驱动机制及由此产生的对区域环境的影响方面的研究较为薄弱，多为定性与半定量分析，但定量分析方面的研究成果相对较少，且缺乏系统性（高常军等，2010）。

湿地的演变是多因素综合作用的结果，因此对各驱动因素在湿地变化过程中所产生的影响进行定性及定量分析，有利于深入分析湿地变化的原因，也可为湿地保护及管理工作的开展提供基础。本章借鉴整合分析的研究方法，以已有滨海湿地研究结果为数据基础，并补充收集相应社会经济统计数据，通过主成分分析法，定量探究全国范围内滨海自然湿地的驱动因素及机制，为其利用和保护政策制定提供参考。

第二节　数据和方法

一、数据收集

（一）文献检索

国内文献基于“中国知网”（CNKI）进行检索，检索时间设置为 1950 年 1 月至 2018 年 12 月。首先以“滨海湿地变化”并含“驱动”为主题词进行精确检索；之后为避免遗漏重要文献，采用“湿地变化”“滨海湿地变化”“湿地面积”“滨海湿地”为主题进行单独检索，并将其与“驱动力”“驱动”搭配进行模糊搜索，扩大检索范围。

国外文献基于 Web of Science 数据库进行检索，检索时间设置为 1950 年 1 月至 2018 年 12 月。目标文献为以中国为研究区域，涉及滨海湿地变化的英文文献。本研究首先以 coastal wetland change 并含 factor、China 为主题词进行精确检索；基于此，再采用 coastal wetland landscape、wetland change、wetland landscape 为主题进行单独检索，并与 driving factor、factor 搭配进行搜索，扩大检索范围。

对检索结果进行初步筛选。首先，对题目及关键词进行检查，剔除不相关的学科领域及研究主题差异较大的文献（如对湿地动植物变化、湿地生态系统服务价值、气候变化影响、非滨海湿地地区等内容的研究）；再进行摘要阅读分析，剔除非学术性和主观建议性文章；进一步全文阅读，剔除未提供相关湿地面积变化数据、分类精度 Kappa 系数小于 0.8 及无法进行数据提取的文献；研究文献较多的黄河三角洲、辽河三角洲、盐城等区域，对研究尺度及年份不同的文献给予保留，剔除了部分重复文献。

已有研究多采用 3S 技术对卫星影像进行数据分析。通过遥感影像获得的湿地面积数据精度取决于影像解译精度，其数据可信度同影像的分类精度直接相关，而作为分类精度评价方法之一的 Kappa 系数被学界广泛接受（刘桂芳，2009）。Kappa 系数的最低允许值为 0.7，Landis 和 Koch（1977）建立了与分类精度之间的对应关系。不同学者对土地类型的分类存在一定差异，因此为减小这种差异，提高数据的可对比性，本章将分类精度数据 Kappa 系数小于 0.8 的文献剔除。

截止到 2019 年 2 月，数据库内包含国内外期刊论文共 92 篇、博硕士学位论文 23 篇。涉及 78 个研究区域，涵盖黄河三角洲、天津市滨海湿地、盐城滨海湿地、长江三角洲等重要的滨海湿地研究范围。

由于众多文献中对于滨海湿地的具体分类标准不一，因此在提取自然湿地面积数据时，依据牟晓杰等（2015）的研究，选定统一滨海湿地的分类标准，对面积数据进行处理整合。

（二）统计年鉴

滨海自然湿地的面积数据依据筛选标准，从收集到的相关文献中提取，并将单位统一为 km^2。驱动因素指标变量的数据来自统计年鉴及统计公报，包括《中国统计年鉴》《中国海洋统计年鉴》《中国城市统计年鉴》《中国农村统计年鉴》《中国气象年鉴》《中国环境年鉴》及各省、自治区、直辖市统计年鉴。统计公报在中国统计信息网（http://www.tjcn.org/）收集。

二、研究方法

（一）指标选取

在前人研究的基础上，根据土地利用驱动因素研究综述及相关案例分析，将影响滨海湿地面积变化的驱动因素分为自然驱动因素和人为驱动因素。定性分析中涉及的政策、水文、水利工程建设因素，由于缺少合适指标反映，未将其纳入定量研究范围；部分指标的统计数据缺失严重，收集困难，如海平面、海水养殖面积等，也未将其纳入。因此本研究结合数据可得性及完整性选取 13 项指标用于定量分析。

其中，年均气温及年均降水量用来反映当地气候变化。GDP 和人均 GDP 通过计算，统计换算为以 1990 年为基准的可比价格，用来反映各年份各地的经济发展状况。此外还有第一、二产业占比来反映经济发展重点产业及方向。人口因素利用年末常住人口数量及非农业人口数量来表征。水产品产量及渔业产值反映了地区间渔业发展状况，耕地面积及建设用地面积则是体现土地利用类型之间的转变情况。

随着研究区域内人口的不断变化及经济快速发展，建设用地、耕地面积的需求量增加，导致自然湿地面积减少；此外，年均气温及年均降水量的变化、水利设施建设等气候因素，会导致河流输沙量及输水量等水文因素的改变，对自然湿地的稳定也造成一定影响；沿海地区的旅游开发、石油开发项目及由此带来的环境污染也会对自然湿地的变化产生作用。

（二）整合分析

整合分析（meta-analysis）是一种通过对具有共同研究目的且相互独立的多个研究结果给予定量合并，分析研究差异特征，并进行综合评价的方法（Chua，1993）。本章采用整合分析的方法，借助统计学工具，提取文献中数据结果，对一系列现有研究进行综合分析。

（三）定量分析

利用 SPSS 软件系统，对驱动因素分别采用相关分析、主成分分析及逐步回归分析的统计方法，研究驱动因素与自然湿地面积变化之间的定量关系，探讨自然湿地面积变化的驱动机制。

双变量相关分析是用来检验两个变量是否存在显著共变关系的方法，主要包括 Pearson 相关分析和 Spearman 相关分析。其中 Pearson 相关分析是用来分析分布不明、非等间距测度的连续变量；事先不清楚变量之间的相关方向（正相关还是负相关）时，在检验相关关系时选择双尾检验，其值介于–1 与 1 之间。值大于 0 表明两个变量正相关，值小于 0 表明两个变量负相关。本章利用收集到的滨海自然湿地面积数据与驱动因素数据，首先进行相关性分析，看其两两之间是否存在显著的相关关系。

主成分分析法是将原始变量变换为一小部分反映事物主要性质的变量，并称之为主成分，保证主成分变量可以最优描述原始数据的方法（陈晓红，2011）。KMO 检验是从比较原始变量之间的简单相关系数和偏相关系数的相对大小出发来进行的检验。当所有变量之间的偏相关系数的平方和远远小于所有变量之间的简单相关系数的平方和时，变量之间的偏相关系数很小，KMO 值接近 1，变量适合进行主成分分析（傅德印，2007）。通常，KMO 值＞0.9 表示非常适合，0.8～0.9 表示适合，0.7～0.8 表示一般，0.5～0.7 表示不太适合，≤0.5 表示不适合。对驱动因素数据进行 KMO 检验来观察驱动因素数据是否适合做主成分分析，以便之后步骤的进行。

逐步回归分析法是以向前引入为主，变量可进可出的变量选取方法。当被选入的变量在新变量引入后变得不重要时，可以将其剔除，而被剔除的变量当它在新变量引入后变得重要时，又可以重新选入方程（游士兵和严研，2017）。本章对各驱动因素进行降维处理，以特征根≥1 为条件，提取主成分变量，得出驱动因素中对自然湿地面积变化产生影响的最主要因子。之后利用主成分矩阵计算因子得分，并将其与自然湿地面积进行逐步回归分析，得到两者之间的准确定量关系。

在本章中，气温及降水影响滨海自然湿地内的水文平衡。湿地水体蒸散发量及水源补给均与气候因素相关。滨海湿地地处陆地、海洋、淡水的交互区域，大气降水作为滨海湿地的主要水源补给之一（郭跃东等，2004），影响着湿地的形成、发育、演替直至消亡的全过程（张志忠，2007）。温度升高，使得蒸发面的饱和水汽压增加，饱和差大，易于蒸发，导致湿地水量减少，面积退缩（李颖等，2003）。考虑年均气温及年均降水量在小尺度时间变化范围内不会有太大改变，结合本研究中所选取文献多为中小尺度时间范围，因此在相关分析及主成分分析结果中，气候因素并非主要影响因素，且回归分析中因系数不显著而被剔除。

第三节　研 究 结 果

一、案例时空分布

本研究中，共有 92 篇文献中涉及我国沿海 11 个省、自治区、直辖市，其中辽宁省

（21 个）、福建省（15 个）、山东省（12 个）研究较多，海南省（2 个）与广西壮族自治区（4 个）较少；此外还有 3 例是以全国尺度对中国沿海省份的滨海湿地进行的研究。

按照沿海海区的划分，92 项研究中，大部分集中在渤海海域（37 个）与东海海域（26 个）；按照海洋经济发展区域，北部海洋经济区有案例 44 个，南部 28 个，东部较少，有 17 个。此外，文献检索的文章发表时间为 1950～2019 年，在 92 篇文献中，研究时间跨度从 4 年至 56 年不等，其中大部分集中在 11～20 年的时间尺度上（41 个），短期和长期的研究个数较少，且多研究 2 个或 3 个时间节点之间滨海自然湿地的面积变化情况。

二、驱动因素的定性分析

对 92 篇文献中提到的影响滨海自然湿地变化的驱动因素进行提取总结，共涉及 16 个主要因素。

从驱动因素的自然属性和人为属性来看，人为因素造成自然湿地向人工湿地转变的提及率达 66.77%，自然因素是 33.23%。其中，人为因素中的渔业因素和经济因素占比最高，渔业因素中的水产养殖因子和经济因素中的围填海因子造成的自然湿地向人工湿地的转变提及率分别高达 69.57%和 66.30%，是已有研究中提及次数最多的两个因素。自然因素中以气温和降水为代表的气候因素占比最高（52.68%），其次是水文因素（42.86%）。

三、驱动因素的定量分析

在定性分析结果中，经济驱动因素中围填海活动提及率最高，但由于围填海面积数据统计没有统一标准，且各地级市数据缺失情况严重。因此在进行定量分析时，未能够对围填海活动进行直接的定量表征，只能通过建设用地面积及耕地面积的变化从侧面在一定程度上反映当地可能会对滨海自然湿地产生的占用情况。

（一）自然湿地面积变化与驱动因素变量的相关性分析

对不同驱动因素变量与自然湿地做双变量相关分析，获得 Pearson 系数并做双尾显著性检验（表 9-1）。结果表明，在所选取的 13 个驱动因素之中，自然湿地面积变化量与驱动因素之间呈现出显著的负相关关系，而年均气温、年均降水量、人均 GDP 及产业结构（第一产业占比和第二产业占比）与自然湿地面积变化量之间的相关性未达到显著水平，而人口（年末常住人口和非农业人口）、建设用地面积、耕地面积、工业废水排放量、水产品产量、渔业产值与湿地面积之间的相关性显著。

表 9-1　自然湿地面积变化与驱动因素变量的相关系数

因素	含义	Pearson 相关性系数	显著性
ΔT	年均气温	–0.06	0.47
ΔR	年均降水量	–0.08	0.37
ΔGDP	GDP（1990 年=100）	-0.71^{***}	0.00
ΔpGDP	人均 GDP（1990 年=100）	0.08	0.38
ΔPPI	第一产业占比	0.11	0.22
ΔPSI	第二产业占比	–0.02	0.77

续表

因素	含义	Pearson 相关性系数	显著性
ΔP	年末常住人口	–0.45***	0.00
ΔNAP	非农业人口	–0.69***	0.00
ΔCL	建设用地面积	–0.71***	0.00
ΔAA	耕地面积	–0.31***	0.00
ΔWW	工业废水排放量	–0.39***	0.00
ΔAP	水产品产量	–0.55***	0.00
ΔFP	渔业产值	–0.75***	0.00

注：1990 年=100 表示以 1990 年为基期进行定基指数计算。***表示 0.01 的水平下相关性显著。根据 Pearson 检测规定，显著性小于 0.05 说明具有显著性

（二）驱动因素之间的主成分分析

利用 SPSS 软件对 13 个驱动变量之间的系数进行分析，发现大部分因素之间存在显著的相关关系，若直接用这些变量进行分析，会存在大部分的信息重叠，增加分析难度，因此使用主成分分析法提取出可以反映大部分变量信息的主成分。

驱动因素 KMO 检验。对驱动因素做 KMO 检验，统计量为 0.72。因此可利用 SPSS 软件对选取的 13 个指标进行主成分分析。主成分提取条件为特征根≥1，并采用最大方差法旋转，尽可能确保每一个主成分对应于一组意义相关的变量，共得到 4 个主成分（表 9-2）。

表 9-2　驱动因素主成分变量特征根及方差贡献率

因子	特征值	方差贡献率（%）	累计方差贡献率（%）
F_1	4.03	30.99	30.99
F_2	2.87	22.07	53.06
F_3	1.88	14.50	67.56
F_4	1.37	10.57	78.13

驱动因素主成分因子负荷矩阵。将表 9-2 旋转后得到因子负荷矩阵（图 9-1A）。可以看出，在第一主成分 F_1 中，渔业产值（ΔFP）、实际 GDP（ΔGDP）与年末常住人口（ΔP）有较大的正值负荷；在第二主成分 F_2 中，耕地面积（ΔAA）与工业废水排放量（ΔWW）有较大负荷；在第三主成分 F_3 中，第一产业占比（ΔPPI）与第二产业占比（ΔPSI）有较大负荷；在第四主成分 F_4 中，年均气温（ΔT）与年均降水量（ΔR）有较大负荷。由此可见，第一主成分 F_1 主要解释因子为 GDP、渔业产值、年末常住人口；第二主成分 F_2 主要解释因子为耕地面积、工业废水排放量；第三主成分 F_3 主要解释因子为第一产业占比、第二产业占比；第四主成分 F_4 主要解释因子为年均气温和年均降水量。

（三）自然湿地面积变化与驱动因素的回归分析

根据主成分因子得分系数矩阵（图 9-1B）计算得到各个主成分中的因子得分，并以其为自变量，自然湿地面积变化量为因变量进行逐步回归分析，多元回归结果如表 9-3 所示。

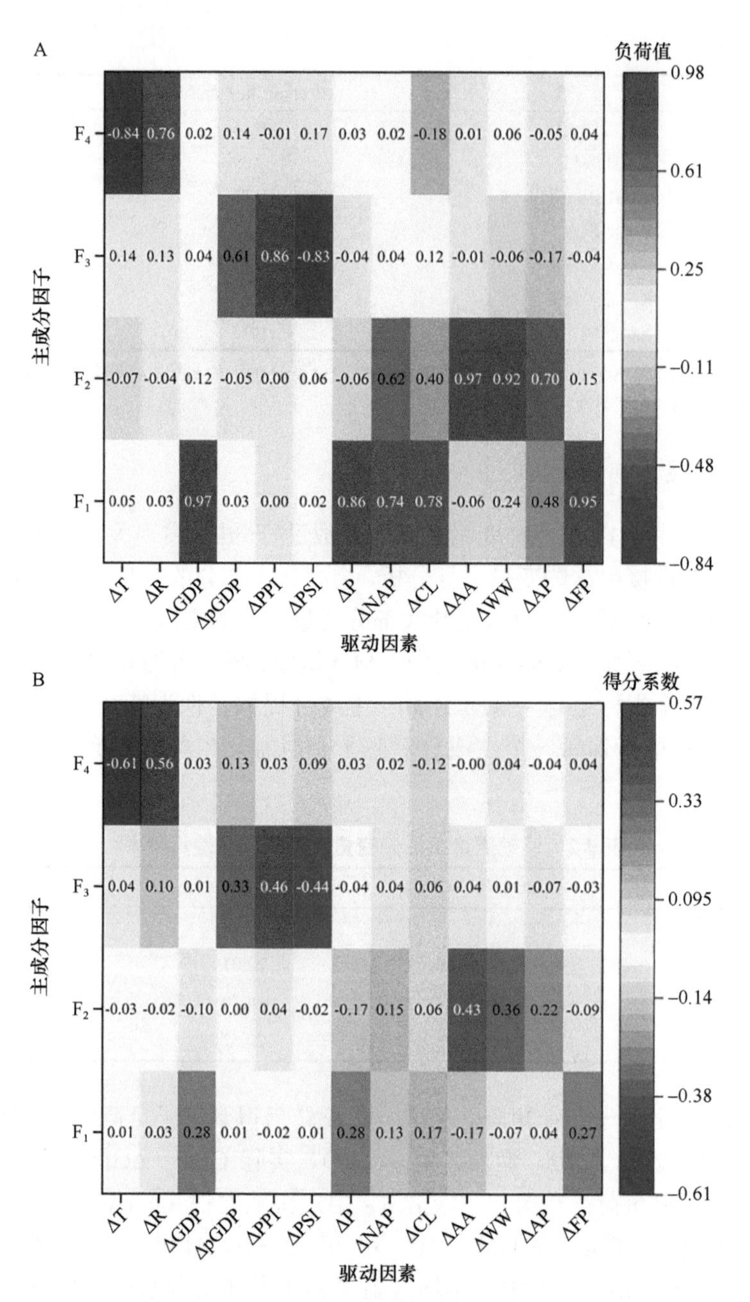

图 9-1 驱动因素主成分因子负荷矩阵（A）和驱动因素主成分因子得分系数矩阵（B）

表 9-3 驱动因素主成分因子逐步回归结果

	未标准化系数		标准化系数	t	显著性
	β	标准误差	β		
常量	−16.10	2.91		−5.53	0.00
F_1	−32.12	2.92	−0.65	−10.99	0.00
F_2	−17.32	2.92	−0.35	−5.93	0.00

得到的多元回归方程中，F_1 与 F_2 的系数分别为–32.12 和–17.32，表明 F_1、F_2 与自然湿地面积变化量呈现负相关关系。F_3、F_4 与自然湿地变化量之间的关系不显著，在本研究中被剔除。方程的 R^2 为 0.54，自变量的系数通过 1%检验。结果表明，可解释总变量 53.06%信息的第一及第二主成分与因变量自然湿地面积变化之间有显著负相关关系，自然湿地面积变化受到这两个主成分的影响较大。相比较来说，经济因素中的实际 GDP、渔业产值及年末常住人口增加对自然湿地面积产生更大的负影响。

第四节　讨　　论

一、人为因素是滨海湿地面积变化的主要驱动因素

结合主成分分析及逐步回归分析的结果可以看出，湿地面积变化受到了人为及自然驱动因素的影响，更为重要的是人为因素的影响。其中第一主成分反映的是 GDP、渔业产值及年末常住人口变量信息。因此在影响滨海湿地面积变化的驱动因素中，最为主要的即经济及人口因素。

二、土地利用方式转变是滨海湿地变化的直接表现

总体来看，人口的不断增长及经济发展不可避免地会带来人们对住房、粮食等方面需求的增加，进而引起耕地面积、建设用地面积的不断扩张。这种土地利用方式的转变会直接导致滨海湿地的滩涂、浅海水域等区域被占用，自然湿地面积减少；同时，沿海地区农业、渔业的发展也在一定程度上影响着滨海自然湿地面积的变化，大量自然湿地被围垦利用，用于水稻种植及水产养殖，人工湿地的面积不断扩大。一方面滨海自然湿地原有区域被直接占用，导致其面积减少；另一方面人为活动将湿地隔离为更小的生境斑块，湿地间的联系被隔断，原有生态平衡被破坏导致湿地逐渐退化，面积减少。

三、产业结构变化是滨海湿地变化的间接表征

产业结构的变化影响土地在产业之间和产业内部的分配，工业化使交通、工矿建设用地增加，农业化使得耕地面积、养殖面积有所变化，因此产业结构也能够影响土地利用覆被类型转移，进而导致滨海自然湿地的面积变化。

第五节　小　　结

本研究通过定性、定量分析相结合，探讨了影响我国滨海自然湿地面积变化的驱动因素。

定性结果表明，现阶段驱动机制研究重点主要集中在中小时间尺度上的变化，自然及人为驱动因素都会对自然湿地面积变化产生影响，以后者为主。自然驱动因素主要集中在气候、水文、生物因素 3 方面；人为驱动因素影响更为显著，包括经济、人口、渔

业、农业、技术及政策6方面。对自然湿地的人为干扰破坏主要体现在围填海及水产养殖活动，此外人口增长、耕地面积的变化也会导致自然湿地面积的改变。

定量分析的结果表明，各驱动因素与湿地面积存在显著的相关关系，经济与人口的增长是最主要的因素，耕地面积及产业结构也发挥着重要作用。因此在制定和调整滨海湿地相关的保护及管理政策的过程中，应充分考虑这些影响因素，从而实现滨海自然湿地资源的有效保护。

参考文献

陈琳, 任春颖, 王灿, 等. 2017. 6个时期黄河三角洲滨海湿地动态研究. 湿地科学, 15(2): 179-186.
陈鹏. 2005. 厦门滨海湿地景观格局变化研究. 生态科学, (4): 359-363.
陈晓红. 2011. 数据降维的广义相关分析研究. 南京航空航天大学博士学位论文.
董婷婷, 王秋兵. 2006. 东港市湿地的景观格局变化及驱动力分析. 中国农学通报, (2): 257-261.
傅伯杰, 陈利顶, 马克明, 等. 2011. 景观生态学原理及应用(第二版). 北京: 科学出版社.
傅德印. 2007. 主成分分析中的统计检验问题. 统计教育, (9): 4-7.
高常军, 周德民, 栾兆擎, 等. 2010. 湿地景观格局演变研究评述. 长江流域资源与环境, 19(4): 460-464.
高义, 苏奋振, 孙晓宇, 等. 2010. 珠江口滨海湿地景观格局变化分析. 热带地理, 30(3): 215-220+226.
郭跃东, 何岩, 张明祥, 等. 2004. 洮儿河中下游流域湿地景观演变及驱动力分析. 水土保持学报, (2): 118-121.
韩淑梅. 2012. 海南东寨港红树林景观格局动态及其驱动力研究. 北京林业大学博士学位论文.
何英彬, 姚艳敏, 唐华俊, 等. 2013. 土地利用/覆盖变化驱动力机制研究新进展. 中国农学通报, 29(2): 190-195.
蒋卫国, 李京, 王文杰, 等. 2005. 基于遥感与 GIS 的辽河三角洲湿地资源变化及驱动力分析. 国土资源遥感, (3): 62-65+101.
李洪, 宫兆宁, 赵文吉, 等. 2012. 基于Logistic回归模型的北京市水库湿地演变驱动力分析. 地理学报, 67(3): 357-367.
李颖, 田竹君, 叶宝莹, 等. 2003. 嫩江下游沼泽湿地变化的驱动力分析. 地理科学, (6): 686-691.
栗云召, 于君宝, 韩广轩, 等. 2011. 黄河三角洲自然湿地动态演变及其驱动因子. 生态学杂志, 30(7): 1535-1541.
林洁贞, 金辉. 2014. 基于遥感的滨海湿地退化及其驱动力研究. 热带海洋学报, 33(3): 66-71.
刘桂芳. 2009. 黄河中下游过渡区近20年来县域土地利用变化研究: 以河南省孟州市为例. 河南大学博士学位论文.
刘甲红, 胡潭高, 潘骁骏, 等. 2018. 2006年以来3个时期杭州湾南岸湿地分布及变化研究. 湿地科学, 16(4): 502-508.
刘力维, 张银龙, 汪辉, 等. 2015. 1983～2013年江苏盐城滨海湿地景观格局变化特征. 海洋环境科学, 34(1): 93-100.
刘润红, 梁士楚, 赵红艳, 等. 2017. 中国滨海湿地遥感研究进展. 遥感技术与应用, 32(6): 998-1011.
刘艳芬, 张杰, 马毅, 等. 2010. 1995-1999年黄河三角洲东部自然保护区湿地景观格局变化. 应用生态学报, 21(11): 2904-2911.
吕金霞, 蒋卫国, 王文杰, 等. 2018. 近30年来京津冀地区湿地景观变化及其驱动因素. 生态学报, 38(12): 4492-4503.
牟晓杰, 刘兴土, 阎百兴, 等. 2015. 中国滨海湿地分类系统. 湿地科学, 13(1): 19-26.
任丽燕. 2009. 湿地景观演化的驱动力、效应及分区管制研究: 以环杭州湾地区为例. 浙江大学博士学位论文.

孙才志, 闫晓露. 2014. 基于 GIS-Logistic 耦合模型的下辽河平原景观格局变化驱动机制分析. 生态学报, 34(24): 7280-7292.

万剑华, 厉梅, 张杰, 等. 2012. 双台河口保护区湿地景观格局变化研究. 测绘与空间地理信息, 35(8): 8-12.

王方雄, 孙佳音, 侯英姿, 等. 2014. 辽河三角洲滨海湿地资源时空动态变化研究. 地理空间信息, 12(2): 49-52+8.

王雯, 王静, 祁元, 等. 2017. 基于空间回归分析的滨海湿地演变驱动机制研究: 以江苏省滨海三市为例. 中国土地科学, 31(10): 32-41.

魏强, 杨丽花, 刘永, 等. 2014. 三江平原湿地面积减少的驱动因素分析. 湿地科学, 12(6): 766-771.

吴美琼, 陈秀贵. 2014. 基于主成分分析法的钦州市耕地面积变化及其驱动力分析. 地理科学, 34(1): 54-59.

肖庆聪, 魏源送, 王亚炜, 等. 2012. 天津滨海新区湿地退化驱动因素分析. 环境科学学报, 32(2): 480-488.

游士兵, 严研. 2017. 逐步回归分析法及其应用. 统计与决策, (14): 31-35.

张东方, 杜嘉, 陈智文, 等. 2018. 20 世纪 60 年代以来 6 个时期盐城滨海湿地变化及其驱动因素研究. 湿地科学, 16(3): 313-321.

张敏, 宫兆宁, 赵文吉, 等. 2016. 近 30 年来白洋淀湿地景观格局变化及其驱动机制. 生态学报, 36(15): 4780-4791.

张志忠. 2007. 水文条件对我国北方滨海湿地的影响. 海洋地质动态, (8): 10-13.

赵锐锋, 姜朋辉, 赵海莉, 等. 2013. 黑河中游湿地景观破碎化过程及其驱动力分析. 生态学报, 33(14): 4436-4449.

赵志楠, 张月明, 梁晓林, 等. 2014. 河北省南大港滨海湿地退化评价. 水土保持通报, 34(4): 339-344.

周娟, 陈彬, 俞炜炜. 2011. 泉州湾景观格局分析及动态变化研究. 海洋环境科学, 30(3): 370-375.

左平, 李云, 赵书河, 等. 2012. 1976 年以来江苏盐城滨海湿地景观变化及驱动力分析. 海洋学报(中文版), 34(1): 101-108.

Chua T-E. 1993. Essential elements of integrated coastal zone management. Ocean & Coastal Management, 21(1-3): 81-108.

Landis J R, Koch G G. 1977. An application of hierarchical kappa-type statistics in the assessment of majority agreement among multiple observers. Biometrics, 33: 363-374.

Pearsell G, Mulamoottil G. 1994. Wetland boundary and land-use planning in southern Ontario, Canada. Environmental Management, 18(6): 865-870.

Seto K C, Fragkias M, Güneralp B, et al. 2011. A meta-analysis of global urban land expansion. PLoS One, 6(8): e23777.

Turner B L, Lambin E F, Reenberg A. 2007. The emergence of land change science for global environmental change and sustainability. Proceedings of the National Academy of Sciences, 104(52): 20666-20671.

van Asselen S, Verburg P H, Vermaat J E, et al. 2013. Drivers of wetland conversion: a global meta-analysis. PLoS One, 8(11): e81292.

第十章　滨海湿地遥感监测研究现状与进展

作为与人们生活息息相关的各种物质和能量交换的场所，湿地是地球上不可缺少的生态系统之一。与森林和海洋这种比较单一的生态系统相比，滨海湿地生态系统更加复杂多变（李楠等，2019）。我国海岸线长，滨海湿地面积居世界前列，滨海湿地种类繁多，分布广泛且通达性较差，传统的实地调查方法耗时费力、更新速度慢且无法实现大范围动态监测。遥感和地理信息技术可以弥补上述缺点，因此运用遥感技术方法研究滨海湿地信息逐渐成为热点。

本章主要从滨海湿地遥感分类、滨海湿地遥感影像的数据源、滨海湿地影像预处理和信息提取方法这 4 部分来介绍。

第一节　滨海湿地遥感分类

滨海湿地的科学分类是湿地科学理论的核心问题之一，也是湿地科学发展水平的标志。近几十年来关于滨海湿地相关研究不断增多，但一直没有一个比较全面、被普遍接受的科学定义与类型划分（李伟等，2014）。我国学者对滨海湿地分类进行了大量的研究，并根据我国滨海湿地特点、研究区实际情况和研究目标提出了一些切实可行的分类系统，以适应我国湿地遥感监测（陈彦兵，2018）。

基于遥感影像对湿地进行动态监测时，湿地分类系统应根据研究区的实际情况、调查任务及可行性等进行划分（杜培军等，2014）。此外滨海湿地分类系统的划分也取决于采用的影像数据源，采用高空间、光谱分辨率的遥感影像时，可建立多级湿地分类系统。

滨海湿地生态系统位于海陆边缘地带，其中生物物种丰富，具有净化污染、抗御风暴潮及海岸侵蚀等生态功能（韩腾腾等，2022）。以《湿地公约》《全国湿地资源调查与监测技术规程》等文献的湿地分类体系为依据，将滨海湿地一级类型分为两大类：自然湿地和人工湿地。自然湿地包括芦苇、互花米草、碱蓬、无植被滩涂等，人工湿地包括坑塘、养殖地、盐田和水田等（罗菊花等，2022）。表 10-1 是滨海湿地的分类体系。

表 10-1　湿地分类体系

一级类别	二级类别	三级类别	说明
自然湿地	沼泽湿地	草本沼泽	以草本植物为主的永久或季节性咸淡水沼泽，研究区典型植被主要以芦苇和翅碱蓬为主
	河流湿地	永久性河流	常年有水或间歇性有水流动的河流
	近海与海岸湿地	泥沙质滩涂	由沙质或淤泥质组成的沙泥质海滩

续表

一级类别	二级类别	三级类别	说明
人工湿地	水库/坑塘		包括水库、坑塘及城市景观和娱乐水面等人工建造的静止水体
	养殖池		以养殖为主要目的的人工湿地
	盐田		为获取盐业资源而修建的晒盐场所或盐池
	水田		用于种植水稻田、水生作物的耕地，研究区以水稻为主

第二节　滨海湿地遥感影像的数据源

遥感数据源是滨海湿地监测的基础，滨海湿地遥感研究对遥感影像的空间分辨率有比较高的要求。在不同阶段，遥感影像的空间分辨率有不同的划分标准。在滨海湿地遥感监测中，经常使用Landsat卫星数据、高分辨率卫星数据（高分数据、QuickBird卫星数据）、高光谱影像数据和微波遥感数据（刘振乾等，1999）。以下一一介绍几种数据。

一、Landsat卫星数据

Landsat是美国国家航空航天局（NASA）的陆地卫星计划，从1972年开始发射第一颗卫星Landsat 1到目前已陆续发射8颗。Landsat系列遥感卫星携带MSS、TM、ETM+、OLI等多光谱传感器。Landsat 1到Landsat 3卫星携带传感器为多谱段扫描仪（multi-spectral scanner，MSS），包含4个波段，空间分辨率为78m，重访周期为18天，即18天可以覆盖全球一次（薛星宇，2012）。Landsat 4和Landsat 5卫星携带的MSS传感器，重访周期为16天。Landsat 4和Landsat 5还携带了专题制图仪（thematic mapper，TM）传感器，包含7个波段，空间分辨率为30m（热红外波段的空间分辨率为120m），重访周期为16天。Landsat 8卫星于2013年2月11日发射，携带的陆地成像仪（operational land imager，OLI）传感器，包含9个波段，包含空间分辨率为15m的全色波段。Landsat 9卫星于2021年9月27日发射，携带传感器为OLI-2和TIRS-2。Landsat系列遥感影像适于区域尺度的湿地监测研究，影像中的红波段、近红外波段、中红外波段等有助于识别湿地植被、区分湿地类型、监测湿地变化等，但是受分辨率限制难以做到精细分类。

二、高分辨率卫星数据

随着计算机和遥感技术的快速发展，高分辨率卫星（SPOT、IKONOS、WorldView等）相继发射，高分辨率影像也逐渐用于湿地相关研究（孙钦佩等，2017）。高分一号卫星于2013年4月发射成功，是中国高分辨率对地观测系统的第一颗卫星，具有高、中空间分辨率对地观测和大幅宽成像结合的特点。高分一号携带的光谱传感器可以获取2m的全色黑白图像和8m的光谱彩色图像（包括蓝、绿、红、近红外4个波段）。QuickBird卫星于2001年10月18日由美国DigitalGlobe公司在美国发射，是目前世界上最先提供亚米级分辨率的商业卫星（张磊等，2019）。它的感光器扫描线有全色、蓝、绿、红、近红外 5 个光谱通道，其全色波段分辨率为 0.61m，彩色多光谱分辨率为 2.44m，幅宽为 16.5km。

高分辨率分型因其高的空间分辨率和短的重放周期广泛用于环境保护、国土资源调查、气象和应急救灾等领域（李清泉等，2016）。高分辨率影像更加细致地反映滨海湿地植物的几何结构和纹理信息，也能够区分植被群落层次，分类精度较高，但是数据成本较高，光谱异质性较大。

三、高光谱影像数据

高光谱遥感影像具有连续的谱段，能够反映光谱间的细微差距，提供丰富的地表信息，常被用于湿地研究。高光谱成像仪，波段数一般为 36～256 个，光谱分辨率为 5～10nm，地面分辨率为 30～1000m（杜培军等，2011）。

EOS AM-1 卫星是装载有著名的 MODIS 传感器的卫星，EOS 于 1999 年 12 月 18 日发射，是美国对地观测系统（earth observation system，EOS）计划中的第一星。地球观测卫星-1（Earth Observing-1，EO-1）于 2000 年 11 月发射升空，是美国国家航空航天局新千年计划（New Millennium Program，NMP）地球探测部分中第一颗对地观测卫星。EO-1 搭载了三种传感器，分别为高光谱成像仪（hyperspectral imager）、高级陆地成像仪（advanced land imager，ALI）与线性标准成像光谱仪阵列大气校正器（the linear etalon imaging spectrometer array atmospheric corrector，LAC）（高灯州等，2016）。PROBA 系列卫星是欧洲航天局（European Space Agency，ESA）于 2001 年 10 月 22 日发射的技术演示卫星。其上搭载了高分辨率成像光谱仪（high resolution imaging spectrometer，CHRIS）、辐射测量传感器（radiation measurement sensor，SRME）、碎片评估器（debris measurement sensor，DEBIE）等。高级地球观测卫星（Advanced Earth Observing Satellite，ADEOS，又称环境观测技术卫星）2 号，由日本于 2002 年 12 月 14 日成功发射升空。其搭载有高性能微波扫描辐射计（advanced microwave scanning radiometer，AMSR）、全球成像仪（global imager，GLI）等传感器。

环境一号卫星系统（环境与灾害监测预报小卫星，HJ-1）是由两颗光学小卫星（HJ-1A 卫星与 HJ-1B 卫星）及一颗雷达小卫星（HJ-1C 卫星）组成（孙钦佩，2017）。HJ-1A 卫星搭载了电荷耦合器件（charge coupled device，CCD）相机和高光谱成像仪（hyper spectral imager，HSI）。此外我国于 2018 年 4 月 26 日发射了珠海一号卫星星座，2018 年 5 月 9 日发射了高分五号卫星（GF-5），这两颗卫星分别搭载了高光谱传感器。

高光谱影像在湿地植被精细分类方面有独特优势，可用于分析识别湿地植被类型。采用多角度高光谱遥感数据，基于影像变换和不同角度波段组合的方法，可提高地物的分类精度（王艳楠等，2016）。高光谱影像也可用于湿地植被监测、植被群落精细分类、植被生物量估算、湿地土壤参数反演等研究，但是该数据覆盖范围有限，获取较难，数据处理复杂。

四、微波遥感数据

与光学遥感相比，微波遥感能够透过云层获得近地面的信息，可以探测目标的几何特征和物理特征，具有全天时、全天候、穿透性等特性（李平等，2018）。ERS、RADARSAT、ALOS 等雷达遥感卫星的发射，促进了微波遥感用于滨海湿地的研究。加拿大雷达卫星系列目前包括 2 颗卫星：RADARSAT-1、RADARSAT-2。RADARSAT 系列卫星由加拿大航天局（CSA）研制与管理，用于向商业和科研用户提供卫星雷达遥感数据。RADARSAT-1 卫星 1995 年 11 月发射升空，载有功能强大的合成孔径雷达（SAR），可以全天时、全天候成像，为加拿大及世界其他国家提供了大量数据（赵泉华等，2019）。RADARSAT-1 的后继星是 RADARSAT-2 卫星，它是加拿大第二代商业雷达卫星。RADARSAT-2 卫星于 2007 年 12 月 14 日发射（宋瑞超等，2019）。与 RADARSAT-1 卫星相比，RADARSAT-2 卫星具有更为强大的功能。RADARSAT 系列卫星应用广泛，包括减灾防灾、雷达干涉、农业、制图、水资源、林业、海洋、海冰和海岸线监测等各方面（王莉雯和卫亚星，2011）。

总体来说，目前滨海湿地研究可用遥感数据越来越多，可结合多光谱、高分辨率、微波等影像，进行湿地信息及变化的研究，多源影像可以兼顾不同遥感影像的时间、空间、光谱分辨率，可以达到更好的研究效果（潘辉等，2006）。此外采用单一影像研究滨海湿地具有局限性，而融合多源影像可以集合多种数据源的优势，成为目前湿地遥感研究常用的手段之一。

第三节　滨海湿地影像预处理

滨海湿地遥感数据在获取过程中，由于受到遥感系统、大气辐射及外界自然和人为因素的干扰与限制，不可避免地会产生一定的误差，这些误差导致遥感影像质量下降，从而使图像分析精度受到影响（宁潇等，2017）。因此，在实际图像分析和处理前，必须对原始遥感影像进行预处理，把误差的影响降到最小。滨海湿地遥感影像的预处理包括以下几方面。

一、辐射定标

辐射定标是将传感器的数字量化值转化为辐射亮度值的过程。为了消除传感器在长期运行之后性能下降产生的误差，确定传感器入口处准确的辐射值，获得更加真实可靠的测量数据，需要对数据进行辐射定标（潘艺雯等，2019）。辐射定标分为绝对定标和相对定标，其中相对定标计算的是辐射量的相对值。转换图像亮度值（DN 值）与辐射亮度值的公式见式（10-1）：

$$L = \text{Gain} \cdot DN + \text{offset} \tag{10-1}$$

式中，L 为辐亮度，单位 W/(m^2·sr·μm)；DN 为图像亮度值，传感器的特性影响到 DN 的正确性和均一性；Gain 为增益，单位 W/(m^2·sr·μm)；增益=$(L_{max}-L_{min})/255$，L_{max} 和 L_{min}

分别是最大和最小光谱辐射值，单位与增益相同；offset 为偏置，单位 W/(m^2·sr·μm)，偏置=L_{min}。当定标转化为反射率时，可以分成大气外层表观反射率与地表真实反射率。

二、大气校正

由于传感器在获取地物信息过程中受到大气、气溶胶和云粒子等大气成分吸收与散射的影响，使其获取的信息中混杂一定的非目标地物的成像信息，为消除大气等因素对地物辐射的影响，获得地表真实反射率、辐射率，需要进行大气校正（Cao and Mu，2014a）。FLAASH 大气校正利用经验模型公式进行计算（杨颖等，2022）。首先需要获取大气参数，如气溶胶光学厚度、水汽含量等；利用大气辐射传输方程计算各种地物的反射率，再进行光谱平滑来消除图像噪声。算法基本原理如下。

FLAASH 大气校正后的辐射亮度为：

$$L = \left(\frac{\mathrm{a} \cdot \rho}{1 - \rho_{\mathrm{c}} \cdot R}\right) + \left(\frac{\mathrm{b} \cdot \rho}{1 - \rho_{\mathrm{c}} \cdot R}\right) + L_{\mathrm{a}} \tag{10-2}$$

式中，L 为总的辐射亮度；ρ 为像素表面反射率；ρ_c 为平均表面反射率；R 为大气球面反照率；L_a 为大气程辐射；a、b 是两个常数。反演出水汽含量之后可利用式（10-3）求出 L_e：

$$L_{\mathrm{e}} = \left(\frac{(\mathrm{a+b}) \cdot \rho}{1 - \rho_{\mathrm{c}} \cdot R}\right) + L_{\mathrm{a}} \tag{10-3}$$

式中，L_e 为平均辐射亮度；ρ_c 为平均表面反射率。

三、几何校正

遥感图像大多数情况下会有两种形变：系统性形变和非系统性形变。传感器内部原因产生的形变被称为系统性形变；由于外部原因，如地表高程的不同、大气散射等问题引起的不规律的形变被称为非系统性形变（Deventer et al.，2019）。几何校正的目的是修正非系统性形变，这个过程一般通过建立地面控制点或相关的数学模型来完成，其本质就是使待校正的遥感图像与相应的地图投影相匹配（朱金峰等，2019）。

利用一幅遥感图像作为基准图像，然后选择相同的控制点来校正另一幅图像，达到校正的目的。当控制点数目较多之后可以使用 ENVI 软件提供的控制点自动预测功能，选择相应的数目，但应该将误差较大的点删去重新选取（朱红豆等，2019）。

校正后的图像需要进行重采样。有三种内插方法：最近邻法（nearest neighbor）、双线性内插法（bilinear interpolation）、立方卷积内插法（cubic convolution interpolation）。

第四节　滨海湿地信息提取

遥感信息的分析识别主要依据地物反射光谱特性，不同地物具有不同的反射光谱特性。滨海湿地的水特性使得它的反射光谱特性与其他地类有很大不同，这是遥感监测湿地的基础（曾光等，2018）。滨海湿地植物种群有特定的反射光谱，尤其在近红外波段，不同植物种类的反射率离散程度较大，有利于湿地植被类型的识别，这也是湿地遥感分类的重要依据之一。

湿地自动分类研究也是湿地遥感的重要内容。目前常用的分类方法为人工目视解译法和计算机自动分类法（de Araujo Barbosac et al.，2015）。计算机自动分类法包括监督分类方法、非监督分类方法及混合分类法等。目前的研究普遍认为人工目视解译方法是湿地分类精度最高的方法，但其费时、费力。计算机自动分类法则省时、省力、工作效率高，但因不同湿地之间及湿地与其他地类之间光谱特征相似，往往不能将不同类别的湿地完全区分开来，因此其精度较低（周方文等，2015）。

经典的湿地覆被信息遥感解译方法主要有基于像元的监督分类方法和面向对象分类法，大多基于约 30m 空间分辨率的陆地资源卫星或雷达影像（张运和张贵，2012）。近年来随着人工智能的蓬勃发展，基于机器学习的遥感影像解译算法逐渐兴起，如随机森林算法、反向传播神经网络和支持向量机等，这些算法逐渐被应用到遥感影像信息解译研究，有效提高了影像分类的精度。以下介绍常用的滨海湿地分类方法。

一、监督分类方法

监督分类是在对地物类别属性已经有了先验知识的基础上进行的，需要从图中选取所要划分的各类地物的样本，建立模板，再对地物类别进行自动识别的方法。其优点表现在可以按照不同的分类需求，对图像上的地物类别进行选择性划分归并，对地物类别进行有选择的划分能够有效减少不相干类别的出现导致的误差（张华兵等，2012）。监督分类的劣势表现在：其分类的体系与训练样区的选择受人为因素的影响较大；有时选择的训练样本并不具备良好的代表性；监督分类只能识别一些已被定义的类别，而对于那些未被定义的类别则无法被识别（Dong and Liu，2019）。

（一）最大似然法

最大似然法是在贝叶斯法则的作用下形成的，通过假设各波段上的每一类别统计特征都是通过接近正态分布的形式显现出来的，再根据样本求出特征参数，并依据得出的概率密度函数，在进行遥感图像分类时，使用统计方法建立能判断并确定像元所属函数集，进行归属概率的计算。这种方法以遥感数据的统计特征为主要依据（Dubeau et al.，2017）。

最大似然法原理如下：假定遥感影像上有 X 个典型地物类别，第 i 类地物类别用 ω_i 表示，每个类别所发生的先验概率设为 $\rho(\omega_i)$。假设 X 是现有的未知类别样本，在 ω_i 类中出现的似然概率是 $\rho(X|\omega_i)$，依据贝叶斯法则求得的样本 X 出现的后验概率见式（10-4）：

$$\rho(\omega_i \mid X)=\frac{\rho(X \mid \omega_i)\rho(\omega_i)}{\rho(X)}=\frac{\rho(X \mid \omega_i)\rho(\omega_i)}{\sum_{i=1}^{X}\rho(X \mid \omega_i)\rho(\omega_i)} \tag{10-4}$$

每个类别的$\rho(Y)$都代表着一个常数，经简化后得出的判别函数见式（10-5）：

$$\rho(\omega_i \mid X) = \rho(X \mid \omega_i)\rho(\omega_i) \tag{10-5}$$

（二）最小距离法

最小距离法是通过假设待分矢量到所有已知类别的距离为$d_j(X)$，j=1, 2, …, n，对于所有的比较类有$d_i(X) \leqslant d_j(X)$，$i \neq j$，则X属ω_i类（Jin et al.，2019）。最小距离法通常有以下几种。

1. 欧氏距离

欧氏距离代表两个点间的直线距离。在平面中可用式（10-6）来表示：

$$d_i(X) = \sqrt{\sum_{i=1}^{n}(X_i - M_{ij})^2} \tag{10-6}$$

式中，n代表波段数；X_i代表像元在波段i的像元值；M_{ij}代表第i类在第j波段的均值。

2. 绝对距离

对式（10-6）作进一步简化，得到绝对值距离，并将其定义为式（10-7）：

$$d_i(X) = \sum_{i=1}^{n}\left|X_i - M_{ij}\right| \tag{10-7}$$

上述分类方法存在的不足主要表现为两点：第一点主要表现在不属于同类别地物的亮度值在图像上的变化范围是不一样的，依据类中心的距离大小来对像元进行归并的这种方法往往会对地物的分类准确性产生降低的效果（Meisam et al.，2019）。第二点主要表现在自然地物类别的点集群分布形状可能显现出圆形，也可能以其他形状显现来，所以在不同的方位上所测量出的两点之间的距离也应该是不一样的。考虑到这些情况，在距离的算法上做了一些改进，见式（10-8）、式（10-9）：

$$d_i(X) = \sqrt{\sum_{i=1}^{n}(X_i - M_{ij})^2 \Big/ \sigma_{ij}^2} \tag{10-8}$$

$$d_i(X) = \sum_{i=1}^{n}\left|X_i - M_{ij}\right| \Big/ \sigma_{ij} \tag{10-9}$$

式中，σ_{ij}为两点距离的标准差。

二、非监督分类方法

非监督分类也称聚类分析，是指事先对分类过程不施加任何先验知识，根据图像的统计特征和自然聚类的特性进行“盲目”分类，它是一种边学习边分类的方法，分类过程中不断改进分类决策，无须事先知道各类地物的类别统计特征，一般只提供少数的阈值对分类过程加以部分控制，其分类结果的类别具有不确定属性，需根据目视判读或实地调查确定（Wang et al.，2020）。迭代自组织数据分析算法（iterative selforganizing data analysis techniques algorithm，ISODATA）是最常见的非监督分类算法，它是对 *K* 均值算法的一种改进，根据算法设定的控制参数对聚类结果进行不断的分裂与合并来得到理想的分类结果（张树文等，2013）。

非监督分类是指研究工作人员事先没有对研究区进行实地考察或资料搜集，仅凭借遥感数据的光谱特征分布规律来识别判断研究区内典型地物的类型（Van Tricht et al.，2018）。这种方法通常只能区分地物的类别，无法准确地确定出地物的类别特征，一般来说它的类别特征往往要依靠目视解译或依靠实地调研来判定。这种方法自动化程度较高，适用于对分类区不了解的情况。

（一）*K* 均值算法

K 均值算法也称分级集群法，一个集群代表一种分类（Shok and Mutanga，2017）。*K* 均值算法需先建立某个评估类别聚合分布结果的判别函数，给出一个初始参考类别及参考条件，再用迭代计算法计算出令判别函数取极值的最佳类别聚合分布结果。

（二）ISODATA 分类算法

ISODATA 分类算法也称动态聚类法，这种方法的基本原理是将初始类别当成种子参与自动迭代聚类，通过在类别聚合过程中不断地调整，种子可以做到自动分裂归并类别的功能。此时，所需要的参数被逐个确定下来，方可建立能够判别类别归属的函数（Teluguntla et al.，2018）。与 *K* 均值算法较为相似，ISODATA 算法的不同之处表现在迭代过程中引进了某种产生和消除某些类别的方法，能将两种地物类别归并成一类，也能将一种地物类划分成两类。

（三）人工神经网络方法

人工神经网络是由大量神经元相互连接形成的，用来建立和模拟人类大脑中神经系统的基本特征。神经网络的概念是从生物学中神经元引出的（周林飞等，2016）。大脑接收信息，并进行处理，最后在神经元上储存信息。生物学中的神经元由 4 部分组成，树突、细胞体、轴突和突触都有着各自的工作，每个作用相互紧密联系。它是神经系统的最基本的单位，其组成了神经系统的传输路径。最基本单位主要负责接收、处理和传送电、化学信号。人工神经网络目前已经具有众多的网络模型，它们能够根据不同的分析方法对其进行分类研究，目前比较常用的一种分类方式就是按信息的流向来进行分类。其主要是根据神经网络内部对信息传递的方式进行划分，它们被称为前馈网络和反馈网络（Whyte et al.，2018）。

（四）反向传播神经网络方法

反向传播神经网络（back propagation neural network，BP 神经网络）是一种按误差逆传播的多层前馈网络结构（肖锦成等，2013）。学习规律（神经网络的迭代方式，根据样本特性，自行学习）称为最速梯度下降法，是根据一定程度上大量已知样本模式进行学习和训练，便于找出样本模式和分类类别之间的联系。该方法通常把需要分类的地物对象的条件集合或特征组合为BP神经网络的输入模型，并提供期望输出模式（Erinjery et al.，2018）。

BP 神经网络的基本结构包括：输入层、隐层及输出层。隐层神经元可以分成一层或几层，需要依据实际情况来选择各个隐层神经元的个数。在实践中，BP 神经网络基本结构的确定较为复杂，是因为不能够确定 BP 神经网络的隐层数量及各种隐层神经网络节点的数量（张磊和郑晓丽，2022）。隐层节点数量的增大虽然可以导致网络更容易地具有复杂的预测判断力，但削弱了对网络的整体综合分析能力，并延长了网络的培训时间。因此，选取合理的隐层节点数是非常必要的。

最简单的三层结构是从输入层单元到输出层单元的任意映射，但需要根据实际情况设置不同的隐层节点数从而比较其效率。BP 神经网络算法包括信号的正向传播和误差的反向传播。正向传播时，样本从输入层传入，经各隐层逐层处理后，传向输出层（Li et al.，2017）。若输出层的实际输出和期望的输出不相符，则转入误差的反向传播处理阶段。误差反向传播是将输出误差以某种形式通过隐层向输入层逐层反向传播，并将误差分摊给各层的所有单元，从而获得各层单元的误差信号，此误差信号即作为修正各单位权值的依据。BP 神经网络在遥感图像分类中主要是样本训练和模式识别：样本训练。根据已经所掌握的一个典型区域的地面状态，在图像上进行选定训练。训练样本的数量会影响图像分类的结果。模式识别：在训练结束后，将图像上的每一个像素的值作为输入向量，通过计算得出样本的输出向量，向量分量对应于各个分类类型的概率值，其中最大的概率值所对应的类型为该像素所属类型（Nan et al.，2018）。

BP 神经网络的步骤为：初始化网络参数：选择合理的网络结构，设置初始连接权值。修正网络权值函数，按照新的权值计算各层输出值和总误差。分类阶段利用学习的结果对遥感图像进行分类。

（五）支持向量机的方法

支持向量机（SVM）是一种建立在统计学习理论基础之上的监督化非参数方法，对于解决复杂、非线性、高维度空间分类问题具有巨大的潜力（李平等，2018）。支持向量机基于结构风险最小化原则，将学习样本通过设置核函数非线性映射到高维空间，然后在高维空间里通过使支持向量到超平面的距离最大化这一约束条件来创建最优分类超平面，最终实现类别的划分。

SVM 具有相对优良的性能指标，并可以自动寻找那些分类有较好区分能力的支持向量，由此构造出的分类器可以最大化类别之间的间隔，因而有较好的适应能力和较高的准确率，该方法只需要由各类域的边界样本的类别来决定最后的分类结果（Mahdavi et al.，2017）。相比传统的分类方法，它不仅结构简单、泛化能力强，而且能较好地解决小样本、高维数据等实际问题，其因易用、稳定且具有相对较高的精度而得到广泛的应用。

（六）随机森林算法

随机森林（random forest）算法就是一种利用多个随机树分类器组合进行分类的方

法。该算法可以有效地对高维小样本进行分类，具有速度快、稳健性好的特点（冯志立等，2022）。随机森林是一系列树结构分类器的集合，其中元分类器为用分类回归树（CART）算法构建的没有剪枝的分类回归树（郝泷等，2017）。独立同分布的随机向量决定了单棵树的生长过程，森林的输出通过简单多数投票法（针对分类）或单棵树输出结果的简单平均（针对回归）得到。在对输入特征向量进行分类时，首先把该向量输入森林中的各个决策树，每棵树都对输入向量单独分类，并按照分类结果进行投票，随机森林选择得票最多的分类结果作为输出（王猛等，2020）。整个算法主要包括两个部分：树的生长和投票过程。有了这两种随机因素，分类树集合的正确率更加稳定，获得了更好的推广能力，也使随机森林克服了常见决策树算法的一些缺点。随机森林算法总体上具有较高的分类精度，结合光谱特征和纹理特征对滨海湿地进行信息提取，在光谱特征相似但纹理特征差异明显的地物上分类精度有明显提高。但对于光谱特征极其接近且纹理特征差异不明显的地物，可以考虑采用高光谱数据、增加训练样本或多时相数据加以比较分类（El-Asmar and Hereher，2011）。

第五节　总结和展望

目前，遥感技术已经广泛应用到了滨海湿地的研究中，但是目前滨海湿地研究还存在很多问题（刘润红等，2017）。

1）湿地光谱特征与其他地类如森林、农田等的光谱特征有一定的相似性，湿地类别之间光谱特征也有一定程度的混淆，因此目前仅仅依赖光谱特征很难将湿地不同类别区分开来。利用湿地的光谱特征提取湿地信息的研究大都停留在某种特定湿地类型或某个特定区域的基础上（Li et al.，2016）。

2）目前对湿地研究尚无成熟的、完全自动的分类方法，只能进行人机交互解译，即对遥感图像进行计算机自动分类后，再参考地方最新的土地利用图、地形图、交通图及其他相关图件进行人工目视解译修正。初始解译完成后需要进行野外全球定位系统（GPS）检验，以提高数据精度。混合分类方法是先对遥感影像进行非监督分类，再利用非监督分类生成的分类模板加以修改补充后进行监督分类的方法。

滨海湿地信息提取对于准确掌握滨海湿地分布现状、保护与管理滨海湿地珍稀资源具有重要意义。

参考文献

陈彦兵. 2018. 基于光谱特征分析的鄱阳湖典型湿地植被识别分类. 江西理工大学硕士学位论文.

杜培军, 陈宇, 谭琨. 2014. 湿地景观格局与生态安全遥感监测分析: 以江苏滨海湿地为例. 国土资源遥感, 26(1): 158-166.

杜培军, 王小美, 谭琨, 等. 2011. 利用流形学习进行高光谱遥感影像的降维与特征提取. 武汉大学学报(信息科学版), 36(2): 148-152.

冯志立, 肖锋, 卢小平, 等. 2022. 基于随机森林特征优选的冬小麦分类方法. 测绘通报, 35(3): 70-75.

高灯州, 曾从盛, 章文龙, 等. 2016. 闽江口湿地土壤全氮含量的高光谱遥感估算. 生态学杂志, 35(4): 952-959.

韩腾腾, 栾俊婉, 邵田田, 等. 2022. 武汉市湿地景观格局变化与驱动因素研究. 地理空间信息, 4(3): 12-17+29.
郝泷, 陈永富, 刘华, 等. 2017. 基于纹理信息CART决策树的林芝县(市)森林植被面向对象分类. 遥感技术与应用, 32(2): 386-394.
李楠, 李龙伟, 陆灯盛, 等. 2019. 杭州湾滨海湿地生态安全动态变化及趋势预测. 南京林业大学学报(自然科学版), 43(3): 107-115.
李平, 徐新, 董浩, 等. 2018. 利用可分性指数的极化SAR图像特征选择与多层SVM分类. 计算机应用, 8(1): 132-136.
李清泉, 卢艺, 胡水波, 等. 2016. 海岸带地理环境遥感监测综述. 遥感学报, 20(5): 1216-1229.
李伟, 崔丽娟, 赵欣胜, 等. 2014. 中国滨海湿地及其生态系统服务功能研究概述. 林业调查规划, 4(39): 24-30.
林川, 宫兆宁, 赵文吉. 2010. 基于中分辨率TM数据的湿地水生植被提取. 生态学报, 23(6): 6460-6469.
刘润红, 梁士楚, 赵红艳, 等. 2017. 中国滨海湿地遥感研究进展. 遥感技术与应用, 3(6): 998-1011.
刘振乾, 徐新良, 吕宪国. 1999. 3S技术在三角洲湿地资源研究中的应用. 地理与地理信息科学, 20(4): 87-91.
罗菊花, 杨井志成, 段洪涛, 等. 2022. 浅水湖泊水生植被遥感监测研究进展. 遥感学报, 3(1): 68-76.
宁潇, 胡咪咪, 邵学新, 等. 2017. 杭州湾南岸滨海湿地生态服务功能价值评估. 生态科学, 36(4): 166-175.
潘辉, 罗彩莲, 谭芳林. 2006. 3S技术在湿地研究中的应用. 湿地科学, 1(2): 75-80.
潘艺雯, 应智霞, 李海辉, 等. 2019. 水文过程和采砂活动下鄱阳湖湿地景观格局及其变化. 湿地科学, 17(3): 286-294.
宋瑞超, 赵国忱, 卜丽静. 2019. 基于多极化特征和纹理特征的 PolSAR 图像分类. 城市勘测, 21(3): 121-126.
孙钦佩. 2017. 基于深度学习的滨海湿地高光谱影像与激光雷达数据联合分类. 山东科技大学硕士学位论文.
孙钦佩, 马毅, 张杰. 2017. 滨海湿地稀疏采样重构高光谱图像分类精度评价. 海洋技术学报, 36(2): 77-82.
王莉雯, 卫亚星. 2011. 湿地生态系统雷达遥感监测研究进展. 地理科学进展, 30(9): 1107-1117.
王猛, 张新长, 王家耀, 等. 2020. 结合随机森林面向对象的森林资源分类. 测绘学报, 49(2): 235-244.
王艳楠, 王健健, 龚健新, 等. 2016. 基于环境卫星数据的沿海滩涂地物类型分类的随机森林方法. 遥感技术与应用, 31(6): 1107-1113.
肖锦成, 欧维新, 符海月. 2013. 基于BP神经网络与ETM+遥感数据的盐城滨海自然湿地覆被分类. 生态学报, 23(2): 7496-7504.
薛星宇. 2012. 江苏盐城海滨湿地遥感分类与景观变化研究. 南京师范大学硕士学位论文
杨颖, 陈思思, 周红宏, 等. 2022. 长江口潮间带底栖生物生态及变化趋势. 生态学报, 43(4): 1606-1618.
曾光, 高会军, 朱刚. 2018. 近 40 年来山西省湿地景观格局变化分析. 干旱区资源与环境, 32(1): 103-108.
张华兵, 刘红玉, 郝敬锋, 等. 2012. 自然和人工管理驱动下盐城滨海湿地景观格局演变特征与空间差异. 生态学报, 32(1): 101-110.
张磊, 宫兆宁, 王启为, 等. 2019. Sentinel-2 影像多特征优选的黄河三角洲湿地信息提取. 遥感学报, 5(2): 313-326.
张磊, 郑晓丽. 2022. 基于多特征差异的随机森林遥感影像变化检测. 测绘与空间地理信息, 2(3): 149-152.
张树文, 颜凤芹, 于灵雪, 等. 2013. 湿地遥感研究进展. 地理科学, 33(1): 1406-1412.
张运, 张贵. 2012. 洞庭湖湿地生态系统服务功能效益分析. 中国农学通报, 28(8): 276-281.

赵泉华, 胡广臣, 李晓丽, 等. 2019. 基于全极化 SAR 影像的双台河口湿地分类及其变化分析. 环境科学研究, 12(2): 309-316.

周方文, 马田田, 李晓文, 等. 2015. 黄河三角洲滨海湿地生态系统服务模拟及评估. 湿地科学, 13(6): 667-674.

周林飞, 姚雪, 芦晓峰. 2016. 基于相容粗糙集的BP神经网络湿地覆被信息提取: 以双台子河口湿地为例. 资源科学, 38(8): 1538-1549.

朱红豆, 刘晓, 于泉洲, 等. 2019. 近 30 年东平湖湿地景观格局演变研究. 山东国土资源, 35(6): 44-49.

朱金峰, 周艺, 王世新, 等. 2019. 1975 年-2018 年白洋淀湿地变化分析. 遥感学报, (5): 971-986.

Cao L, Mu X N. 2014a. Research on ecological restoration of wetland landscape in reclamation land environment. Applied Mechanics Materials, 4(2): 608-609.

Cao L, Mu X N. 2014b. Study on energy saving of external wall thermal insulation based on city green building. Applied Mechanics and Materials, 7(14): 1061-1065.

de Araujo Barbosac C, Atkinson P M, Dearing J A. 2015. Remote sensing of ecosystem services: a systematic review. Ecological Indicators, 52(1): 430-443.

Deventer H V, Cho M A, Mutanga O. 2019. Multi-season RapidEye imagery improves the classification of wetland and dry-land communities in a subtropical coastal region. ISPRS Journal of Photogrammetry and Remote Sensing, 157(3): 136-146.

Dong T, Liu J. 2019. Assessment of red-edge vegetation indices for crop leaf area index estimation. Remote Sensing of Environment: An Interdisciplinary Journal. 22(2): 133-143.

Dubeau P, King D J, Unbushe D G. 2017. Mapping the Dabus Wetlands, Ethiopia, using random forest classification of landsat, PALSAR and topographic data. Remote Sensing, 9(10): 1-23.

El-AsmarH M, Hereher M E. 2011. Change detection of the coastal zone east of the Nile Delta using remote sensing. Environmental Earth Sciences, 62(4): 769-777.

Erinjery J J, Singh M, Kent R. 2018. Mapping and assessment of vegetation types in the tropical rainforests of the Western Ghats using multispectral Sentinel-2 and SAR Sentinel-1 satellite imagery. Remote Sensing of Environment. 21(6): 345-354.

Frohn R C, D'Amico E, Lane C. 2012. Multi-temporal sub-pixel landsat ETM+ classification of isolated wetlands in Cuyahoga County, Ohio, USA. Wetlands, 32(2): 54-60.

Jin Q, Meng Z, Pham T D, et al. 2019. DUNet: a deformable network for retinal vessel segmentation. Knowledge-Based Systems, 178(15): 149-162.

Klemas V. 2011. Remote sensing techniques for studying coastal ecosystems: an overview. Journal of Coastal Research, 27(1): 2-17.

Li L, Ren T, Ma Y, et al. 2016. Evaluating chlorophyll density in winter oilseed rape (*Brassica napus* L.) using canopy hyperspectral red-edge parameters. Computers and Electronics in Agriculture, 126(4): 21-31.

Li X, Chen G, Liu J, et al. 2017. Effects of RapidEye imagery's red-edge band and vegetation indices on land cover classification in an arid region. Chinese Geographical Science, 27(5): 827-835.

Mahdavi S, Salehi B, Granger J. 2017. Remote sensing for wetland classification: a comprehensive review. Science & Remote Sensing, 10(5): 381-402.

Meisam A, Brian B, Majid A, et al. 2019. A generalized supervised classification scheme to produce provincial wetland inventory maps: an application of Google Earth Engine for big geo data processing. Big Earth Data. 3(4): 378-394.

Nan L, Lu D, Ming W. 2018. Coastal wetland classification with multi-seasonal high spatial resolution satellite imagery. International Journal of Remote Sensing, 12(8): 1-21.

Shoko C, Mutanga O. 2017. Examining the strength of the newly-launched Sentinel 2 MSI sensor in detecting and discriminating subtle differences between C3 and C4 grass species. ISPRS Journal of Photogrammetry & Remote Sensing, 129(7): 32-40.

Teluguntla P, Thenkabail P S, Oliphant A, et al. 2018. A 30-m landsat-derived cropland extent product of Australia and China using random forest machine learning algorithm on Google Earth Engine cloud computing platform. ISPRS journal of photogrammetry and remote sensing, 144(12): 325-340.

Van Tricht K, Gobin A, Gilliams S, et al. 2018. Synergistic use of radar Sentinel-1 and optical Sentinel-2 imagery for crop mapping: a case study for Belgium. Remote Sensing, 10(10): 1642-1656.

Wang X, Xiao X, Zou Z. 2020. Mapping coastal wetlands of China using time series landsat images in 2018 and Google Earth Engine. ISPRS Journal of Photographer and Remote Sensing, 163(9): 465-470.

Whyte A, Ferentinos K P, Petropulos G P. 2018. A new synergistic approach for monitoring wetlands using Sentinels-1 and 2 data with object-based machine learning algorithms. Environmental Modelling & Software. 104(6): 40-54.

Zhang Y, Lu D, Yang B, et al. 2011. Coastal wetland vegetation classification with a Landsat Thematic Mapper image. International Journal of Remote Sensing, 32(2): 545-561.

第十一章　新时期滨海湿地管理制度建设

第一节　党的十八大以来滨海湿地管控基本政策

一、滨海湿地在生态环境保护政策体系中的定位与范围

党的十八大把生态文明建设纳入中国特色社会主义事业“五位一体”总体布局。作为国家生态文明建设和污染治理攻坚战的重要内容，海洋生态环境保护有着举足轻重的作用。滨海湿地是学界公认的典型海洋生态系统，其生物多样性丰富、固碳能力显著，因此滨海湿地对于保护海洋生物多样性、应对气候变化有着重要的意义。近年来生态文明体制改革不断推进，滨海湿地逐步成为海洋自然保护地建设、海洋生态保护红线划定、海洋生态环境监管、中央生态环保督察的重点工作领域。

滨海湿地的概念和范围在国际学界尚无统一定义。我国近年来滨海湿地生态环境保护工作主要参考了现行《中华人民共和国海洋环境保护法》附则中的定义，即“低潮时水深不超过六米的水域及其沿岸浸湿地带，包括水深不超过六米的永久性水域、潮间带（或者洪泛地带）和沿海低地等”。该定义与《湿地公约》中滨海湿地基本保持一致。此外，《滨海湿地生态监测技术规程》（HY/T 080—2005）规定滨海湿地为“海平面以下6m 至大潮高潮位之上与外流江河流域相连的微咸水和淡浅水湖泊、沼泽以及相应的河段间的区域”。《关于加强滨海湿地保护严格管控围填海的通知》提出，滨海湿地包括“沿海滩涂、河口、浅海、红树林、珊瑚礁等”。

二、党的十八大以来党中央国务院对滨海湿地管理的基本要求

党的十八大以来，党中央国务院高度重视滨海湿地生态环境保护工作，但对滨海湿地管理的要求散见于各类生态环境保护工作部署文件中（如国务院办公厅于 2016 年发布《湿地保护修复制度方案》对全国各类湿地保护修复拟定了基本原则和主要工作内容，原则上普遍适用于滨海湿地），未针对滨海湿地管理专门给出指导性意见，仅有国家海洋局在 2016 年以部门规章的形式发布的《关于加强滨海湿地管理与保护工作的指导意见》，明确了加强重要自然滨海湿地保护、开展受损滨海湿地生态系统恢复修复、严格滨海湿地开发利用管理、加强滨海湿地调查监测四项重点工作任务。2018 年，国务院发布《国务院关于加强滨海湿地保护严格管控围填海的通知》，为机构改革后国家层面的滨海湿地保护明确了总基调。工作内容上，该通知提出要加强滨海湿地保护、强化整治修复、健全调查监测体系、严格用途管制，并明确各沿海省（自治区、直辖市）是加强滨海湿地保护的第一责任人。针对加强保护，该通知将天津大港湿地、河北黄骅湿地、江苏如东湿地、福建东山湿地、广东大鹏湾湿地等亟需保护的重要滨海湿地和重要物种

栖息地纳入保护范围；针对整治修复，该通知要求制定滨海湿地生态损害鉴定评估、赔偿、修复等技术规范；针对调查监测，该通知要求建立动态监测系统。

三、党的十八大以来滨海湿地管理的制度建设

党的十八大以来，党中央国务院及国家海洋局等陆续发布了若干国家层面的政策性文件，针对滨海湿地的保护修复、损害赔偿等给出了有关规定。按时间顺序包括《海洋生态损害国家损失索赔办法》（国家海洋局发）、《水污染防治行动计划》（国务院发）、《海岸线保护与利用管理办法》（国家海洋局发）、《海洋工程环境影响评价管理规定》（国家海洋局发）、《渤海综合治理攻坚战行动计划》（多部委发）、《全国重要生态系统保护和修复重大工程总体规划（2021—2035年）》（多部委发）、《湿地保护法》等。国家层面的制度安排按照国务院机构改革可以分为两个阶段：第一阶段制度安排包括《海洋生态损害国家损失索赔办法》《水污染防治行动计划》《海岸线保护与利用管理办法》《海洋工程环境影响评价管理规定》，除《水污染防治行动计划》外其他文件以国家海洋局发布的部门规章为主。这一时期国家海洋局以生态文明体制改革和“放管服”改革相关精神为基本遵循，并同2013～2016年陆续修订的《海洋环境保护法》《环境影响评价法》相衔接。第二阶段是国务院机构改革后（2018年至今），滨海湿地生态环境保护职责涉及多部委，国家层面的制度安排以多部委联合发文为主。地方层面，辽宁省、山东省、上海市等沿海省市在国务院机构改革后陆续修订了地方规划和法规，落实了国家层面对滨海湿地生态环境管理的最新政策。

（一）滨海湿地生态环境管理在国家层面的制度安排

国家层面，2014年国家海洋局依据“承担海洋生态损害国家索赔工作”职责和《海洋环境保护法》制定了《海洋生态损害国家损失索赔办法》（以下简称“索赔办法”）。索赔办法将破坏滨海湿地等重要海洋生态系统列入了海洋行政主管部门向责任者提出索赔要求。2015年，国务院发布《水污染防治行动计划》，明确要求保护水和湿地生态系统，加大红树林、珊瑚礁、海草床等滨海湿地的保护力度，重要滨海湿地区域禁止实施围填海。同年，环境保护部印发《生态保护红线划定技术指南》，规定将重要滨海湿地同海洋水产种质资源保护区、海洋特别保护区、特殊保护海岛、自然景观与历史文化遗迹、珍稀濒危物种集中分布区、重要渔业水域等区域列入重点海洋生态功能区。2017年，国家海洋局为落实《水污染防治行动计划》及新修订的《环境影响评价法》，修订并发布《海岸线保护与利用管理办法》《海洋工程环境影响评价管理规定》，明确岸线分类保护，将重要滨海湿地列入严格保护岸线名录中，并不予批准在重要滨海湿地等区域实施的围填海项目。

2018年国务院启动新一轮机构改革后，滨海湿地生态环境管理涉及多部委职责。2018年《渤海综合治理攻坚战行动计划》提出实行滨海湿地分级保护和总量管控，分批确定重要湿地名录和面积，建立各类滨海湿地类型自然保护地。2020年，国家发改委、自然资源部联合发布《全国重要生态系统保护和修复重大工程总体规划（2021—2035

年)》，列出 9 项重要生态系统保护和修复重大工程，其中第七项“海岸带生态保护和修复重大工程”将粤港澳大湾区、海南岛、苏北沿海滩涂、北部湾区域纳入重点工程内容。2021 年，国家发布《湿地保护法》(2022 年 6 月 1 日起施行)，其在第三十二条规定“国务院自然资源主管部门和沿海地方各级人民政府应当加强对滨海湿地的管理和保护，严格管控围填滨海湿地。经依法批准的项目，应当同步实施生态保护修复，减轻对滨海湿地生态功能的不利影响”，为国家管理滨海湿地的基本政策和有关部门的职能提供了基础的法律依据。

综合上述文件内容，认为国家层面滨海湿地管理制度主要分为三点：一是建立三项制度，即分类和总量管控制度、名录制度及海洋生态保护红线制度。二是实施严格岸线保护，禁止围填海。三是明确将重点滨海湿地保护修复列入全国重要生态系统保护和修复总体规划。

（二）地方滨海湿地管理和制度建设

近年来，地方沿海省（自治区、直辖市）通过制定地方海洋生态环境管理法规落实党的十八大以来国家对滨海湿地生态环境保护的基本政策，如以发布地方实施方案的形式落实《国务院关于加强滨海湿地保护严格管控围填海的通知》。部分滨海湿地生态环境问题显著的省（自治区、直辖市）通过地方性法规强化滨海湿地生态环境管理，比较典型的是连云港市发布的《连云港市滨海湿地保护条例》、盐城市发布的《盐城市黄海湿地保护条例》和大连市发布的《大连市海洋环境保护条例》有关条款（第二十条、第二十九条、第三十一至第三十三条）。其中，《连云港市滨海湿地保护条例》开创了全国滨海湿地地方立法的先河。

1.《连云港市滨海湿地保护条例》

《连云港市滨海湿地保护条例》(以下简称“连云港湿地条例”)共六章，分为总则、规划与名录、保护与修复、监督管理、法律责任与附则。

总则部分第三条连云港湿地条例规定了滨海湿地资源的概念为“滨海湿地以及依附滨海湿地栖息、繁衍、生存的野生动物资源和植物资源”，第四条明确了滨海湿地保护基本原则为“保护优先、科学规划、合理利用和损害担责”。第五条规定了市、县(区)人民政府应当将滨海湿地保护纳入国民经济和社会发展规划，建立滨海湿地保护考核制度，将滨海湿地面积、保护率、生态状况等保护成效指标纳入生态文明建设综合评价考核体系。第六条规定了协调、决定滨海湿地保护工作中的重大问题和重要事项需由市、县（区）人民政府成立滨海湿地保护委员会，第七条规定市人民政府应当成立滨海湿地保护专家委员会负责为政府编制滨海湿地保护规划、划定保护范围、评估湿地资源、拟定湿地名录以及制定修复方案等活动提供决策咨询意见。第八条规定市、县（区）人民政府林业主管部门、水利主管部门、渔业主管部门、海洋主管部门的工作分工。

分则部分对现行的《海洋环境保护法》《江苏省湿地保护条例》，以及国家林业局发布的部门规章《湿地保护管理规定》(2013 年）做出了突破。其中第十条规定了滨海湿地规划制度，第十三条规定了滨海湿地名录制度，第十四条规定了市级重要滨海湿地的认定条件，第十九条规定了滨海湿地行为负面清单，第二十八条规定了建立滨海湿地生态效益补偿机制，第二十九条规定了开展滨海湿地生物监测，第三十二条规定了滨海湿地巡查制度，第三十四条规定了滨海湿地保护突发事件应急预案制度，第三十七条规定了滨海湿地档案公开制度。

2.《盐城市黄海湿地保护条例》

《盐城市黄海湿地保护条例》整体结构主要参考了《连云港市滨海湿地保护条例》，共七章四十七条，相较《连云港市滨海湿地保护条例》增设“利用”章，进一步从规范滨海湿地开放的角度强化对滨海湿地的保护。其中第二十四条规定“在全面保护、面积不减、生态功能不受损的前提下，可以合理利用黄海湿地资源”，第二十六条规定“利用黄海湿地资源从事生态旅游、科普教育以及维护黄海湿地生态平衡的农业生产活动的组织或者个人，应当在从事的活动终止后，及时清除在黄海湿地修建的建筑物、构筑物等设施”，第二十七条第三款规定“对经批准占用、征收湿地或者改变湿地用途的，用地单位应当按照湿地保护与恢复方案，恢复或者重建面积和质量相当的湿地”（即“占补平衡”制度）。

3.《大连市海洋环境保护条例》

《大连市海洋环境保护条例》除在有关条款对滨海湿地修复养护及生物多样性保护给出原则性规定外，同时规定了若干具体条款。如第三十一条规定“市及县（市）自然资源主管部门应当定期汇总本市滨海湿地调查、动态监测以及相关研究成果、数据等资料，建立滨海湿地资源档案，并对滨海湿地的生存状况和利用情况进行评估，及时掌握滨海湿地变化情况”，第三十二条规定“在滨海湿地内从事生态旅游、科普教育、生产经营等活动，应当符合法律法规规定以及湿地保护规划，不得超出滨海湿地承载能力、改变滨海湿地生态系统基本功能或者破坏海洋生物生存环境”，第三十三条规定“市及区（市）县人民政府应当制定滨海湿地保护修复实施方案，采取退围还海、退养还滩、退耕还湿等措施，组织开展滨海湿地生态系统综合整治与生态修复，逐步恢复被侵占滨海湿地的生态系统功能。擅自将滨海湿地转为其他用途的，按照谁破坏谁修复的原则实施恢复和重建”。

从连云港、盐城、大连等案例可以看出，一些重点滨海湿地所在地区已经在地方性法规层面寻求突破，针对滨海湿地的保护修复、监测、监管探索了若干符合实际、便于操作的有关制度，特别是连云港市设定滨海湿地保护指标纳入生态文明建设考核体系，盐城市参考国务院发布的《湿地保护修复制度方案》设立滨海湿地“占补平衡”政策，以及大连市创新性提出了滨海湿地承载力等都为其他沿海地区探索地方管理制度提供了很好的借鉴。

（三）国务院机构改革后滨海湿地管理的权责划分

《海洋环境保护法》自 1982 年颁布以来，分别于 1999 年、2013 年、2016 年、2017 年经过一次修订和三次修正，但明确指向滨海湿地的条款在 4 个版本中不曾修改。其中

第二十条规定国务院和沿海地方各级人民政府应当采取有效措施保护滨海湿地，第二十二条规定对具有特殊保护价值的滨海湿地建立海洋自然保护区。值得注意的是，各版《海洋环境保护法》均未在第四条职责分工中明确国家海洋局和其他有关部委的职责分工。党的十八大以来，关于滨海湿地的管理部门职能分工仍然较混乱，主要体现在两个方面：一是国家林业局于 2013 年发布《湿地保护管理规定》，明确国家林业主管部门是湿地保护管理的综合协调部门，农业、水利、环保、海洋、国土等有关行政主管部门在各自职责范围内实行湿地资源的分部门管理。林业部门负责组织、协调湿地保护工作，海洋行政主管部门负责监督管理海域使用的监督管理。然而在实际工作中特别是后期中央生态环保督察工作中发现，滨海湿地的占用，通常由海洋行政主管部门审批海域使用权，所谓的海域，其实绝大部分都是滨海湿地。但是在海域使用权审批过程中，海洋部门鲜有征求林业部门的意见，林业部门对滨海湿地的占用情况无从得知，形成了湿地保护主管部门的监管主体虚置。二是 2013 年国务院办公厅根据第十二届全国人民代表大会第一次会议审议批准的《国务院机构改革和职能转变方案》印发了新的国家海洋局“三定”方案，规定了国家海洋局和公安部、国土资源部、农业部、海关总署、交通运输部、环境保护部有关职责分工，但并未明确与国家林业局之间的职责分工。实际上，国务院办公厅在 2016 年印发的《湿地保护修复制度方案》中明确了完善湿地分级管理体系、实行湿地保护目标责任制、健全湿地用途监管机制、建立退化湿地修复制度、健全湿地监测评价体系、完善湿地保护修复保障机制等 6 项工作任务，并确定均由国家林业局牵头。然而，2016 年国家海洋局印发的《关于加强滨海湿地管理与保护工作的指导意见》并未充分体现《湿地保护管理规定》及《湿地保护修复制度方案》有关精神，国家海洋局组织开展的滨海湿地生态环境管理制度建设同国家湿地管理总体要求存在脱节。

2018 年启动新一轮国务院机构改革后，国务院新组建生态环境部、自然资源部及国家林业和草原局。根据相关部委的“三定”方案及《中央和国家机关有关部门生态环境保护责任清单》，自然资源部属的国家林业和草原局组织开展湿地资源动态监测与评价，负责湿地生态保护修复工作，拟订湿地保护规划和相关国家标准，监督管理湿地的开发利用，承担湿地公约国际履约工作；生态环境部负责监督湿地生态环境保护工作，因此根据最新机构改革精神，滨海湿地生态环境管理领域形成了以林业和草原行政主管部门牵头生态保护修复，生态环境主管部门负责监督生态环境保护的新局面。

值得注意的是，2020 年生态环境部发布了《自然保护地生态环境监管工作暂行办法》和《关于加强生态保护监管工作的意见》。根据意见，生态环境主管部门组织开展生态保护红线保护成效、自然保护地生态环境保护成效和生物多样性保护成效评估，制定生态修复成效评估标准体系，因此滨海湿地生态环境保护和修复及生物多样性成效评估同属生态环境主管部门职责①。然而实践中发现多个滨海湿地修复工程（如渤海综合治理攻坚战实施方案要求的锦州大凌河生态修复中的滨海湿地修复项目和北戴河滨海湿地修复工程）的后效评估实际分别由其他行政主管部门（如上述两个项目组织部门分别为凌海市自然资源局和秦皇岛市海洋和渔业局）以招标形式组织开展。目前生态环境主管

① 根据《中央和国家机关有关部门生态环境保护责任清单》，生态环境部负责“指导协调和监督生态保护修复工作”，但并未明确负责生态保护修复成效评估

部门并未全面开展滨海湿地生态环境保护成效评估工作。

第二节　滨海湿地管理工作成效和主要问题

一、工作成效

根据生态环境部发布的有关数据，“十三五”期间，共整治修复岸线 1200km，修复滨海湿地达 2.3 万 hm^2。其中，仅渤海综合治理攻坚战期间，环渤海地区三省一市共修复滨海湿地 8891hm^2，超过了原定 6900hm^2 的目标（https://www.mee.gov.cn/ywdt/zbft/202108/t20210826_860714.shtml），一些重要滨海湿地省份在滨海湿地保护修复中走出了属于自己的模式。

以江苏省为例，江苏省作为海洋大省，下辖的连云港市、盐城市均拥有大量滨海湿地资源，是海洋与海岸带生物多样性保护的重点区域。党的十八大以来，江苏省坚持“山水林田湖草”综合治理的路子，将滨海湿地同其他重点海洋生态系统治理统筹推进，制定实施《江苏省海洋生物资源损害赔偿和损失补偿评估办法》（试行）作为补偿海洋工程造成滨海湿地损失的基本依据。2017 年，江苏省发布《江苏省湿地保护修复制度实施方案》，在方案中明确实行湿地名录管理、建立湿地分级保护制度、落实湿地面积总量管控、实行湿地生态红线制度、规范湿地用途管理、实施退化湿地修复工程、明确湿地修复责任主体、增加湿地面积、提升湿地生态功能、强化湿地修复成效监督、严肃惩处破坏湿地行为、开展湿地资源调查评估、建立湿地监测体系、监测信息发布和应用共 15 项滨海湿地生态环境保护基本工作内容。近年来江苏省保护区积极探索和实践社区单位参与共管共研滨海湿地生态保护的有效路径，建立社区网格化管理体系，编发社区宣传手册，聘请社区协管员，形成与社区的协同管理机制，同时积极试点生态湿地和生态农业、智慧农业相结合的方式，打造自然保护区生态修复示范亮点，营造出人与自然和谐共生的自然生态环境，也为鸟类栖息提供适宜的生境和食物来源。

二、当前滨海湿地管理问题

从《国务院关于加强滨海湿地保护严格管控围填海的通知》的内容可以侧面看出，目前我国滨海湿地保护和修复的工作基础尚不牢固，工作目标尚不具体，工作体系尚不完备。

一是总体上看我国滨海湿地停止萎缩的拐点仍未到来。根据第二次全国湿地资源调查数据，我国共有滨海湿地 5 795 900hm^2，约占全国湿地面积的 10.85%。这一数字来到 2021 年继续走低。根据最新的《第三次全国国土调查主要数据公报》，我国当前红树林地仅有 2.71 万 hm^2，沿海滩涂仅有 151.23 万 hm^2（https://www.mnr.gov.cn/dt/ywbb/202108/t20210826_2678340.html）。国家林业局、中国科学院等部门和机构的监测结果显示，近半个世纪以来我国共损失了 53%的温带滨海湿地、73%的红树林和 80%的珊瑚礁（张晓龙等，2010）。

二是尽管诸多滨海湿地已被纳入自然保护地管理体系和生态保护红线管理体系，但仍有相当大面积的滨海湿地并未被纳入保护。截至 2020 年，我国共有 20 处滨海湿地被列入湿地公约国际重要湿地名录，11 处重要滨海湿地被列入国家重要湿地保护名录。然而，《中国沿海湿地保护绿皮书（2019）》有关数据显示，被纳入保护地体系的滨海湿地占比仅为 24.07%，远低于全国 49.03%的湿地平均保护率，天津汉沽等重要湿地目前仍未被纳入保护（于秀波和张立，2019）。

三是填海造地对滨海湿地的破坏已经不可逆转，围海养殖对滨海湿地的破坏修复尚需时间。我国围海养殖的规模远超填海造地。据《中国渔业统计年鉴》统计，2018 年我国围海养殖面积达 40.02 万 hm^2。而据生态环境部卫星遥感解译结果，2019 年我国围海养殖总面积约 65.2 万 hm^2，占我国滨海湿地总面积的 11%（雷威，2021）。我国围海养殖规模巨大，但尚需开展详细的摸底调查，进一步摸清规模底数。与填海造地导致滨海湿地永久性丧失不同，围海养殖区域一般仍具备一定的湿地形态和属性，是唯一可经过人工干预而恢复滨海湿地自然属性和生态功能的区域，也是“十四五”乃至中长期实施滨海湿地恢复修复工程的主要区域。

四是部分地方政府对滨海湿地保护修复工作责任意识淡薄。从近几年中央生态环保督察结果来看，地方政府仍存在对《国务院关于加强滨海湿地保护严格管控围填海的通知》认识不到位、违规围填海项目损害滨海湿地的情况。例如，《辽宁省中央生态环境保护督察整改方案》中指出大连市普湾经济区管委会为推动房地产项目，在未依法依规办理海域使用等审批手续的情况下违规组织实施两处填海工程，填筑土方 358 万 m^2，破坏滨海湿地 150hm^2。《海南省贯彻落实中央生态环境保护督察反馈问题整改措施清单》中指出，位于澄迈县盈滨半岛潮间带的滨乐港湾度假区围填海项目，在论证时故意隐瞒有关情况，对拟填区域红树林现状只字不提，从而顺利获得海域使用权。在第一轮督察进驻结束后的次月，项目就“顶风而上”，违法抽取海砂围海造地 5.33hm^2，肆无忌惮地大面积填埋红树林，累计毁坏红树林面积 22.84 亩①，填埋红树林 12 105 株，并造成项目附近残存的 1960 株红树林枯死。

五是技术标准体系建设不健全。前文曾提到，滨海湿地处于生态环境主管部门和林业草原主管部门职责的交叉地带，其生态环境保护制度建设同属于生态保护红线制度、自然保护地制度和生态修复制度建设三个范畴。从已有的技术标准体系来看，国家海洋局于 2005 年发布《滨海湿地生态监测技术规程》（HY/T 080—2005），但因制定时间较为久远，许多内容已经和当前管理实际不相适应。虽然生态环境部于 2020 年和 2021 年发布了《生态保护红线监管技术规范保护成效评估（试行）》（HJ 1143—2020）和《自然保护区生态环境保护成效评估标准（试行）》（HJ 1203—2021），然而两项评估标准对滨海湿地的针对性比较有限。前者除通用指标外仅有海洋自然岸线保有率和水源涵养能力两项适用于滨海湿地的指标，后者评价指标同前者有着多项重叠，且适用于滨海湿地保护成效评价的固碳能力评价目前缺少统一的碳监测技术方法支撑落实。另外，虽然自然资源部于 2021 年 7 月发布《海洋生态修复技术指南》对滨海湿地生态修复提供了较

① 1 亩≈666.67m^2

为全面的技术参考（涵盖红树林、珊瑚礁、海草床和盐沼植被），但由于目前生态环境部并未发布海洋生态修复成效评估相关技术指南，滨海湿地生态修复技术标准体系目前并未形成闭环。

第三节　管 理 建 议

滨海湿地是我国生物多样性保护、围填海和自然岸线管控、适应及应对气候变化的重点区域。滨海湿地在国家自然资源使用管理和生态环境保护工作中的特殊地位必将伴随国家全面实施生态文明体制改革的不断增强。同时也需要认识到当前滨海湿地现状不容乐观，滨海湿地面积萎缩、生态系统退化的基本形势并未根本性转变，现行管理制度建设还存在明显欠缺。为进一步推进我国滨海湿地生态环境保护管理水平，应在以下几个方面强化有关工作。

一是遵照《湿地保护法》有关规定，按照全国湿地生态环境保护一般性要求逐步建立和完善我国滨海湿地生态环境保护监管制度体系。国务院层面应明确不同部委滨海湿地生态环境保护修复的职责边界和分工机制，逐渐形成齐抓共管的局面，全面遏制并逆转滨海湿地萎缩的势头。

二是应对全国滨海湿地做到应保护尽保护，应依托自然资源调查体系彻底摸清全国滨海湿地面积、分布、重点保护对象及保护状况等，务求将全国滨海湿地纳入自然保护地管理体系和生态保护红线管理体系，并尽快根据已有评估标准对全国滨海湿地生态环境保护情况进行评估，逐步建立滨海湿地生态环境保护工作闭环。

三是妥善处理围填海遗留问题。应深入落实《国务院关于加强滨海湿地保护严格管控围填海的通知》，严禁在滨海湿地新增围填海项目，同时进一步摸清全国围海养殖基本底数，吸收地方退养还湿先行先试成功经验，编制全国围海养殖“退养还湿”工作规划，明确“十四五”期间工作目标，以求在短期内通过人工干预初步恢复部分滨海湿地的生态功能。

四是充分利用中央生态环保督察和“绿盾”生态环境综合整治行动，巩固和延续对违法违规占用、开发滨海湿地问题的高压态势，通过组织开展环保督察“回头看”，重点整治党中央国务院政策在地方层面政令不畅的现象，扭转一些地方政府存在的侥幸心理，进一步构建中央统筹、省负总责、市县抓落实的滨海湿地生态环境监管体制。

五是强化全国滨海湿地海洋碳汇建设，稳定和提升红树林、海草床、盐沼植被等“蓝碳”生态系统的固碳储碳水平。在对滨海湿地生态环境保护成效评估中重点评价重要生态系统固碳水平。

六是进一步完善滨海湿地生态修复成效评估技术标准规范体系，结合当前《全国重要生态系统保护和修复重大工程总体规划（2021—2035 年）》要求的滨海湿地保护和修复重大工程，以及全国各地滨海湿地生态修复的先行先试，积极制定滨海湿地生态修复成效评估技术指南，建立滨海湿地生态修复闭环。试点开展基于碳汇的滨海湿地生态修复成效评估，将滨海湿地适应和应对气候变化功能恢复水平设定为重要评估指标。

参考文献

张晓龙, 李培英, 刘乐军, 等. 2010. 中国滨海湿地退化. 北京: 海洋出版社.

雷威. 2021. 应加强对滨海湿地保护工作的监督管理. 环境经济, 8: 63-65.

于秀波, 张立. 2019. 中国滨海湿地保护绿皮书. 北京: 科学出版社.

中国通量观测研究网络. 2022. 共享数据库. .http://chinaflux.org/general/index.aspx?nodeid=25[2022-04-27].

Howard J, Hoyt S, Isensee K, et al. 2014. Coastal Blue Carbon: Methods for assessing carbon stocks and emissions factors in mangroves, tidal salt marshes, and seagrass meadows. Conservation International, Intergovernmental Oceanographic Commission of UNESCO, International Union for Conservation of Nature. Arlington, Virginia, USA, 1-186.

IPCC (International Panel for Climate Change). 2019. Special Report on the Ocean and Cryosphere in a Changing Climate. https://www.ipcc.ch/srocc/[2022-04-27].

UNEP (United Nations Environmental Programme), FAO (Food and Agricultural Organization (FAO), IOC (International Oceanographic Commissions). 2009. Blue Carbon: The role of healthy oceans in binding carbon. https://www.grida.no/publications/145[2022-04-27].

参考文献

[illegible]

[illegible] 2021 [illegible]

[illegible]

[illegible] Climate Change [illegible]

[illegible] 2014 [illegible] Methods for assessing carbon [illegible] conditions [illegible] forests [illegible] conservation [illegible] Conservation [illegible] Change [illegible]

IPCC (Intergovernmental Panel on Climate Change). [illegible] Special Report on the [illegible] in a Changing Climate [illegible]

UNEP (United Nations Environment Programme), FAO (Food and Agriculture Organization) [illegible] 2020 [illegible] Outlook of healthy [illegible] [illegible] publications [illegible]